先进滤波方法及其在导航中的应用

宁晓琳　宫晓琳　李建利　编著

国防工业出版社

·北京·

内容简介

本书是作者课题组多年来的教学和科研成果的总结，主要介绍了线性系统的卡尔曼滤波和非线性系统的扩展卡尔曼滤波、Unscented卡尔曼滤波等滤波方法和这些滤波方法在INS初始对准、GPS动态滤波、GPS/INS组合导航以及GPS/INS/CNS组合导航中的应用。

本书既可作为从事导航与制导技术研究的工程技术人员的参考书，也可作为高等学校相关专业研究生和高年级本科生的教材或教学参考书。

图书在版编目（CIP）数据

先进滤波方法及其在导航中的应用/宁晓琳，宫晓琳，李建利编著. —北京：国防工业出版社，2019. 4

ISBN 978-7-118-11659-5

Ⅰ. ①先… Ⅱ. ①宁… ②宫… ③李… Ⅲ. ①滤波技术—应用—卫星导航 Ⅳ. ①TN967. 1

中国版本图书馆CIP数据核字（2019）第038295号

※

国防工业出版社出版发行

（北京市海淀区紫竹院南路23号 邮政编码100048）

三河市众誉天成印务有限公司印刷

新华书店经售

*

开本 710×1000 1/16 印张 9½ 字数 175千字

2019年4月第1版第1次印刷 印数 1—2000册 **定价** 78.00元

国防书店：（010）88540777 发行邮购：（010）88540776

发行传真：（010）88540755 发行业务：（010）88540717

序

导航技术是指利用各类导航传感器获得的测量信息得到运载体的位置、速度和姿态等运动参数。运行于海陆空天上的各类运载体,包括舰船、汽车、飞机和卫星等,其正常工作都离不开导航技术。导航技术根据其测量信息的不同,可分为惯性导航、卫星导航、天文导航、视觉导航、地球物理场导航等。精度是衡量导航系统性能的重要指标,在敏感器精度无法提高的条件下,如何有效地抑制和降低测量误差、器件误差和模型误差等各类误差或利用不同导航方式之间的互补性进行组合导航就成为提高导航精度的主要手段。而误差抑制和组合导航都需要用到卡尔曼滤波等先进的滤波方法,因此先进滤波和组合导航是导航技术的核心内容。

针对我国对导航领域人才的迫切需求,我于20世纪90年代在北京航空航天大学仪器学科开设了研究生专业基础课“卡尔曼滤波与组合导航”,该课程主要介绍卡尔曼滤波、Unscented卡尔曼滤波、粒子滤波等先进滤波方法的基本原理及其在惯性导航、卫星导航、天文导航和组合导航中的应用和该领域国内外最新的研究进展,为研究现代导航理论和导航技术打下基础。课程开设后受到了学生们的欢迎,目前已经成为北京航空航天大学的研究生精品课程。

课程开设之初,采用由秦永元、张洪钺、汪叔华三位先生编著的《卡尔曼滤波与组合导航原理》作为主要参考书,该教材内容循序渐进,由浅入深,对于滤波方法的公式和定理附有详细推导和证明,是一本不可多得的经典教材。但是近年来,随着我国航天和国防对高性能导航技术的迫切需求,各种导航技术飞速发展,基于新概念、新原理、新传感器和新应用的导航技术不断涌现。例如,在惯性导航方向,高精度的光学陀螺和低成本的MEMS陀螺的获得了快速发展和应用;在卫星导航方面,我国拥有完全自主知识产权、自主建设、独立运行并与世界其他卫星导航系统相兼容的北斗卫星导航系统部署成功并广泛应用于国民经济的方方面面;在天文导航方面,我国月球探测、火星探测和其他深空探测任务相继实施和开展,为天文导航的发展提供了新的应用领域和发展方向。另外,各种无人机、无人车、无人潜器、机器人等无人系统的不断发展也对导航系统和导航方法提出了更高的要求。为了适应导航技术日新月益的发展，教学团队适时调整教学内容，及时地汲取国内外导航技术的最新进展，并成功地将团队的科研成果转化为教学内容，以符合不断发展的教学需要。为了配合教学要求，增加了团队的系列专著，包括《惯性导航初始对准》《GPS 动态滤波的理论、方法及其应用》《惯性/天文/卫星组合导航技术》《航天器天文导航原理与方法》《深空探测器自主天文导航方法》等作为教学参考书，但导致参考书目较多，选修本门课程学生迫切需要一本适合本课程的教材的。为此，科研团队三位年轻教师宁晓琳、官晓琳和李建利，将团队在多年的教学过程中通过不断积累，结合教学实际和科研经验形成的课程讲义重新进行了梳理，编写完成了本教材。本教材的特点在于基础性、实用性和先进性的统一，既包含滤波方法和组合导航相关基础知识、基本理论和基本方法，又密切联系工程实际，通过导航实例，方便学生学以致用，同时吸纳了该领域的最新科研成果，体现了国内外最新的研究进展。

希望这本教材能够作为《卡尔曼滤波与组合导航原理》课程的辅助教材，同时为我国导航领域的科研人员提供参考，并为我国导航技术的研究和应用起到积极的促进作用。

房建成

2019.1.27

前言

导航是指利用各类测量信息获得载体的位置、速度和姿态等参数的技术，导航技术是舰艇、飞机和航天器等各类运载体必不可少的关键技术，在国防和民用领域均具有重要的作用。无论是单一的导航系统还是组合导航系统都会受到各种误差的影响，为了抑制误差，提高导航精度，就需要用到各种先进的滤波方法，因此滤波方法在导航中有广泛的应用，例如惯性导航的初始对准、卫星导航的信息动态滤波和航天器的天文导航等。而组合导航的信息分配和信息融合也主要是利用滤波方法实现的，因此各类组合导航系统如惯性/卫星、惯性/天文、惯性/地磁、惯性/视觉等均离不开各种滤波方法。

本教材来源于作者承担的北京航空航天大学研究生课程《卡尔曼滤波与组合导航》的课程讲义，在编写时参考了秦永元、张洪钺、汪叔华三位先生编著的《卡尔曼滤波与组合导航原理》及国内多本介绍先进滤波方法的教材和专著，同时融入了作者多年的教学经验和团队的部分科研成果。主要包括5章，其中第1章首先对滤波的作用、卡尔曼滤波的发展历史、卡尔曼滤波理论在导航中的应用和状态模型和量测模型建立方法进行了介绍。第2章系统地介绍了最小二乘估计、最小方差估计、线性离散系统卡尔曼滤波和连续系统卡尔曼滤波等显性系统的卡尔曼滤波方法。第3章介绍了针对非线性系统的滤波方法、Sigma点卡尔曼滤波方法和粒子滤波方法。在此基础上，第4章介绍了滤波方法在惯性导航系统（Inertial Navigation System，INS）、卫星导航（Global Positioning System，GPS）和天文导航（Celestial Navigation System，CNS）中的应用。第5章则介绍了滤波方法在GPS/INS组合导航以及GPS/INS/CNS组合导航中的应用。本教材可作为高等学校相关专业研究生和高年级本科生的教材或教学参考书，也可供从事导航技术研究的工程技术人员的参考。

本书第1～第3章和4.3节由宁晓琳撰写，第5章和4.2节由宫晓琳撰写，第4.1节由李建利撰写。由于作者水平和时间有限，难免存在不妥和错误之处，恳请广大同行、读者批评指正。

作者

2019年1月

目录

第1章 绪论

1.1 滤波的作用

滤波一词起源于通信理论，其本质是从含有误差（噪声、干扰）的信号中提取有用信号的一种技术。像传统的高通、低通、带通、带阻滤波器一样，卡尔曼滤波（KF）也可以实现对误差的抑制，但不同的是传统滤波器只能在信号与误差具有不同频带的条件下才能实现，而卡尔曼滤波则没有这个限制，但卡尔曼滤波也只能处理随机误差。

虽然误差的来源多种多样，但从性质上主要可分为系统误差和随机误差两类。系统误差又称为可测误差或规律误差，它是由于实验方法、所用仪器、测量原理等因素造成的按某些确定规律变化的误差。这类误差的特征是数值保持恒定，或遵循一定的规律变化。系统误差可通过建模标定的方法进行补偿。随机误差又称偶然误差，是指其误差的数值不固定，没有规律可循。随机信号是不能用确定的数学关系式来描述的，不能预测其未来任何瞬时值。虽然单次测量的随机误差没有规律，但多次测量的总体却服从统计规律，因此可利用卡尔曼滤波等最优估计方法进行抑制。

1.2 卡尔曼滤波的发展历史

1801 年，高斯（Johann Carl Friedrich Gauss）为了测定小行星谷神星（Ceres）的轨道提出了最小二乘估计法（LS），该方法不需要任何先验知识，但对时变系统的估计精度相对较低。在第二次世界大战期间，维纳（Norbert Wiener）为了解决防空火力控制和雷达噪声滤波问题，于 1942 年 2 月首先给出了从时间序列的过去测量数据推知未来信号的维纳滤波，建立了在最小均方误差准则下将时间序列外推进行预测的维纳滤波理论[1]。柯尔莫哥罗夫（Andrey Kolmogorov）于 1941 年独立推导出了与维纳滤波等效的离散系统的滤波方法,因此维纳滤波方法也称为维纳-柯尔莫哥罗夫滤波。维纳滤波器的优点是适应面较广,无论平稳随机过程是连续的还是离散的都可应用,并且对某些问题还可求出滤波器传递函数的显式解,并进而采用由简单的物理元件组成的网络构成维纳滤波器。其缺点是要求信号和噪声均是平稳的线性随机过程,只能在频域使用,并需要利用全部测量数据求解,计算量大,因此维纳滤波在实际问题中应用不多。卡尔曼滤波(Kalman Filter, KF)以它的发明者卡尔曼(Rudolph E. Kalman)命名,但实际上蒂勒(Thorvald Nicolai Thiele)和斯沃林(Peter Swerling)在更早之前就提出了类似的算法[2,3]。由于南加州大学的布西(Richard S. Bucy)对该方法也做出了很大贡献,因此该滤波方法也常被称为卡尔曼-布西滤波。卡尔曼在美国国家航空航天局(NASA)埃姆斯研究中心访问时,施密特(Stanley F. Schmidt)发现卡尔曼滤波对于解决“阿波罗”计划中的非线性轨道预测很有用,因此在“阿波罗”飞船的导航程序便使用了这种滤波器,这也是卡尔曼滤波的第一个实际应用[4]。卡尔曼滤波不要求信号和噪声都是平稳过程的假设条件,对于每个时刻的系统扰动和观测误差,只要对它们的统计性质作某些适当的假设,通过对含有噪声的观测信号进行处理,就能在平均的意义上,求得误差为最小的真实信号的估计值。

由于卡尔曼滤波要求系统为线性系统,噪声为高斯噪声且统计特性明确可知,并且在计算中涉及矩阵求逆,因此在实际应用中出现了很多扩展方法。如解决非线性系统估计问题的扩展卡尔曼滤波(Extended Kalman Filter, EKF)、无迹卡尔曼滤波(Unscented Kalman Filter, UKF)、中心差分卡尔曼滤波(Central Difference Kalman Filter, CDKF)和容积卡尔曼滤波(Cubature Kalman Filter,CKF)。解决估计误差方差阵不正定问题的平方根滤波、UDU^T分解滤波、信息滤波。解决噪声统计特性时变或不准确的自适应滤波、多模型滤波,解决非高斯噪声的粒子滤波(Particle Filter, PF)等。

1.3 卡尔曼滤波理论在导航中的应用

导航是指利用各类测量信息获得载体的位置、速度和姿态等参数的技术。导航通常与制导和控制一起构成一个闭环系统,共同完成使载体从起始点到达目标点的任务。根据所使用量测信息的不同,导航系统可分为惯性导航系统、卫星导航系统、天文导航系统、物理场(磁场、重力场)匹配导航系统、视觉(图像)导航系统等。各种导航系统各有自己的特点,例如,惯性导航具有自主性强、短时间精度高、可连续提供位置、速度、姿态的优点,但缺点是误差随时间积累,且精度越高价格越昂贵。卫星导航的优点是精度高,误差不积累,可全球、全天时、全天候提供导航信息,并且接收机价格便宜,但缺点是易受干扰和破坏,不能输出姿态信息,且输出不连续。天文导航完全自主,误差不积累,并且可同时提供位置和姿态信息,但缺点是导航精度受天体敏感器精度制约,总体定位精度不够高,且输出信息不连续。由于每种导航方法都有自己的优势,也有不足,因此为了获得更好的导航性能,常通过将几种不同的导航方法进行组合构成组合导航系统,从而达到优势互补的目的。

无论是单一的导航系统还是组合导航系统都会受到各种误差的影响,为了抑制误差,提高导航精度,就需要用到卡尔曼滤波,因此卡尔曼滤波在导航中有广泛的应用。例如,惯性导航的初始对准,卫星导航的信息动态滤波,航天器的天文导航。而组合导航的信息分配和信息融合更主要是利用卡尔曼滤波实现的,因此各类组合导航系统如惯性/卫星、惯性/天文、惯性/地磁、惯性/视觉等均离不开卡尔曼滤波。

从载体上说,无论是海里的舰船、地面行驶的车辆、空中飞行的飞机、导弹还是太空中的航天器,其导航也离不开卡尔曼滤波。例如,美国海军的“战斧”导弹、美国空军的空基巡航导弹、可重复使用运载器、国际空间站的导航系统中均使用了卡尔曼滤波,可以说卡尔曼滤波是目前各类载体导航系统中最重要的最优估计方法。

1.4 状态模型和量测模型

使用卡尔曼滤波的前提是要建立两个模型:状态模型和量测模型。状态量通常就是要被估计的量。在导航系统中,一般将位置、速度和姿态或它们的误差作为状态量。状态模型是描述状态量随时间变化规律的数学模型。量测量则是指由敏感器输出的量测信息,例如,惯性敏感器输出的加速度和角速度,卫星导航接收机输出的位置、速度、伪距、伪距率,天体敏感器输出的天体高度和方向等。量测模型则是反映状态量和量测量之间关系的数学模型。

如果状态模型没有误差,则在初始位置、速度和姿态已知的情况下,就可以根据状态模型预测得到任意时刻的位置、速度和姿态,完全不需量测量的帮助。如果量测量完全没有误差,则也可以根据当前时刻的量测量和量测模型反推出当前时刻的位置、速度和姿态,也不需要状态模型的帮助。但是,在实际应用中,无论是状态模型还是量测量都不可避免地存在误差。例如,卫星的轨道可以用轨道动力学模型描述,也可通过地面站对其进行实时观测,但无论轨道动力学还是地面站的量测都不可能没有误差。这时就需要利用卡尔曼滤波对状态模型和量测量的误差进行抑制,获得载体导航信息的最优估计。

设被估计状态为 $\boldsymbol{X}$, 状态模型噪声为 $\boldsymbol{W}$, 量测量为 $\boldsymbol{Z}$, 量测噪声为 $\boldsymbol{V}$, 则状态方程和量测方程的连续形式和离散形式通常可表示如下:

$$\begin{cases}\dot{\boldsymbol{X}}(t)=\varphi[\boldsymbol{X}(t),t]+\boldsymbol{\Gamma}[\boldsymbol{X}(t),t]\boldsymbol{W}(t)\\ \boldsymbol{Z}(t)=h[\boldsymbol{X}(t),t]+\boldsymbol{V}(t)\end{cases} \tag{1-1}$$

$$\begin{cases}\boldsymbol{X}(k+1)=\varphi[\boldsymbol{X}(k),k]+\boldsymbol{\Gamma}[\boldsymbol{X}(k),k]\boldsymbol{W}(k)\\ \boldsymbol{Z}(k+1)=h[\boldsymbol{X}(k+1),k+1]+\boldsymbol{V}(k+1)\end{cases}\tag{1-2}$$

式中:$\varphi(\cdot)$,$h(\cdot)$为已知的向量函数;$\boldsymbol{\Gamma}(\cdot)$为系统噪声驱动矩阵。

下面通过几个例子,介绍如何建立系统的状态模型和量测模型。

例1　一个小车在地面静止不动,车上装有一个可提供位置的GPS接收机,如果想利用卡尔曼滤波技术估计小车的位置,则该怎样建立其状态模型和量测模型?

解:令状态量 $\boldsymbol{X}(k)=\begin{bmatrix}x(k)\\y(k)\\z(k)\end{bmatrix}$,$x(k)$,$y(k)$,$z(k)$ 为小车在三维空间中的位置坐标值,由于小车静止不动,可得状态模型为

$$\begin{bmatrix}x(k+1)\\y(k+1)\\z(k+1)\end{bmatrix}=\begin{bmatrix}1&0&0\\0&1&0\\0&0&1\end{bmatrix}\begin{bmatrix}x(k)\\y(k)\\z(k)\end{bmatrix}$$

因为 $\boldsymbol{Z}(k)=\begin{bmatrix}x(k)\\y(k)\\z(k)\end{bmatrix}$,所以量测模型为

$$\boldsymbol{Z}(k)=\begin{bmatrix}1&0&0\\0&1&0\\0&0&1\end{bmatrix}\cdot\boldsymbol{X}(k)+\boldsymbol{V}=H\cdot\boldsymbol{X}(k)+\boldsymbol{V}$$

例2　小车做匀速直线运动,车上装有一个可提供位置的GPS接收机,如果利用卡尔曼滤波技术估计小车的位置,则该怎样建立其状态模型和量测模型?

解:根据匀速直线运动中,位置和速度随时间变化的规律,可建立状态模型如下,

$$\begin{bmatrix}x(k+1)\\y(k+1)\\z(k+1)\\v_x(k+1)\\v_y(k+1)\\v_z(k+1)\end{bmatrix}=\begin{bmatrix}1&0&0&T&0&0\\0&1&0&0&T&0\\0&0&1&0&0&T\\0&0&0&1&0&0\\0&0&0&0&1&0\\0&0&0&0&0&1\end{bmatrix}\begin{bmatrix}x(k)\\y(k)\\z(k)\\v_x(k)\\v_y(k)\\v_z(k)\end{bmatrix}$$

式中:$v_x(k)$,$v_y(k)$,$v_z(k)$为小车在三个方向的速度。

量测模型与例1类似,可得

$$\boldsymbol{Z}(k)=H\cdot\boldsymbol{X}(k)+\boldsymbol{V}=\begin{bmatrix}1&0&0&0&0&0\\0&1&0&0&0&0\\0&0&1&0&0&0\end{bmatrix}\cdot\boldsymbol{X}(k)+\boldsymbol{V}$$

例 3 小车做匀速直线运动,量测信息为某个地面站测得的到小车的相对距离,如果想利用卡尔曼滤波技术估计小车的位置,则该怎样建立其状态模型和量测模型?

解: 状态模型与例 2 相同,即

$$\begin{bmatrix} x(k+1) \\ y(k+1) \\ z(k+1) \\ v_x(k+1) \\ v_y(k+1) \\ v_z(k+1) \end{bmatrix} = \begin{bmatrix} 1 & 0 & 0 & T & 0 & 0 \\ 0 & 1 & 0 & 0 & T & 0 \\ 0 & 0 & 1 & 0 & 0 & T \\ 0 & 0 & 0 & 1 & 0 & 0 \\ 0 & 0 & 0 & 0 & 1 & 0 \\ 0 & 0 & 0 & 0 & 0 & 1 \end{bmatrix} \begin{bmatrix} x(k) \\ y(k) \\ z(k) \\ v_x(k) \\ v_y(k) \\ v_z(k) \end{bmatrix}$$

假设地面站的位置为 x_s、y_s、z_s,则根据距离公式,可得量测模型为

$$Z(k) = h(\boldsymbol{X}(k)) + V = \sqrt{(x(k) - x_s)^2 + (y(k) - y_s)^2 + (z(k) - z_s)^2} + V$$

例 4 小车做匀速圆周运动,量测信息为某个地面站测得的到小车的相对距离,请利用卡尔曼滤波技术估计小车的位置。

解: 根据匀速圆周运动的方程,可得状态模型为

$$\begin{bmatrix} \dot{x} \\ \dot{y} \\ \dot{z} \\ \dot{v}_x \\ \dot{v}_y \\ \dot{v}_z \end{bmatrix} = \begin{bmatrix} v_x \\ v_y \\ v_z \\ -\omega_x^2 x \\ -\omega_y^2 y \\ -\omega_z^2 z \end{bmatrix}$$

量测模型同例 3。

1.5 数学基础

本节介绍在卡尔曼滤波和其他最优估计方法的推导中常用到的公式,包括求导公式、矩阵求逆公式、泰勒公式。

1. 矩阵求导公式

(1) 设 f 为向量 $\boldsymbol{x}$ 的函数, t 为标量, $\boldsymbol{x} = [\boldsymbol{x}_1(t) \quad \boldsymbol{x}_2(t) \quad \cdots \quad \boldsymbol{x}_n(t)]^{\mathrm{T}}$, 则有 $\dfrac{\mathrm{d}f}{\mathrm{d}t} = \left(\dfrac{\mathrm{d}f}{\mathrm{d}\boldsymbol{x}}\right)^{\mathrm{T}} \dfrac{\mathrm{d}\boldsymbol{x}}{\mathrm{d}t}$。

(2) 设 f 为向量 $\boldsymbol{x}$ 的函数,$\boldsymbol{T}$ 为 m 维向量,$\boldsymbol{x}=[\boldsymbol{x}_1(\boldsymbol{T}) \quad \boldsymbol{x}_2(\boldsymbol{T}) \quad \cdots \quad \boldsymbol{x}_n(\boldsymbol{T})]^{\mathrm{T}}$ $\boldsymbol{T}=[t_1 \quad t_2 \quad \cdots \quad t_m]^{\mathrm{T}}$,则有 $\dfrac{\mathrm{d}f}{\mathrm{d}\boldsymbol{T}}=\left[\dfrac{\mathrm{d}\boldsymbol{x}^{\mathrm{T}}}{\mathrm{d}\boldsymbol{T}}\right]\dfrac{\mathrm{d}f}{\mathrm{d}\boldsymbol{x}}$。

(3) $\boldsymbol{\beta}$ 为 n 维向量,即 $\boldsymbol{\beta}=[\beta_1 \quad \beta_2 \quad \cdots \quad \beta_n]^{\mathrm{T}}$,则有 $\dfrac{\mathrm{d}\boldsymbol{\beta}^{\mathrm{T}}}{\mathrm{d}\boldsymbol{\beta}}=\boldsymbol{I}_n$。

(4) $\boldsymbol{\beta}$ 为 n 维向量,$\boldsymbol{\alpha}$ 和 $\boldsymbol{B}$ 为与 $\boldsymbol{\beta}$ 无关的 n 维常数向量,和 $n\times m$ 维常数矩阵,则有 $\dfrac{\mathrm{d}(\boldsymbol{\alpha}+\boldsymbol{B}\boldsymbol{\beta})^{\mathrm{T}}}{\mathrm{d}\boldsymbol{\beta}}=\boldsymbol{B}^{\mathrm{T}}$。

(5) 若 $\boldsymbol{A}=(\boldsymbol{\alpha}-\boldsymbol{B}\boldsymbol{\beta})^{\mathrm{T}}(\boldsymbol{\alpha}-\boldsymbol{B}\boldsymbol{\beta})$,则有 $\dfrac{\mathrm{d}\boldsymbol{A}}{\mathrm{d}\boldsymbol{\beta}}=-2\boldsymbol{B}^{\mathrm{T}}(\boldsymbol{\alpha}-\boldsymbol{B}\boldsymbol{\beta})$。

(6) 如果 $\boldsymbol{A}=\begin{bmatrix} a_{11}(t) & a_{12}(t) & \cdots & a_{1n}(t) \\ a_{21}(t) & a_{22}(t) & \cdots & a_{2n}(t) \\ \vdots & \vdots & \vdots & \vdots \\ a_{n1}(t) & a_{n2}(t) & \cdots & a_{nn}(t) \end{bmatrix}$ 且 $|\boldsymbol{A}|\neq 0$,则

$$\begin{cases} \dfrac{\mathrm{d}\boldsymbol{A}^{-1}}{\mathrm{d}t}=-\boldsymbol{A}^{-1}\dfrac{\mathrm{d}\boldsymbol{A}}{\mathrm{d}t}\boldsymbol{A}^{-1} \\ \dfrac{\mathrm{d}|\boldsymbol{A}|}{\mathrm{d}t}=|\boldsymbol{A}|\operatorname{tr}\left(\boldsymbol{A}^{-1}\dfrac{\mathrm{d}\boldsymbol{A}}{\mathrm{d}t}\right) \end{cases}$$

(7) 设 $\boldsymbol{x}$ 为 $m\times n$ 维矩阵,$\boldsymbol{A}$ 和 $\boldsymbol{B}$ 分别为与 $\boldsymbol{x}$ 无关的 $m\times m$ 和 $n\times m$ 的常矩阵,

则 $\begin{cases} \dfrac{\mathrm{dtr}(\boldsymbol{B}\boldsymbol{x})}{\mathrm{d}\boldsymbol{x}}=\dfrac{\mathrm{dtr}(\boldsymbol{x}^{\mathrm{T}}\boldsymbol{B}^{\mathrm{T}})}{\mathrm{d}\boldsymbol{x}}\boldsymbol{B}^{\mathrm{T}} \\ \dfrac{\mathrm{dtr}(\boldsymbol{x}^{\mathrm{T}}\boldsymbol{A}\boldsymbol{x})}{\mathrm{d}\boldsymbol{x}}=(\boldsymbol{A}+\boldsymbol{A}^{\mathrm{T}})\boldsymbol{x} \end{cases}$

(8) $\boldsymbol{x}$ 为 n 维变量,$\boldsymbol{\mu}$ 为 n 维常量,$\boldsymbol{A}$ 为 n 阶常对称矩阵,则

$$\frac{\mathrm{d}(\boldsymbol{x}-\boldsymbol{\mu})^{\mathrm{T}}\boldsymbol{A}(\boldsymbol{x}-\boldsymbol{\mu})}{\mathrm{d}\boldsymbol{x}}=2\boldsymbol{A}(\boldsymbol{x}-\boldsymbol{\mu})$$

(9) 若 $\boldsymbol{B}=\boldsymbol{x}^{\mathrm{T}}\boldsymbol{A}\boldsymbol{x}$,则 $\dfrac{\partial\boldsymbol{B}}{\partial\boldsymbol{x}}=2\boldsymbol{A}\boldsymbol{x}$。

(10) $\begin{cases} \dfrac{\partial\mathrm{tr}(\boldsymbol{B}\boldsymbol{Q})}{\partial\boldsymbol{Q}}=\boldsymbol{B}^{\mathrm{T}} \\ \dfrac{\partial\mathrm{tr}(\boldsymbol{Q}^{\mathrm{T}}\boldsymbol{A}\boldsymbol{Q})}{\partial\boldsymbol{Q}}=(\boldsymbol{A}+\boldsymbol{A}^{\mathrm{T}})\boldsymbol{Q} \end{cases}$

2. 矩阵求逆公式

矩阵求逆公式为

$$(\boldsymbol{A}-\boldsymbol{B}\boldsymbol{D}^{-1}\boldsymbol{C})^{-1}=\boldsymbol{A}^{-1}+\boldsymbol{A}^{-1}\boldsymbol{B}(\boldsymbol{D}-\boldsymbol{C}\boldsymbol{A}^{-1}\boldsymbol{B})^{-1}$$

$$= -\boldsymbol{C}^{-1}\boldsymbol{D}(\boldsymbol{B}-\boldsymbol{A}\boldsymbol{C}^{-1}\boldsymbol{D})^{-1}$$

$$= -(\boldsymbol{C}-\boldsymbol{D}\boldsymbol{B}^{-1}\boldsymbol{A})^{-1}\boldsymbol{D}\boldsymbol{B}^{-1}$$

3. 泰勒公式

$$(1)\ f(x)=f(x_0)+f'(x_0)(x-x_0)+\frac{f''(x_0)}{2!}(x-x_0)^2+\cdots+\frac{f^{(n)}(x_0)}{n!}(x-x_0)^n+\cdots+R_n(x)$$

其中

$$R_n(x)=\frac{f^{(n+1)}(x_0)}{(n+1)!}(x-x_0)^{n+1}$$

$$(2)\ f(x_0+\Delta x,y_0+\Delta y)=f(x_0,y_0)+(\Delta x\frac{\partial}{\partial x}+\Delta y\frac{\partial}{\partial y})f'(x_0,y_0)+\frac{1}{2!}\left(\Delta x\frac{\partial}{\partial x}+\Delta y\frac{\partial}{\partial y}\right)^2 f(x_0,y_0)+\cdots+\frac{1}{n!}\left(\Delta x\frac{\partial}{\partial x}+\Delta y\frac{\partial}{\partial y}\right)^n f(x_0,y_0)$$

其中

$$\left(\Delta x\frac{\partial}{\partial x}+\Delta y\frac{\partial}{\partial y}\right)^n f(x_0,y_0)=\sum_{i=0}^{n}C_n^i\Delta x^i\Delta y^{n-i}\frac{\partial^n f}{\partial^i x\partial^{n-i}y}\bigg|_{(x_0,y_0)}$$

参 考 文 献

[1] Wiener N. Extrapolation, interpolation, and smoothing of stationary time series, with engineering applications[M]. The United States: Technology Press of the Massachusetts Institute of Technology, 1950.

[2] Lauritzen S L. Time Series Analysis in 1880: A Discussion of Contributions Made by T. N. Thiele [J]. International Statistical Review, 1981, 49(3): 319-331.

[3] Lauritzen S L. Thiele-Pioneer in Statistics[M]. Oxford: Clarendon Press, 2002.

[4] Grewal M S, Andrews A P. Applications of Kalman Filtering in Aerospace 1960 to the Present [Historical Perspectives][J]. Control Systems IEEE, 2010, 30(3): 69-78.

第2章
线性系统的卡尔曼滤波

2.1 估计和最优估计

2.1.1 估计

概念:从带有随机噪声的观测数据中提取有用信息。

数学描述:假设被估计量 $\boldsymbol{x}(t)$ 为一个 n 维向量,$z(t)$ 为 m 维观测向量,$\boldsymbol{v}(t)$ 为观测误差,$z(t)=h(\boldsymbol{x}(t),\boldsymbol{v}(t),t)$,则估计就是利用 $z=\{z(\tau),t_0\leqslant\tau\leqslant t\}$ 构造一个 z 的函数 $\hat{\boldsymbol{x}}(z)$ 去估计 $\boldsymbol{x}(t)$ 的问题,则称 $\hat{\boldsymbol{x}}(z)$ 为 $\boldsymbol{x}(t)$ 的估计值,或 $\boldsymbol{x}(t)$ 的估计值为 $\hat{\boldsymbol{x}}(z)$ 。

估计准则:评估 $\hat{\boldsymbol{x}}(z)$ 的好坏的标准称为估计准则。

常用的估计准则:

(1) 最小二乘估计:使残差的平方和最小,即

$$\min J=(z-\boldsymbol{H}\hat{\boldsymbol{x}})^{\mathrm{T}}(z-\boldsymbol{H}\hat{\boldsymbol{x}}) \tag{2-1}$$

(2) 最小方差估计:使估计误差方差阵达到最小,即

$$\begin{aligned}\min J&=E_{x,z}(\boldsymbol{x}-\hat{\boldsymbol{x}})^{\mathrm{T}}(\boldsymbol{x}-\hat{\boldsymbol{x}})\\&=\int_{-\infty}^{\infty}\int_{-\infty}^{\infty}(\boldsymbol{x}-\hat{\boldsymbol{x}})^{\mathrm{T}}(\boldsymbol{x}-\hat{\boldsymbol{x}})p(\boldsymbol{x},z)\mathrm{d}x\mathrm{d}z\end{aligned} \tag{2-2}$$

(3) 极大似然估计:使条件概率密度 $p(z\mid\boldsymbol{x})$ 达到极大,即

$$\max J=p(z\mid\hat{\boldsymbol{x}}) \tag{2-3}$$

(4) 极大验后估计:使验后概率密度 $p(\boldsymbol{x}\mid z)$ 达到极大,即

$$\max J=p(\hat{\boldsymbol{x}}\mid z) \tag{2-4}$$

2.1.2 最小二乘估计

当不知道 $\boldsymbol{x}$ 和 $\boldsymbol{z}$ 的概率分布密度,也不知道它们的一、二阶矩阵时,就只能采取高斯提出的最小二乘法进行估计。最小二乘估计是高斯在 1795 年为测定行星轨道而提出的参数估计算法。最小二乘估计是以残差的平方和为最小作为估计准则的。这种估计的特点是算法简单,不必知道与被估计量及量测量有关的任何统计信息。

2.1.2.1 经典最小二乘估计

设被估计量 $\boldsymbol{x}$ 是 n 维随机向量,为了得到其估计,如果对它进行 k 次线性观测,得到

$$z_i = \boldsymbol{H}_i\boldsymbol{x} + \boldsymbol{v}_i \quad (i = 1,2,\cdots,k) \tag{2-5}$$

式中:z_i 为 m 维观测向量;$\boldsymbol{H}_i$ 为 $m \times n$ 观测矩阵;$\boldsymbol{v}_i$ 为均值为零的 m 维观测误差向量。最小二乘估计是使 $J = \sum_{i=1}^{k} (z_i - \boldsymbol{H}_i\hat{\boldsymbol{x}})^{\mathrm{T}}(z_i - \boldsymbol{H}_i\hat{\boldsymbol{x}})$ 最小。

令 $z = \begin{bmatrix} z_1 \\ z_2 \\ \vdots \\ z_k \end{bmatrix}, \boldsymbol{H} = \begin{bmatrix} \boldsymbol{H}_1 \\ \boldsymbol{H}_2 \\ \vdots \\ \boldsymbol{H}_k \end{bmatrix}, \boldsymbol{v} = \begin{bmatrix} \boldsymbol{v}_1 \\ \boldsymbol{v}_2 \\ \vdots \\ \boldsymbol{v}_k \end{bmatrix}$,则 $J = (z - \boldsymbol{H}\hat{\boldsymbol{x}})^{\mathrm{T}}(z - \boldsymbol{H}\hat{\boldsymbol{x}})$。

为使 $J = (z - \boldsymbol{H}\hat{\boldsymbol{x}})^{\mathrm{T}}(z - \boldsymbol{H}\hat{\boldsymbol{x}})$ 最小,对 J 求偏导,并令其等于零,即

$$\begin{aligned}
\frac{\partial J}{\partial \hat{\boldsymbol{x}}} &= \frac{\partial\,(z - \boldsymbol{H}\hat{\boldsymbol{x}})^{\mathrm{T}}(z - \boldsymbol{H}\hat{\boldsymbol{x}})}{\partial \hat{\boldsymbol{x}}} \\
&= \frac{\partial(z^{\mathrm{T}}z - z^{\mathrm{T}}\boldsymbol{H}\hat{\boldsymbol{x}} - \hat{\boldsymbol{x}}^{\mathrm{T}}\boldsymbol{H}^{\mathrm{T}}z + \hat{\boldsymbol{x}}^{\mathrm{T}}\boldsymbol{H}^{\mathrm{T}}\boldsymbol{H}\hat{\boldsymbol{x}})}{\partial \hat{\boldsymbol{x}}} \\
&= - z^{\mathrm{T}}\boldsymbol{H} - z^{\mathrm{T}}\boldsymbol{H} + 2\hat{\boldsymbol{x}}^{\mathrm{T}}\boldsymbol{H}^{\mathrm{T}}\boldsymbol{H} \\
&= - 2\boldsymbol{H}^{\mathrm{T}}(z - \boldsymbol{H}\hat{\boldsymbol{x}}) \\
&= 0
\end{aligned} \tag{2-6}$$

由式(2-6)可得 $\boldsymbol{H}^{\mathrm{T}}z = \boldsymbol{H}^{\mathrm{T}}\boldsymbol{H}\hat{\boldsymbol{x}}$。所以最小二乘估计的估计值为

$$\hat{\boldsymbol{x}} = (\boldsymbol{H}^{\mathrm{T}}\boldsymbol{H})^{-1}\boldsymbol{H}^{\mathrm{T}}z \tag{2-7}$$

最小二乘估计的几点说明:

(1) 最小二乘估计需要把所有的观测量一起处理,属于批处理过程,不是实时估计,但优点是不需知道任何先验信息。

(2) 最小二乘估计是无偏估计。

证明：

$$
\begin{aligned}
\tilde{\boldsymbol{x}} &= \boldsymbol{x} - \hat{\boldsymbol{x}} \\
&= \boldsymbol{x} - (\boldsymbol{H}^{\mathrm{T}}\boldsymbol{H})^{-1}\boldsymbol{H}^{\mathrm{T}}\boldsymbol{z} \\
&= (\boldsymbol{H}^{\mathrm{T}}\boldsymbol{H})^{-1}(\boldsymbol{H}^{\mathrm{T}}\boldsymbol{H})\boldsymbol{x} - (\boldsymbol{H}^{\mathrm{T}}\boldsymbol{H})^{-1}\boldsymbol{H}^{\mathrm{T}}\boldsymbol{z} \\
&= (\boldsymbol{H}^{\mathrm{T}}\boldsymbol{H})^{-1}\boldsymbol{H}^{\mathrm{T}}(\boldsymbol{H}\boldsymbol{x} - \boldsymbol{z}) \\
&= (\boldsymbol{H}^{\mathrm{T}}\boldsymbol{H})^{-1}\boldsymbol{H}^{\mathrm{T}}\boldsymbol{v}
\end{aligned}
\tag{2-8}
$$

所以$E(\tilde{\boldsymbol{x}}) = E(\boldsymbol{v}) = 0, E(\hat{\boldsymbol{x}}) = E(\boldsymbol{x})$，所以 $\hat{\boldsymbol{x}}$ 是无偏估计。

（3）最小二乘估计的估计误差：

$$
\begin{aligned}
\operatorname{var}(\tilde{\boldsymbol{x}}) &= E(\tilde{\boldsymbol{x}} - E(\tilde{\boldsymbol{x}}))(\tilde{\boldsymbol{x}} - E(\tilde{\boldsymbol{x}}))^{\mathrm{T}} \\
&= E(\tilde{\boldsymbol{x}}\tilde{\boldsymbol{x}}^{\mathrm{T}}) \\
&= E((\boldsymbol{H}^{\mathrm{T}}\boldsymbol{H})^{-1}\boldsymbol{H}^{\mathrm{T}}(\boldsymbol{v}\boldsymbol{v}^{\mathrm{T}})H(\boldsymbol{H}^{\mathrm{T}}\boldsymbol{H})^{-1}) \\
&= (\boldsymbol{H}^{\mathrm{T}}\boldsymbol{H})^{-1}\boldsymbol{H}^{\mathrm{T}}\boldsymbol{R}\boldsymbol{H}(\boldsymbol{H}^{\mathrm{T}}\boldsymbol{H})^{-1}
\end{aligned}
\tag{2-9}
$$

式中：$\boldsymbol{R} = E(\boldsymbol{v}\boldsymbol{v}^{\mathrm{T}})$

例 1　假设室内温度恒定，利用温度计获得 k 个量测值，$z_1, z_2, \cdots, z_k$，则室温的最小二乘估计是多少？

解：建立量测模型：

$$
\boldsymbol{z} = \boldsymbol{H}\boldsymbol{x}
$$

式中

$$
\boldsymbol{z} = \begin{bmatrix} z_1 \\ z_2 \\ \vdots \\ z_k \end{bmatrix}, \quad \boldsymbol{H} = \begin{bmatrix} 1 \\ 1 \\ \vdots \\ 1 \end{bmatrix}
$$

根据式(2-7)可得

$$
\begin{aligned}
\hat{\boldsymbol{x}} &= (\boldsymbol{H}^{\mathrm{T}}\boldsymbol{H})^{-1}\boldsymbol{H}^{\mathrm{T}}\boldsymbol{z} \\
&= \frac{1}{k}\sum_{i=1}^{k} z_i
\end{aligned}
\tag{2-10}
$$

例 2　小车在地面静止不动，利用 GPS 接收机获得了 n 个实时位置量测值 z_1，$z_2, \cdots, z_k$ 则小车位置的最小二乘估计值是多少？

解：建立量测模型：

$$
\boldsymbol{z} = \boldsymbol{H}\boldsymbol{x}
$$

式中

$$
\boldsymbol{z} = \begin{bmatrix} z_1 \\ z_2 \\ \vdots \\ z_k \end{bmatrix}, \quad \boldsymbol{H} = \begin{bmatrix} H_1 \\ H_2 \\ \vdots \\ H_k \end{bmatrix}, \quad \boldsymbol{H}_i = \begin{bmatrix} 1 & 0 & 0 \\ 0 & 1 & 0 \\ 0 & 0 & 1 \end{bmatrix}
$$

根据式(2-7),可得

$$\hat{\boldsymbol{x}} = (\boldsymbol{H}^{\mathrm{T}}\boldsymbol{H})^{-1}\boldsymbol{H}^{\mathrm{T}}\boldsymbol{z} = \frac{1}{k}\sum_{i=1}^{k} z_i \tag{2-11}$$

2.1.2.2　加权最小二乘估计

经典最小二乘法将所有量测量的重要性同等看待,而事实上如果已知不同时刻量测量的测量精度,或想要让最新的测量数据发挥更大的作用,就可以用加权的方法分别对待各量测量,精度高的权重取大些,精度低的权重取小些,这就是加权最小二乘估计。

设权重矩阵为 $\boldsymbol{w}$, 则加权最小二乘估计的指标函数为

$$J(\hat{\boldsymbol{x}}) = (\boldsymbol{z} - \boldsymbol{H}\hat{\boldsymbol{x}})^{\mathrm{T}}\boldsymbol{w}(\boldsymbol{z} - \boldsymbol{H}\hat{\boldsymbol{x}}) = \min \tag{2-12}$$

为使 J 最小,对 J 求偏导,并令其等于零,即

$$\frac{\partial J(\hat{\boldsymbol{x}})}{\partial \hat{\boldsymbol{x}}} = -2\boldsymbol{H}^{\mathrm{T}}\boldsymbol{w}(\boldsymbol{z} - \boldsymbol{H}\hat{\boldsymbol{x}}) = 0 \tag{2-13}$$

可得

$$\hat{\boldsymbol{x}} = (\boldsymbol{H}^{\mathrm{T}}\boldsymbol{w}\boldsymbol{H})^{-1}\boldsymbol{H}^{\mathrm{T}}\boldsymbol{w}\boldsymbol{z} \tag{2-14}$$

$$\mathrm{var}(\tilde{\boldsymbol{x}}) = (\boldsymbol{H}^{\mathrm{T}}\boldsymbol{w}\boldsymbol{H})^{-1}\boldsymbol{H}^{\mathrm{T}}\boldsymbol{w}\boldsymbol{R}\boldsymbol{w}\boldsymbol{H}(\boldsymbol{H}^{\mathrm{T}}\boldsymbol{w}\boldsymbol{H})^{-1} \tag{2-15}$$

说明:当 $\boldsymbol{w} = \boldsymbol{R}^{-1}$ 时,有

$$\hat{\boldsymbol{x}} = (\boldsymbol{H}^{\mathrm{T}}\boldsymbol{R}^{-1}\boldsymbol{H})^{-1}\boldsymbol{H}^{\mathrm{T}}\boldsymbol{R}^{-1}\boldsymbol{z} \tag{2-16}$$

$$\mathrm{var}(\tilde{\boldsymbol{x}}) = (\boldsymbol{H}^{\mathrm{T}}\boldsymbol{R}^{-1}\boldsymbol{H})^{-1} \tag{2-17}$$

此时方差阵最小,此时的估计称为马尔可夫估计。

例 3　如果已知例 1 中每个时刻的测量误差的方差分别为 $\sigma_1^2 \quad \sigma_2^2 \quad \cdots \quad \sigma_k^2$, 即

$$\boldsymbol{R} = E(\boldsymbol{v}\boldsymbol{v}^{\mathrm{T}}) = \begin{bmatrix} \sigma_1^2 & 0 & 0 & 0 \\ 0 & \sigma_2^2 & 0 & 0 \\ \vdots & \vdots & \vdots & \vdots \\ 0 & 0 & 0 & \sigma_k^2 \end{bmatrix}$$

则例 1 的加权最小二乘估计是多少?

解:根据式(2-16),可得

$$\hat{\boldsymbol{x}} = (\boldsymbol{H}^{\mathrm{T}}\boldsymbol{R}^{-1}\boldsymbol{H})^{-1}\boldsymbol{H}^{\mathrm{T}}\boldsymbol{R}^{-1}\boldsymbol{z} = \frac{\sum_{i=1}^{k}\sigma_i^2 z_i}{\sum_{i=1}^{k}\sigma_i^2}$$

2.1.3 最小方差估计

最小方差估计是以估计误差的方差阵最小的估计方法。为了进行最小方差估计,需要知道被估计值 $\boldsymbol{x}$ 和观测值 z 的条件概率密度值 $P(\boldsymbol{x} \mid z)$ (也称验后概率密度函数)或 $P(z)$ 以及它们的联合概率分布密度 $P(\boldsymbol{x},z)$ 。

2.1.3.1 一般最小方差估计

一般最小方差估计满足以下几点。

(1) 最小方差估计的估计值等于条件均值,即 $\hat{\boldsymbol{x}} = E(\boldsymbol{x} \mid z)$。

证明:

$$
\begin{aligned}
J &= E_{x,z}[(\boldsymbol{x}-\hat{\boldsymbol{x}})^{\mathrm{T}}(\boldsymbol{x}-\hat{\boldsymbol{x}})] \\
&= \int_{-\infty}^{\infty}\int_{-\infty}^{\infty}(\boldsymbol{x}-\hat{\boldsymbol{x}})^{\mathrm{T}}(\boldsymbol{x}-\hat{\boldsymbol{x}})p(\boldsymbol{x},z)\,\mathrm{d}\boldsymbol{x}\mathrm{d}z \\
&= \int_{-\infty}^{\infty}\int_{-\infty}^{\infty}(\boldsymbol{x}-\hat{\boldsymbol{x}})^{\mathrm{T}}(\boldsymbol{x}-\hat{\boldsymbol{x}})p(z)p(\boldsymbol{x} \mid z)\,\mathrm{d}\boldsymbol{x}\mathrm{d}z \\
&= \int_{-\infty}^{\infty}p(z)\,\mathrm{d}z\int_{-\infty}^{\infty}(\boldsymbol{x}-\hat{\boldsymbol{x}})^{\mathrm{T}}(\boldsymbol{x}-\hat{\boldsymbol{x}})p(\boldsymbol{x} \mid z)\,\mathrm{d}\boldsymbol{x}
\end{aligned}
\tag{2-18}
$$

因为 $\int_{-\infty}^{\infty}p(z)\,\mathrm{d}z = 1$, 所以,若要使 J 最小,只需使 $\int_{-\infty}^{\infty}(\boldsymbol{x}-\hat{\boldsymbol{x}})^{\mathrm{T}}(\boldsymbol{x}-\hat{\boldsymbol{x}})p(\boldsymbol{x} \mid z)\,\mathrm{d}\boldsymbol{x}$ 最小即可。

令

$$
\begin{aligned}
g &= \int_{-\infty}^{\infty}(\boldsymbol{x}-\hat{\boldsymbol{x}})^{\mathrm{T}}(\boldsymbol{x}-\hat{\boldsymbol{x}})p(\boldsymbol{x} \mid z)\,\mathrm{d}\boldsymbol{x} \\
&= \int_{-\infty}^{\infty}(\boldsymbol{x}-E(\boldsymbol{x} \mid z)+E(\boldsymbol{x} \mid z)-\hat{\boldsymbol{x}})^{\mathrm{T}}(\boldsymbol{x}-E(\boldsymbol{x} \mid z) \\
&\quad +E(\boldsymbol{x} \mid z)-\hat{\boldsymbol{x}})p(\boldsymbol{x} \mid z)\,\mathrm{d}\boldsymbol{x} \\
&= \int_{-\infty}^{\infty}(\boldsymbol{x}-E(\boldsymbol{x} \mid z))^{\mathrm{T}}(\boldsymbol{x}-E(\boldsymbol{x} \mid z))p(\boldsymbol{x} \mid z)\,\mathrm{d}\boldsymbol{x} \\
&\quad +(E(\boldsymbol{x} \mid z)-\hat{\boldsymbol{x}})^{\mathrm{T}}(E(\boldsymbol{x} \mid z)-\hat{\boldsymbol{x}})\int_{-\infty}^{\infty}p(\boldsymbol{x} \mid z)\,\mathrm{d}\boldsymbol{x} \\
&\quad +\int_{-\infty}^{\infty}(\boldsymbol{x}-E(\boldsymbol{x} \mid z))^{\mathrm{T}}p(\boldsymbol{x} \mid z)\,\mathrm{d}\boldsymbol{x}(E(\boldsymbol{x} \mid z)-\hat{\boldsymbol{x}}) \\
&\quad +(E(\boldsymbol{x} \mid z)-\hat{\boldsymbol{x}})\int_{-\infty}^{\infty}(\boldsymbol{x}-E(\boldsymbol{x} \mid z))p(\boldsymbol{x} \mid z)\,\mathrm{d}\boldsymbol{x}
\end{aligned}
\tag{2-19}
$$

因为

$$
\int_{-\infty}^{\infty}(\boldsymbol{x}-E(\boldsymbol{x} \mid z))p(\boldsymbol{x} \mid z)\,\mathrm{d}\boldsymbol{x} = 0 \tag{2-20}
$$

$$\int_{-\infty}^{\infty}(\boldsymbol{x}-E(\boldsymbol{x}\mid z))^{\mathrm{T}}p(\boldsymbol{x}\mid z)\mathrm{d}\boldsymbol{x}=0 \tag{2-21}$$

所以

$$\begin{aligned} g=&\int_{-\infty}^{\infty}(\boldsymbol{x}-E(\boldsymbol{x}\mid z))^{\mathrm{T}}(\boldsymbol{x}-E(\boldsymbol{x}\mid z))p(\boldsymbol{x}\mid z)\mathrm{d}\boldsymbol{x}\\ &+(E(\boldsymbol{x}\mid z)-\hat{\boldsymbol{x}})^{\mathrm{T}}(E(\boldsymbol{x}\mid z)-\hat{\boldsymbol{x}}) \end{aligned} \tag{2-22}$$

因为$\int_{-\infty}^{\infty}(\boldsymbol{x}-E(\boldsymbol{x}\mid z))^{\mathrm{T}}(\boldsymbol{x}-E(\boldsymbol{x}\mid z))p(\boldsymbol{x}\mid z)\mathrm{d}\boldsymbol{x}$与$\hat{\boldsymbol{x}}$无关,所以若要使$g$最小,就需使$(E(\boldsymbol{x}\mid z)-\hat{\boldsymbol{x}})^{\mathrm{T}}(E(\boldsymbol{x}\mid z)-\hat{\boldsymbol{x}})=0$。即$\hat{\boldsymbol{x}}=E(\boldsymbol{x}\mid z)$,也就是说最小方差估计为$E(\boldsymbol{x}\mid z)$。

(2) 最小方差估计为无偏估计,即$E(\hat{\boldsymbol{x}})=E(\boldsymbol{x})$。

证明:

$$\begin{aligned} E(\hat{\boldsymbol{x}})=E_z(E_x(\boldsymbol{x}\mid z))&=\int_{-\infty}^{\infty}\int_{-\infty}^{\infty}\boldsymbol{x}p(\boldsymbol{x}\mid z)\mathrm{d}xp(z)\mathrm{d}z\\ &=\int_{-\infty}^{\infty}\int_{-\infty}^{\infty}\boldsymbol{x}p(\boldsymbol{x},z)\mathrm{d}z\mathrm{d}\boldsymbol{x}\\ &=\int_{-\infty}^{\infty}\boldsymbol{x}\left[\int_{-\infty}^{\infty}p(\boldsymbol{x},z)\mathrm{d}z\right]\mathrm{d}\boldsymbol{x}\\ &=\int_{-\infty}^{\infty}\boldsymbol{x}p(\boldsymbol{x})\mathrm{d}\boldsymbol{x}\\ &=E(\boldsymbol{x}) \end{aligned} \tag{2-23}$$

2.1.3.2 线性最小方差估计

如果$\hat{\boldsymbol{x}}$可以表示为z的线性形式,即$\hat{\boldsymbol{x}}=\boldsymbol{A}z+\boldsymbol{b}$,并满足方差最小,则$\hat{\boldsymbol{x}}$称为线性最小方差估计。下面通过两种方法求解使得$\hat{\boldsymbol{x}}=\boldsymbol{A}z+\boldsymbol{b}$满足方差最小的$\boldsymbol{A}$和$\boldsymbol{b}$的值。

1. $\boldsymbol{A}$和$\boldsymbol{b}$的值

解法1:

令$\tilde{\boldsymbol{x}}=\boldsymbol{x}-\hat{\boldsymbol{x}}$,则最小方差估计的指标函数为

$$\begin{aligned} J&=E[(\boldsymbol{x}-\hat{\boldsymbol{x}})^{\mathrm{T}}(\boldsymbol{x}-\hat{\boldsymbol{x}})]\\ &=E(\tilde{\boldsymbol{x}}^{\mathrm{T}}\tilde{\boldsymbol{x}}) \end{aligned} \tag{2-24}$$

因为对任意变量$\boldsymbol{w}$,存在以下等式:

$$\begin{aligned} E(\boldsymbol{w}^{\mathrm{T}}\boldsymbol{w})=E(w_1^2+w_2^2+\cdots+w_n^2)&=E[\mathrm{tr}(\boldsymbol{w}\boldsymbol{w}^{\mathrm{T}})]\\ &=\mathrm{tr}\{E[(\boldsymbol{w}-E(\boldsymbol{w})+E(\boldsymbol{w}))(\boldsymbol{w}-E(\boldsymbol{w})+E(\boldsymbol{w}))^{\mathrm{T}}]\}\\ &=\mathrm{tr}\{\mathrm{var}(\boldsymbol{w})+E(\boldsymbol{w})E(\boldsymbol{w})^{\mathrm{T}}+E[(\boldsymbol{w}-E(\boldsymbol{w}))E(\boldsymbol{w})^{\mathrm{T}}]\\ &\quad+E[E(\boldsymbol{w})(\boldsymbol{w}-E(\boldsymbol{w}))^{\mathrm{T}}]\}\\ &=\mathrm{tr}[\mathrm{var}(\boldsymbol{w})+E(\boldsymbol{w})E(\boldsymbol{w})^{\mathrm{T}}] \end{aligned} \tag{2-25}$$

所以

$$J = \mathrm{tr}(\mathrm{var}(\tilde{\boldsymbol{x}}) + E(\tilde{\boldsymbol{x}})E(\tilde{\boldsymbol{x}})^{\mathrm{T}}) \\ = \mathrm{tr}(\mathrm{var}(\tilde{\boldsymbol{x}})) + E(\tilde{\boldsymbol{x}})^{\mathrm{T}}E(\tilde{\boldsymbol{x}}) \tag{2-26}$$

根据方差的计算公式,可得

$$\begin{aligned}\mathrm{var}(\tilde{\boldsymbol{x}}) &= E(\tilde{\boldsymbol{x}}-E(\tilde{\boldsymbol{x}}))(\tilde{\boldsymbol{x}}-E(\tilde{\boldsymbol{x}}))^{\mathrm{T}} \\ &= E(\boldsymbol{x}-\boldsymbol{A}z-\boldsymbol{b}-E(\boldsymbol{x})+\boldsymbol{A}E(z)+\boldsymbol{b}))(\boldsymbol{x}-\boldsymbol{A}z-\boldsymbol{b}-E(\boldsymbol{x})+\boldsymbol{A}E(z)+\boldsymbol{b}))^{\mathrm{T}} \\ &= E(\boldsymbol{x}-E(\boldsymbol{x})-\boldsymbol{A}(z-E(z)))(\boldsymbol{x}-E(\boldsymbol{x})-\boldsymbol{A}(z-E(z)))^{\mathrm{T}} \\ &= \mathrm{var}(\boldsymbol{x})+\boldsymbol{A}\mathrm{var}(z)\boldsymbol{A}^{\mathrm{T}}-\mathrm{cov}(\boldsymbol{x},z)\boldsymbol{A}^{\mathrm{T}}-\boldsymbol{A}\mathrm{cov}(\boldsymbol{x},z) \\ &= [\boldsymbol{A}-\mathrm{cov}(\boldsymbol{x},z)\mathrm{var}^{-1}(z)]\mathrm{var}(z)[\boldsymbol{A}^{\mathrm{T}}-\mathrm{var}^{-1}(z)\mathrm{cov}(\boldsymbol{x},z)] \\ &\quad +\mathrm{var}(\boldsymbol{x})-\mathrm{cov}(\boldsymbol{x},z)\mathrm{var}^{-1}(z)\mathrm{cov}(z,\boldsymbol{x})\end{aligned} \tag{2-27}$$

$$E(\tilde{\boldsymbol{x}})^{\mathrm{T}}E(\tilde{\boldsymbol{x}}) = (E(\boldsymbol{x}) - \boldsymbol{A}E(z) - \boldsymbol{b})^{\mathrm{T}}(E(\boldsymbol{x}) - \boldsymbol{A}E(z) - \boldsymbol{b}) \tag{2-28}$$

将式(2-27)、式(2-28)代入式(2-26),可得

$$\begin{aligned}J &= \mathrm{tr}(\mathrm{var}(\tilde{\boldsymbol{x}})) + E(\tilde{\boldsymbol{x}})^{\mathrm{T}}E(\tilde{\boldsymbol{x}}) \\ &= \mathrm{tr}(\mathrm{var}(\boldsymbol{x}) + \boldsymbol{A}\mathrm{var}(z)\boldsymbol{A}^{\mathrm{T}} - \mathrm{cov}(\boldsymbol{x},z)\boldsymbol{A}^{\mathrm{T}} - \boldsymbol{A}\mathrm{cov}(\boldsymbol{x},z)) \\ &\quad + (E(\boldsymbol{x}) - \boldsymbol{A}E(z) - \boldsymbol{b})^{\mathrm{T}}(E(\boldsymbol{x}) - \boldsymbol{A}E(z) - \boldsymbol{b}) \\ &= \mathrm{tr}\{[\boldsymbol{A} - \mathrm{cov}(\boldsymbol{x},z)\mathrm{var}^{-1}(z)]\mathrm{var}(z)[\boldsymbol{A}^{\mathrm{T}} - \mathrm{var}^{-1}(z)\mathrm{cov}(\boldsymbol{x},z)]\} \\ &\quad + \mathrm{tr}[\mathrm{var}(\boldsymbol{x}) - \mathrm{cov}(\boldsymbol{x},z)\mathrm{var}^{-1}(z)\mathrm{cov}(\boldsymbol{x},z)] \\ &\quad + (E(\boldsymbol{x}) - \boldsymbol{A}E(z) - \boldsymbol{b})^{\mathrm{T}}(E(\boldsymbol{x}) - \boldsymbol{A}E(z) - \boldsymbol{b})\end{aligned} \tag{2-29}$$

因为 $\mathrm{tr}[\mathrm{var}(\boldsymbol{x}) - \mathrm{cov}(\boldsymbol{x},z)\mathrm{var}^{-1}(z)\mathrm{cov}(\boldsymbol{x},z)]$ 与 $\boldsymbol{A}$, $\boldsymbol{b}$ 无关,而 $(E(\boldsymbol{x}) - \boldsymbol{A}E(z) - \boldsymbol{b})(E(\boldsymbol{x}) - \boldsymbol{A}E(z) - \boldsymbol{b})^{\mathrm{T}}$ 为向量内积的表达形式,故其恒大于等于零。若想 J 最小,则需

$$(E(\boldsymbol{x}) - \boldsymbol{A}E(z) - \boldsymbol{b})^{\mathrm{T}}(E(\boldsymbol{x}) - \boldsymbol{A}E(z) - \boldsymbol{b}) = 0 \tag{2-30}$$

即

$$E(\boldsymbol{x}) - \boldsymbol{A}E(z) - \boldsymbol{b} = 0 \tag{2-31}$$

并且

$$\{[\boldsymbol{A} - \mathrm{cov}(\boldsymbol{x},z)]\mathrm{var}^{-1}(z)]\mathrm{var}(z)[\boldsymbol{A}^{\mathrm{T}} - \mathrm{cov}^{-1}(z)\mathrm{cov}(\boldsymbol{x},z)]\} = \min$$

即

$$\boldsymbol{A} - \mathrm{cov}(\boldsymbol{x},z)\mathrm{var}^{-1}(z) = 0 \tag{2-32}$$

联立式(2-31)和式(2-32),可得

$$\begin{cases}E(\boldsymbol{x}) - \boldsymbol{A}E(z) = \boldsymbol{b} \\ \boldsymbol{A} - \mathrm{cov}(\boldsymbol{x},z)\mathrm{var}^{-1}(z) = 0\end{cases} \tag{2-33}$$

$$\begin{cases}\boldsymbol{A} = \mathrm{cov}(\boldsymbol{x},z)\mathrm{var}^{-1}(z) \\ \boldsymbol{b} = E(\boldsymbol{x}) - \mathrm{cov}(\boldsymbol{x},z)\mathrm{var}^{-1}(z)E(z)\end{cases} \tag{2-34}$$

综上所述,有

$$\hat{\boldsymbol{x}} = \boldsymbol{A}z + \boldsymbol{b} = E(\boldsymbol{x}) - \mathrm{cov}(\boldsymbol{x},z)\mathrm{var}^{-1}(z)(z - E(z)) \tag{2-35}$$

解法 2:

已知最小方差估计的指标函数为

$$\begin{aligned} J &= E[(\boldsymbol{x}-\hat{\boldsymbol{x}})^{\mathrm{T}}(\boldsymbol{x}-\hat{\boldsymbol{x}})] \\ &= E[(\boldsymbol{x}-\boldsymbol{A}\boldsymbol{z}-\boldsymbol{b})^{\mathrm{T}}(\boldsymbol{x}-\boldsymbol{A}\boldsymbol{z}-\boldsymbol{b})] \end{aligned} \tag{2-36}$$

对 J 求 $\boldsymbol{b}$ 的偏导数,可得

$$\begin{aligned} \frac{\partial J}{\partial \boldsymbol{b}} &= \frac{\partial\{E[(\boldsymbol{x}-\boldsymbol{A}\boldsymbol{z}-\boldsymbol{b})^{\mathrm{T}}(\boldsymbol{x}-\boldsymbol{A}\boldsymbol{z}-\boldsymbol{b})]\}}{\partial \boldsymbol{b}} \\ &= E\left[\frac{\partial\{(\boldsymbol{x}-\boldsymbol{A}\boldsymbol{z}-\boldsymbol{b})^{\mathrm{T}}(\boldsymbol{x}-\boldsymbol{A}\boldsymbol{z}-\boldsymbol{b})\}}{\partial \boldsymbol{b}}\right] \\ &= -2E(\boldsymbol{x}-\boldsymbol{A}\boldsymbol{z}-\boldsymbol{b}) \\ &= 2[\boldsymbol{b}+\boldsymbol{A}E(\boldsymbol{z})-E(\boldsymbol{x})] \end{aligned} \tag{2-37}$$

令 $\frac{\partial J}{\partial \boldsymbol{b}}=0$, 可得

$$\boldsymbol{b} = E(\boldsymbol{x}) - \boldsymbol{A}E(\boldsymbol{z}) \tag{2-38}$$

对 J 求 $\boldsymbol{A}$ 的偏导数,可得

$$\begin{aligned} \frac{\partial J}{\partial \boldsymbol{A}} &= \frac{\partial\{E[(\boldsymbol{x}-\boldsymbol{A}\boldsymbol{z}-\boldsymbol{b})^{\mathrm{T}}(\boldsymbol{x}-\boldsymbol{A}\boldsymbol{z}-\boldsymbol{b})]\}}{\partial \boldsymbol{A}} \\ &= E\left[\frac{\partial\{(\boldsymbol{x}-\boldsymbol{A}\boldsymbol{z}-\boldsymbol{b})^{\mathrm{T}}(\boldsymbol{x}-\boldsymbol{A}\boldsymbol{z}-\boldsymbol{b})\}}{\partial \boldsymbol{A}}\right] \\ &= -2E[(\boldsymbol{x}-\boldsymbol{A}\boldsymbol{z}-\boldsymbol{b})\boldsymbol{z}^{\mathrm{T}}] \\ &= 2[\boldsymbol{b}E(\boldsymbol{z}^{\mathrm{T}})+\boldsymbol{A}E(\boldsymbol{z}\boldsymbol{z}^{\mathrm{T}})+E(\boldsymbol{x}\boldsymbol{z}^{\mathrm{T}})] \end{aligned} \tag{2-39}$$

将式(2-38)代入式(2-39),并令式(2-39)等于零,可得

$$\begin{aligned} &\boldsymbol{A}\{E(\boldsymbol{z}\boldsymbol{z}^{\mathrm{T}})-E(\boldsymbol{z})E(\boldsymbol{z}^{\mathrm{T}})\}-\{E(\boldsymbol{x}\boldsymbol{z}^{\mathrm{T}})-E(\boldsymbol{x})E(\boldsymbol{z}^{\mathrm{T}})\}=0 \\ \Rightarrow\ &\boldsymbol{A}E(\boldsymbol{z}-E(\boldsymbol{z}))(\boldsymbol{z}-E(\boldsymbol{z}))^{\mathrm{T}}-E(\boldsymbol{x}-E(\boldsymbol{x}))(\boldsymbol{z}-E(\boldsymbol{z}))^{\mathrm{T}}=0 \\ \Rightarrow\ &\boldsymbol{A}\operatorname{var}(\boldsymbol{z})-\operatorname{cov}(\boldsymbol{x},\boldsymbol{z})=0 \end{aligned} \tag{2-40}$$

所以

$$\boldsymbol{A} = \operatorname{cov}(\boldsymbol{x},\boldsymbol{z})\operatorname{var}^{-1}(\boldsymbol{z}) \tag{2-41}$$

综上所述,式(2-38)和式(2-41)为 $\boldsymbol{A}$ 和 $\boldsymbol{b}$ 的值分别为

$$\begin{cases} \boldsymbol{A} = \operatorname{cov}(\boldsymbol{x},\boldsymbol{z})\operatorname{var}^{-1}(\boldsymbol{z}) \\ \boldsymbol{b} = E(\boldsymbol{x}) - \boldsymbol{A}E(\boldsymbol{z}) \end{cases} \tag{2-42}$$

2. 线性最小方差估计的表达式为

$$\begin{aligned} \hat{\boldsymbol{x}} &= \boldsymbol{A}\boldsymbol{z}+\boldsymbol{b} \\ &= E(\boldsymbol{x})-\operatorname{cov}(\boldsymbol{x},\boldsymbol{z})\operatorname{var}^{-1}(\boldsymbol{z})E(\boldsymbol{z})+\operatorname{cov}(\boldsymbol{x},\boldsymbol{z})\operatorname{var}^{-1}(\boldsymbol{z})\boldsymbol{z} \\ &= E(\boldsymbol{x})+\operatorname{cov}(\boldsymbol{x},\boldsymbol{z})\operatorname{var}^{-1}(\boldsymbol{z})(\boldsymbol{z}-E(\boldsymbol{z})) \end{aligned} \tag{2-43}$$

几点说明如下:

（1）线性最小方差估计是无偏估计。

证明：

$$E(\hat{\boldsymbol{x}})=E\{E(\boldsymbol{x})+\text{cov}(\boldsymbol{x},\boldsymbol{z})\text{var}^{-1}(\boldsymbol{z})(\boldsymbol{z}-E(\boldsymbol{z}))\}$$
$$=E(\boldsymbol{x}) \tag{2-44}$$

（2）线性最小方差估计的估计误差方差阵如下。

$$\begin{aligned}
\text{var}(\hat{\boldsymbol{x}}) &= E(\boldsymbol{x}-\hat{\boldsymbol{x}})(\boldsymbol{x}-\hat{\boldsymbol{x}})^{\mathrm{T}} \\
&= E\{\boldsymbol{x}-E(\boldsymbol{x})-\text{cov}(\boldsymbol{x},\boldsymbol{z})\text{var}^{-1}(\boldsymbol{z})(\boldsymbol{z}-E(\boldsymbol{z}))\}\{\boldsymbol{x}-E(\boldsymbol{x}) \\
&\quad -\text{cov}(\boldsymbol{x},\boldsymbol{z})\text{var}^{-1}(\boldsymbol{z})(\boldsymbol{z}-E(\boldsymbol{z}))\}^{\mathrm{T}} \\
&= E(\boldsymbol{x}-E(\boldsymbol{x}))(\boldsymbol{x}-E(\boldsymbol{x}))^{\mathrm{T}}-E\{[\boldsymbol{x}-E(\boldsymbol{x})][\boldsymbol{z}-E(\boldsymbol{z})]^{\mathrm{T}}\}\text{var}^{-1}(\boldsymbol{z})\text{cov}(\boldsymbol{x},\boldsymbol{z})^{\mathrm{T}} \\
&\quad -\text{cov}(\boldsymbol{x},\boldsymbol{z})\text{var}^{-1}(\boldsymbol{z})E\{[\boldsymbol{z}-E(\boldsymbol{z})][\boldsymbol{x}-E(\boldsymbol{x})]^{\mathrm{T}}\} \\
&\quad +\text{cov}(\boldsymbol{x},\boldsymbol{z})\text{var}^{-1}(\boldsymbol{z})E\{[\boldsymbol{z}-E(\boldsymbol{z})][\boldsymbol{z}-E(\boldsymbol{z})]^{\mathrm{T}}\}\text{var}^{-1}(\boldsymbol{z})\text{cov}(\boldsymbol{x},\boldsymbol{z})^{\mathrm{T}} \\
&= \text{var}(\boldsymbol{x})-\text{cov}(\boldsymbol{x},\boldsymbol{z})\text{var}^{-1}(\boldsymbol{z})\text{cov}(\boldsymbol{z},\boldsymbol{x})-\text{cov}(\boldsymbol{x},\boldsymbol{z})\text{var}^{-1}(\boldsymbol{z})\text{cov}(\boldsymbol{z},\boldsymbol{x}) \\
&\quad +\text{cov}(\boldsymbol{x},\boldsymbol{z})\text{var}^{-1}(\boldsymbol{z})\text{cov}(\boldsymbol{z},\boldsymbol{x}) \\
&= \text{var}(\boldsymbol{x})-\text{cov}(\boldsymbol{x},\boldsymbol{z})\text{var}^{-1}(\boldsymbol{z})\text{cov}(\boldsymbol{z},\boldsymbol{x})
\end{aligned} \tag{2-45}$$

对于其他的 $\boldsymbol{A}$ 和 $\boldsymbol{b}$ 值，其方差均大于上述方差。

（3）$\hat{\boldsymbol{x}}$ 是 $\boldsymbol{x}$ 在 $\boldsymbol{z}$ 上的正交投影，即 $\text{cov}(\tilde{\boldsymbol{x}},\boldsymbol{z})=0$，

证明：

$$\text{cov}(\tilde{\boldsymbol{x}},\boldsymbol{z})=E\{(\boldsymbol{x}-\hat{\boldsymbol{x}}-E(\boldsymbol{x}-\hat{\boldsymbol{x}}))\ (\boldsymbol{z}-\boldsymbol{E}(\boldsymbol{z}))^{\mathrm{T}}\} \tag{2-46}$$

因为 $E(\boldsymbol{x}-\hat{\boldsymbol{x}})=0$，所以

$$\begin{aligned}
\text{cov}(\tilde{\boldsymbol{x}},\boldsymbol{z}) &= E\{(\boldsymbol{x}-\hat{\boldsymbol{x}})[\boldsymbol{z}-E(\boldsymbol{z})]^{\mathrm{T}}\} \\
&= E\{[\boldsymbol{x}-E(\boldsymbol{x})-\text{cov}(\boldsymbol{x},\boldsymbol{z})\text{var}^{-1}(\boldsymbol{z})(\boldsymbol{z}-E(\boldsymbol{z})][\boldsymbol{z}-E(\boldsymbol{z})]^{\mathrm{T}}\} \\
&= E\{[\boldsymbol{x}-E(\boldsymbol{x})][\boldsymbol{z}-E(\boldsymbol{z})]^{\mathrm{T}}-\text{cov}(\boldsymbol{x},\boldsymbol{z})\text{var}^{-1}(\boldsymbol{z}) \\
&\quad E(\boldsymbol{z}-E(\boldsymbol{z}))(\boldsymbol{z}-E(\boldsymbol{z}))^{\mathrm{T}}\} \\
&= \text{cov}(\boldsymbol{x},\boldsymbol{z})-\text{cov}(\boldsymbol{x},\boldsymbol{z})\text{var}^{-1}(\boldsymbol{z})\text{var}(\boldsymbol{z}) \\
&= \text{cov}(\boldsymbol{x},\boldsymbol{z})-\text{cov}(\boldsymbol{x},\boldsymbol{z}) \\
&= 0
\end{aligned} \tag{2-47}$$

$E(\tilde{\boldsymbol{x}})=0$ 且 $\tilde{\boldsymbol{x}}$ 与 $\boldsymbol{z}$ 正交，则 $\hat{\boldsymbol{x}}$ 是 $\boldsymbol{x}$ 在 $\boldsymbol{z}$ 上的正交投影。

（4）当 $\boldsymbol{z}=\boldsymbol{H}\boldsymbol{x}+\boldsymbol{v}$ 时，若 $E(\boldsymbol{x})=\boldsymbol{\mu}_x$，$\text{var}(\boldsymbol{x})=\boldsymbol{P}$，$E(\boldsymbol{v})=0$，$\text{var}(\boldsymbol{v})=\boldsymbol{R}$，$E(\boldsymbol{x},\boldsymbol{v})=0$，有 $E(\boldsymbol{z})=E(\boldsymbol{H}\boldsymbol{x}+\boldsymbol{v})=\boldsymbol{H}\boldsymbol{\mu}_x$，则

$$\begin{aligned}
\text{cov}(\boldsymbol{x},\boldsymbol{z}) &= E\{(\boldsymbol{x}-E(\boldsymbol{x}))(\boldsymbol{z}-E(\boldsymbol{z}))^{\mathrm{T}}\} \\
&= E\{(\boldsymbol{x}-\boldsymbol{\mu}_x)(\boldsymbol{H}\boldsymbol{x}-\boldsymbol{H}\boldsymbol{\mu}_x)^{\mathrm{T}}\} \\
&= E\{(\boldsymbol{x}-\boldsymbol{\mu}_x)(\boldsymbol{x}-\boldsymbol{\mu}_x)^{\mathrm{T}}\boldsymbol{H}^{\mathrm{T}}\} \\
&= \text{var}(\boldsymbol{x})\boldsymbol{H}^{\mathrm{T}} \\
&= \boldsymbol{P}\boldsymbol{H}^{\mathrm{T}}
\end{aligned} \tag{2-48}$$

$$\text{var}(\boldsymbol{z})=E\{(\boldsymbol{z}-E(\boldsymbol{z}))(\boldsymbol{z}-E(\boldsymbol{z}))^{\mathrm{T}}\}$$

$$
\begin{aligned}
&= E\{(\boldsymbol{H}\boldsymbol{x} + \boldsymbol{v} - \boldsymbol{H}\boldsymbol{\mu}_x)(\boldsymbol{H}\boldsymbol{x} + \boldsymbol{v} - \boldsymbol{H}\boldsymbol{\mu}_x)^{\mathrm{T}}\} \\
&= E\{(\boldsymbol{H}(\boldsymbol{x} - \boldsymbol{\mu}_x) + \boldsymbol{v})(\boldsymbol{H}(\boldsymbol{x} - \boldsymbol{\mu}_x) + \boldsymbol{v})^{\mathrm{T}}\} \\
&= E\{\boldsymbol{H}(\boldsymbol{x} - \boldsymbol{\mu}_x)(\boldsymbol{x} - \boldsymbol{\mu}_x)^{\mathrm{T}}\boldsymbol{H}^{\mathrm{T}} + \boldsymbol{H}(\boldsymbol{x} - \boldsymbol{\mu}_x)\boldsymbol{v}^{\mathrm{T}} \\
&\quad + \boldsymbol{v}(\boldsymbol{x} - \boldsymbol{\mu}_x)^{\mathrm{T}}\boldsymbol{H}^{\mathrm{T}}\} + E(\boldsymbol{v}\boldsymbol{v}^{\mathrm{T}})
\end{aligned} \tag{2-49}
$$

因为$E(\boldsymbol{x},\boldsymbol{v}) = 0$，所以，$z$的方差可表示为

$$
\begin{aligned}
\mathrm{var}(z) &= E\{\boldsymbol{H}(\boldsymbol{x} - \boldsymbol{\mu}_x)(\boldsymbol{x} - \boldsymbol{\mu}_x)^{\mathrm{T}}\boldsymbol{H}^{\mathrm{T}}\} + E(\boldsymbol{v}\boldsymbol{v}^{\mathrm{T}}) \\
&= \boldsymbol{H}\mathrm{var}(\boldsymbol{x})\boldsymbol{H}^{\mathrm{T}} + \mathrm{var}(\boldsymbol{v}) \\
&= \boldsymbol{H}\boldsymbol{P}\boldsymbol{H}^{\mathrm{T}} + \boldsymbol{R}
\end{aligned} \tag{2-50}
$$

由式(2-43)，式(2-48)和式(2-50)，可得

$$
\begin{aligned}
\hat{\boldsymbol{x}} &= E(\boldsymbol{x}) + \mathrm{cov}(\boldsymbol{x},z)\mathrm{var}^{-1}(z)(z - E(z)) \\
&= \boldsymbol{\mu}_x + \boldsymbol{P}\boldsymbol{H}^{\mathrm{T}}(\boldsymbol{H}\boldsymbol{P}\boldsymbol{H}^{\mathrm{T}} + \boldsymbol{R})^{-1}(z - \boldsymbol{H}\boldsymbol{\mu}_x) \\
&= (\boldsymbol{P}^{-1} + \boldsymbol{H}^{\mathrm{T}}\boldsymbol{R}^{-1}\boldsymbol{H})^{-1}(\boldsymbol{H}^{\mathrm{T}}\boldsymbol{R}^{-1}z - \boldsymbol{P}^{-1}\boldsymbol{\mu}_x)
\end{aligned} \tag{2-51}
$$

$$
\begin{aligned}
\mathrm{var}(\tilde{\boldsymbol{x}}) &= E(\boldsymbol{x} - \hat{\boldsymbol{x}})(\boldsymbol{x} - \hat{\boldsymbol{x}})^{\mathrm{T}} \\
&= E(\boldsymbol{x} - \boldsymbol{\mu}_x - \mathrm{cov}(\boldsymbol{x},z)\mathrm{var}^{-1}(z)(z - E(z))) \\
&\quad (\boldsymbol{x} - \boldsymbol{\mu}_x - \mathrm{cov}(\boldsymbol{x},z)\mathrm{var}^{-1}(z)(z - E(z)))^{\mathrm{T}} \\
&= \boldsymbol{P} - \boldsymbol{P}\boldsymbol{H}^{\mathrm{T}}(\boldsymbol{H}\boldsymbol{P}\boldsymbol{H} + \boldsymbol{R})^{-1}\boldsymbol{H}\boldsymbol{P} \\
&= (\boldsymbol{P}^{-1} + \boldsymbol{H}^{\mathrm{T}}\boldsymbol{R}\boldsymbol{H})^{-1}
\end{aligned} \tag{2-52}
$$

当$\boldsymbol{P}^{-1} = 0$时，有

$$
\begin{aligned}
\hat{\boldsymbol{x}} &= (\boldsymbol{P}^{-1} + \boldsymbol{H}^{\mathrm{T}}\boldsymbol{R}^{-1}\boldsymbol{H})^{-1}(\boldsymbol{H}^{\mathrm{T}}\boldsymbol{R}^{-1}z - \boldsymbol{P}^{-1}\boldsymbol{\mu}_x) \\
&= (\boldsymbol{H}^{\mathrm{T}}\boldsymbol{R}^{-1}\boldsymbol{H})^{-1}\boldsymbol{H}^{\mathrm{T}}\boldsymbol{R}^{-1}z
\end{aligned} \tag{2-53}
$$

$$
\mathrm{var}(\tilde{\boldsymbol{x}}) = (\boldsymbol{H}^{\mathrm{T}}\boldsymbol{R}\boldsymbol{H})^{-1} \tag{2-54}
$$

与式(2-16)、式(2-17)所示的最小二乘估计相同，但一般情况下，由于$(\boldsymbol{P}^{-1} + \boldsymbol{H}^{\mathrm{T}}\boldsymbol{R}\boldsymbol{H})^{-1} < (\boldsymbol{H}^{\mathrm{T}}\boldsymbol{R}\boldsymbol{H})^{-1}$，故线性最小方差比最小二乘估计的误差小，估计精度高。

(5) 若$\boldsymbol{Y}$与z不相关，则$\boldsymbol{x}$相对于$\boldsymbol{Y}$与z的最小方差估计等于$\boldsymbol{x}$分别相对于$\boldsymbol{Y}$和z的最小方差估计的和减去$\boldsymbol{x}$的均值，即

$$
E(\boldsymbol{x} \mid \boldsymbol{Y},z) = E(\boldsymbol{x} \mid \boldsymbol{Y}) + E(\boldsymbol{x} \mid z) - E(\boldsymbol{x}) \tag{2-55}
$$

证明：令$\boldsymbol{T} = \begin{bmatrix} \boldsymbol{Y} \\ z \end{bmatrix}$，则

$$
E(\boldsymbol{x} \mid \boldsymbol{Y},z) = E(\boldsymbol{x} \mid \boldsymbol{T}) = E(\boldsymbol{x}) + \mathrm{cov}(\boldsymbol{x},\boldsymbol{T})\,\mathrm{var}^{-1}(\boldsymbol{T})(\boldsymbol{T} - E(\boldsymbol{T}))
$$

因为

$$
\begin{aligned}
\mathrm{cov}(\boldsymbol{x},\boldsymbol{T}) &= E\left(\boldsymbol{x} - E(\boldsymbol{x})\begin{bmatrix} \boldsymbol{Y} - E(\boldsymbol{Y}) \\ z - E(z) \end{bmatrix}\right) \\
&= [\mathrm{cov}(\boldsymbol{x},\boldsymbol{Y}) \quad \mathrm{cov}(\boldsymbol{x},z)]
\end{aligned} \tag{2-56}
$$

$$\mathrm{var}(\boldsymbol{T})=E\left(\begin{bmatrix}\boldsymbol{Y}-E(\boldsymbol{Y})\\ z-E(z)\end{bmatrix}[\boldsymbol{Y}-E(\boldsymbol{Y})\quad z-E(z)]^{\mathrm{T}}\right)$$
$$=\begin{bmatrix}\mathrm{var}(\boldsymbol{Y}) & 0\\ 0 & \mathrm{var}(z)\end{bmatrix} \tag{2-57}$$

所以

$$E(\boldsymbol{x}\mid \boldsymbol{Y},z)=E(\boldsymbol{x})+[\mathrm{cov}(\boldsymbol{x},\boldsymbol{Y})\quad \mathrm{cov}(\boldsymbol{x},z)]\begin{bmatrix}\mathrm{var}^{-1}(\boldsymbol{Y}) & 0\\ 0 & \mathrm{var}^{-1}(z)\end{bmatrix}\cdot\begin{bmatrix}\boldsymbol{Y}-E(\boldsymbol{Y})\\ z-E(z)\end{bmatrix}$$
$$=E(\boldsymbol{x}\mid \boldsymbol{Y})+E(\boldsymbol{x}\mid z)-E(\boldsymbol{x}) \tag{2-58}$$

2.2 线性离散系统卡尔曼滤波

2.1 节的线性最小方差估计需要知道 $E(\boldsymbol{X})$,$\mathrm{cov}(\boldsymbol{X},\boldsymbol{Z})$,$\mathrm{var}(\boldsymbol{Z})$ 和 $E(\boldsymbol{Z})$,并且需要同时处理不同时刻的量测值,会使计算量随时间增大,1960 年卡尔曼提出递推线性最小方差估计方法——卡尔曼滤波。

相对 2.1 节介绍的几种最优估计,卡尔曼滤波具有如下特点。

(1) 算法是递推的,且使用状态空间法在时域内设计滤波器,所以卡尔曼滤波适用于对多维随机过程的计算。

(2) 采用动力学方程即状态方程描述被估计量的动态变化规律,被估计量的动态统计信息由激励白噪声的统计信息和动力学方程确定。由于激励白噪声是平稳过程,动力学方程已知,因此被估计量既可以是平稳的,也可以是非平稳的,即卡尔曼滤波也适用于非平稳过程。

(3) 卡尔曼滤波具有连续型和离散型两类算法,离散型算法可直接在数字计算机上实现。

正是由于上述特点,卡尔曼滤波理论一经提出立即受到了工程应用的重视,"阿波罗"登月飞行和 C-5A 飞机导航系统的设计是早期应用中的最成功者。目前,卡尔曼滤波理论作为一种最重要的最优估计理论被广泛应用于各种领域。

2.2.1 离散型卡尔曼滤波的基本方程

设 t_k 时刻的被估计状态 $\boldsymbol{X}_k$ 受系统噪声序列 $\boldsymbol{W}_{k-1}$ 驱动,驱动机理由下述状态方程描述,即

$$\boldsymbol{X}_k=\boldsymbol{\Phi}_{k,k-1}\boldsymbol{X}_{k-1}+\boldsymbol{\Gamma}_{k-1}\boldsymbol{W}_{k-1} \tag{2-59}$$

对 $\boldsymbol{X}_k$ 的量测满足线性关系,量测方程为

$$\boldsymbol{Z}_k=\boldsymbol{H}_k\boldsymbol{X}_k+\boldsymbol{V}_k \tag{2-60}$$

式中:$\boldsymbol{\Phi}_{k,k-1}$ 为 t_{k-1} 时刻到 t_k 时刻的一步转移矩阵;$\boldsymbol{\Gamma}_{k-1}$ 为系统噪声驱动矩阵;

$\boldsymbol{W}_k$ 为系统噪声序列；$\boldsymbol{H}_k$ 为量测矩阵；$\boldsymbol{V}_k$ 为量测噪声序列。同时，$\boldsymbol{W}_k$ 和 $\boldsymbol{V}_k$ 满足

$$\begin{cases} E[\boldsymbol{W}_k] = 0, \mathrm{cov}[\boldsymbol{W}_k, \boldsymbol{W}_j] = E[\boldsymbol{W}_k \boldsymbol{W}_j^{\mathrm{T}}] = \boldsymbol{Q}_k \boldsymbol{\delta}_{kj} \\ E[\boldsymbol{V}_k] = 0, \mathrm{cov}[\boldsymbol{V}_k, \boldsymbol{V}_j] = E[\boldsymbol{V}_k \boldsymbol{V}_j^{\mathrm{T}}] = \boldsymbol{R}_k \boldsymbol{\delta}_{kj} \\ \mathrm{cov}[\boldsymbol{W}_k, \boldsymbol{V}_j] = E[\boldsymbol{W}_k \boldsymbol{V}_j^{\mathrm{T}}] = 0 \end{cases} \tag{2-61}$$

式中：$\boldsymbol{Q}_k$ 为系统噪声序列的方差矩阵，假设为非负定矩阵；$\boldsymbol{R}_k$ 为量测噪声序列的方差矩阵，假设为正定阵。

如果被估计量 $\boldsymbol{X}_k$ 满足式(2-59)，对 $\boldsymbol{X}_k$ 的量测量 $\boldsymbol{Z}_k$ 满足式(2-60)，系统噪声 $\boldsymbol{W}_k$ 和量测噪声 $\boldsymbol{V}_k$ 满足式(2-61)，系统噪声方差矩阵 $\boldsymbol{Q}_k$ 非负定，量测噪声序列的方差矩阵 $\boldsymbol{R}_k$ 正定，k 时刻的量测为 $\boldsymbol{Z}_k$，则 $\boldsymbol{X}_k$ 的估计 $\hat{\boldsymbol{X}}_k$ 按下述方程求解。

1. 时间更新

计算状态一步预测：

$$\hat{\boldsymbol{X}}_{k/k-1} = \boldsymbol{\Phi}_{k,k-1} \hat{\boldsymbol{X}}_{k-1} \tag{2-62}$$

一步预测均方误差：

$$\boldsymbol{P}_{k/k-1} = \boldsymbol{\Phi}_{k,k-1} \boldsymbol{P}_{k-1} \boldsymbol{\Phi}_{k,k-1}^{\mathrm{T}} + \boldsymbol{\Gamma}_{k-1} \boldsymbol{Q}_k \boldsymbol{\Gamma}_{k-1}^{\mathrm{T}} \tag{2-63}$$

2. 量测更新

滤波增益：

$$\boldsymbol{K}_k = \boldsymbol{P}_{k/k-1} \boldsymbol{H}_k^{\mathrm{T}} (\boldsymbol{H}_k \boldsymbol{P}_{k/k-1} \boldsymbol{H}_k^{\mathrm{T}} + \boldsymbol{R}_k)^{-1} \tag{2-64}$$

或

$$\boldsymbol{K}_k = \boldsymbol{P}_{k/k-1} \boldsymbol{H}_k^{\mathrm{T}} \boldsymbol{R}_k^{-1} \tag{2-65}$$

状态估计：

$$\hat{\boldsymbol{X}}_k = \boldsymbol{X}_{k/k-1} + \boldsymbol{K}_k (\boldsymbol{Z}_k - \boldsymbol{H}_k \hat{\boldsymbol{X}}_{k/k-1}) \tag{2-66}$$

估计均方误差为

$$\boldsymbol{P}_k = (\boldsymbol{I} - \boldsymbol{K}_k \boldsymbol{H}_k) \boldsymbol{P}_{k/k-1} (\boldsymbol{I} - \boldsymbol{K}_k \boldsymbol{H}_k)^{\mathrm{T}} + \boldsymbol{K}_k \boldsymbol{R}_k \boldsymbol{K}_k^{\mathrm{T}} \tag{2-67}$$

或

$$\boldsymbol{P}_k = (\boldsymbol{I} - \boldsymbol{K}_k \boldsymbol{H}_k) \boldsymbol{P}_{k/k-1} \tag{2-68}$$

$$\boldsymbol{P}_k^{-1} = \boldsymbol{P}_{k/k-1}^{-1} + \boldsymbol{H}_k^{\mathrm{T}} \boldsymbol{R}_k^{-1} \boldsymbol{H}_k \tag{2-69}$$

式(2-62)~式(2-69)为离散型卡尔曼滤波基本方程。只要给定初值 $\hat{\boldsymbol{X}}_0$ 和 $\boldsymbol{P}_0$，根据 k 时刻的量测 $\boldsymbol{Z}_k$，就可递推计算得 k 时刻的状态估计 $\hat{\boldsymbol{X}}_k$ $(k=1,2,\cdots)$。

从式(2-62)~式(2-69)所示算法可以看出卡尔曼滤波具有两个计算回路：增益计算回路和滤波计算回路。其中增益计算回路是独立计算回路，而滤波计算回路依赖于增益计算回路。在一个滤波周期内，从卡尔曼滤波在使用系统信息和量测信息的先后次序来看，卡尔曼滤波具有两个明显的信息更新过程：时间更新过程和量测更新过程。式(2-62)说明了根据 $k-1$ 时刻的状态估计预测 k 时刻状态估计的方法，式(2-63)对这种预测质量的优劣作了定量描述。该两式的计算中仅使

用了与系统动态特性有关的信息,如一步转移阵、噪声驱动阵、驱动噪声的方差阵。从时间的推移过程来看,该两式将时间从 $k-1$ 时刻推进到 k 时刻。所以该两式描述了卡尔曼滤波的时间更新过程。其余诸式用来计算对时间更新值的修正量,该修正量由时间更新的质量优劣($\boldsymbol{P}_{k/k-1}$)、量测信息的质量优劣($\boldsymbol{R}_k$)、量测与状态的关系($\boldsymbol{H}_k$)以及具体的量测值 $\boldsymbol{Z}_k$ 所确定,所有这些方程围绕一个目的,即正确合理的利用量测 $\boldsymbol{Z}_k$,所以这一过程描述了卡尔曼滤波的量测更新过程。

例 4 已知系统模型为

$$\boldsymbol{X}(k+1)=\begin{bmatrix}1 & 1\\0 & 1\end{bmatrix}\boldsymbol{X}(k)$$

$$\boldsymbol{Z}(k)=[1\quad 0]\boldsymbol{X}(k)+\boldsymbol{V}(k)$$

$$E\{\boldsymbol{V}(k)\}=0,\operatorname{cov}\{\boldsymbol{V}(k),\boldsymbol{V}(j)\}=0.1\boldsymbol{\delta}_{kj}$$

$$E\{\boldsymbol{X}(0)\}=\begin{bmatrix}0\\0\end{bmatrix},\operatorname{var}\{\boldsymbol{X}(0)\}=\begin{bmatrix}10 & 0\\0 & 10\end{bmatrix}$$

$\boldsymbol{V}(k)$ 与 $\boldsymbol{X}(0)$ 相互独立。观测数据为 $\boldsymbol{Z}(1)=1.1,\boldsymbol{Z}(2)=2,\boldsymbol{Z}(3)=3.2,\boldsymbol{Z}(4)=3.8$, 试求 $k=1,2,3,4$ 时的 $\hat{\boldsymbol{X}}(k|k)$ 。

解:本例中,因 $\boldsymbol{W}(k)=0$, 故 $\boldsymbol{Q}_k=0$, 并满足离散系统卡尔曼滤波的基本假设条件,故可以直接套用离散系统卡尔曼滤波的基本方程。

由本例已知条件,可知,

$$\boldsymbol{\Phi}(k+1,k)=\begin{bmatrix}1 & 1\\0 & 1\end{bmatrix},\boldsymbol{\Gamma}(k+1,k)=0$$

$$\boldsymbol{H}(k)=[1\quad 0]$$

$$\boldsymbol{Q}_k=0,\boldsymbol{R}_k=0.1$$

由此可得本题的滤波方程为

$$\hat{\boldsymbol{X}}(k|k)=\begin{bmatrix}1 & 1\\0 & 1\end{bmatrix}\hat{\boldsymbol{X}}(k-1|k-1)+\boldsymbol{K}(k)\left[\boldsymbol{Z}(k)-[1\quad 0]\begin{bmatrix}1 & 1\\0 & 1\end{bmatrix}\hat{\boldsymbol{X}}(k-1|k-1)\right]$$

$$\boldsymbol{K}(k)=\boldsymbol{P}(k|k-1)\begin{bmatrix}1\\0\end{bmatrix}\left([1\quad 0]\boldsymbol{P}(k|k-1)\begin{bmatrix}1\\0\end{bmatrix}+0.1\right)^{-1}$$

$$\boldsymbol{P}(k|k-1)=\begin{bmatrix}1 & 1\\0 & 1\end{bmatrix}\boldsymbol{P}(k-1|k-1)\begin{bmatrix}1 & 0\\1 & 1\end{bmatrix}$$

$$\boldsymbol{P}(k|k)=(\boldsymbol{I}-\boldsymbol{K}(k)[1\quad 0])\boldsymbol{P}(k|k-1)$$

初始条件为:
$$\begin{cases}\hat{\boldsymbol{X}}(0|0)=E\{\boldsymbol{X}(0)\}=\begin{bmatrix}0\\0\end{bmatrix}\\ \boldsymbol{P}(0|0)=\operatorname{Var}\{\boldsymbol{X}(0)\}=\begin{bmatrix}10 & 0\\0 & 10\end{bmatrix}\end{cases}$$

当 $k=1$ 时,可得

$$\boldsymbol{P}(1|0)=\begin{bmatrix}1&1\\0&1\end{bmatrix}\boldsymbol{P}(0|0)\begin{bmatrix}1&0\\1&1\end{bmatrix}=\begin{bmatrix}20&10\\10&10\end{bmatrix}$$

$$\boldsymbol{K}(1)=\boldsymbol{P}(1|0)\begin{bmatrix}1\\0\end{bmatrix}\left([1\quad 0]\boldsymbol{P}(1|0)\begin{bmatrix}1\\0\end{bmatrix}+0.1\right)^{-1}=\begin{bmatrix}0.9550\\0.4975\end{bmatrix}$$

$$\hat{\boldsymbol{X}}(1|1)=\begin{bmatrix}1&1\\0&1\end{bmatrix}\hat{\boldsymbol{X}}(0|0)+\boldsymbol{K}(1)\left(\boldsymbol{Z}(1)-[1\quad 0]\begin{bmatrix}1&1\\0&1\end{bmatrix}\hat{\boldsymbol{X}}(0|0)\right)=\begin{bmatrix}1.0945\\0.5473\end{bmatrix}$$

$$\boldsymbol{P}(1|1)=(\boldsymbol{I}-\boldsymbol{K}(1)[1\quad 0])\boldsymbol{P}(1|0)=\begin{bmatrix}0.0995&0.0498\\0.0498&5.0249\end{bmatrix}$$

当 $k=2$ 时,可得

$$\boldsymbol{P}(2|1)=\begin{bmatrix}1&1\\0&1\end{bmatrix}\boldsymbol{P}(1|1)\begin{bmatrix}1&0\\1&1\end{bmatrix}=\begin{bmatrix}5.2239&5.0746\\5.0746&5.0249\end{bmatrix}$$

$$\boldsymbol{K}(2)=\boldsymbol{P}(2|1)\begin{bmatrix}1\\0\end{bmatrix}\left([1\quad 0]\boldsymbol{P}(2|1)\begin{bmatrix}1\\0\end{bmatrix}+0.1\right)^{-1}=\begin{bmatrix}0.9812\\0.9532\end{bmatrix}$$

$$\hat{\boldsymbol{X}}(2|2)=\begin{bmatrix}1&1\\0&1\end{bmatrix}\hat{\boldsymbol{X}}(1|1)+\boldsymbol{K}(2)\left(\boldsymbol{Z}(2)-[1\quad 0]\begin{bmatrix}1&1\\0&1\end{bmatrix}\hat{\boldsymbol{X}}(1|1)\right)=\begin{bmatrix}1.9933\\0.8887\end{bmatrix}$$

$$\boldsymbol{P}(2|2)=(\boldsymbol{I}-\boldsymbol{K}(2)[1\quad 0])\boldsymbol{P}(2|1)=\begin{bmatrix}0.0981&0.0953\\0.0953&0.1878\end{bmatrix}$$

用同样方法,可以计算出:

$k=3$ 时,有

$$\boldsymbol{P}(3|2)=\begin{bmatrix}1&1\\0&1\end{bmatrix}\boldsymbol{P}(2|2)\begin{bmatrix}1&0\\1&1\end{bmatrix}=\begin{bmatrix}0.4766&0.2832\\0.2832&0.1878\end{bmatrix}$$

$$\boldsymbol{K}(3)=\boldsymbol{P}(3|2)\begin{bmatrix}1\\0\end{bmatrix}\left([1\quad 0]\boldsymbol{P}(3|2)\begin{bmatrix}1\\0\end{bmatrix}+0.1\right)^{-1}=\begin{bmatrix}0.8266\\0.4911\end{bmatrix}$$

$$\hat{\boldsymbol{X}}(3|3)=\begin{bmatrix}1&1\\0&1\end{bmatrix}\hat{\boldsymbol{X}}(2|2)+\boldsymbol{K}(3)\left(\boldsymbol{Z}(3)-[1\quad 0]\begin{bmatrix}1&1\\0&1\end{bmatrix}\hat{\boldsymbol{X}}(2|2)\right)=\begin{bmatrix}3.1448\\1.0449\end{bmatrix}$$

$$\boldsymbol{P}(3|3)=(\boldsymbol{I}-\boldsymbol{K}(3)[1\quad 0])\boldsymbol{P}(3|2)=\begin{bmatrix}0.0827&0.0491\\0.0491&0.0488\end{bmatrix}$$

$k=4$ 时,有

$$\boldsymbol{P}(4|3)=\begin{bmatrix}1&1\\0&1\end{bmatrix}\boldsymbol{P}(3|3)\begin{bmatrix}1&0\\1&1\end{bmatrix}=\begin{bmatrix}0.2297&0.0979\\0.0979&0.0488\end{bmatrix}$$

$$\boldsymbol{K}(4)=\boldsymbol{P}(4|3)\begin{bmatrix}1\\0\end{bmatrix}\left([1\quad 0]\boldsymbol{P}(4|3)\begin{bmatrix}1\\0\end{bmatrix}+0.1\right)^{-1}=\begin{bmatrix}0.6967\\0.2970\end{bmatrix}$$

$$\hat{X}(4|4)=\begin{bmatrix}1&1\\0&1\end{bmatrix}\hat{X}(3|3)+K(4)\left(Z(4)-\begin{bmatrix}1&0\end{bmatrix}\begin{bmatrix}1&1\\0&1\end{bmatrix}\hat{X}(3|3)\right)=\begin{bmatrix}3.9182\\0.9291\end{bmatrix}$$

$$P(4|4)=(I-K(4)\begin{bmatrix}1&0\end{bmatrix})P(4|3)=\begin{bmatrix}0.0697&0.0297\\0.0297&0.0197\end{bmatrix}$$

2.2.2 线性离散系统卡尔曼滤波的推导

2.2.2.1 直观法

假设线性离散系统的模型如式(2-59)、式(2-60),假设 $k-1$ 时刻得到的基于的最优线性估计为 $\hat{X}_{k-1}$,即 $E(X_{k-1}|Z_1,Z_2,\cdots,Z_{k-1})=\hat{X}_{k-1}$,则其一步预测:

$$\begin{aligned}\hat{X}_{k/k-1}&=E(X_k|Z_1,Z_2,\cdots,Z_{k-1})\\&=E(\Phi_{k,k-1}X_{k-1}+\Gamma_{k/k-1}W_{k-1}|Z_1,Z_2,\cdots,Z_{k-1})\\&=\Phi_{k,k-1}E(X_{k-1}|Z_1,Z_2,\cdots,Z_{k-1})+\Gamma_{k,k-1}\\&\quad\cdot E(W_{k-1}|Z_1,Z_2,\cdots,Z_{k-1})\\&=\Phi_{k,k-1}\hat{X}_{k-1}\end{aligned}\tag{2-70}$$

$\hat{X}_{k/k-1}$ 估计误差为

$$\begin{aligned}\tilde{X}_{k/k-1}&=X_k-\hat{X}_{k/k-1}\\&=\Phi_{k,k-1}X_{k-1}+\Gamma_{k/k-1}W_{k-1}-\Phi_{k,k-1}\hat{X}_{k-1}\\&=\Phi_{k,k-1}\tilde{X}_{k-1}+\Gamma_{k-1}W_{k-1}\end{aligned}\tag{2-71}$$

则其估计误差的方差矩阵 $P_{k/k-1}$ 可由下式得到,即

$$\begin{aligned}P_{k/k-1}&=E(\tilde{X}_{k/k-1}\cdot\tilde{X}_{k/k-1}{}^{\mathrm{T}})\\&=\Phi_{k,k-1}P_{k-1}\Phi_{k,k-1}{}^{\mathrm{T}}+\Gamma_{k-1}Q_{k-1}\Gamma_{k-1}{}^{\mathrm{T}}\end{aligned}\tag{2-72}$$

令 $\hat{Z}_{k/k-1}=H_k\hat{X}_{k/k-1}$,则残差 $\tilde{Z}_{k/k-1}$ 可表示为

$$\begin{aligned}\tilde{Z}_{k/k-1}&=Z_k-\hat{Z}_{k/k-1}\\&=H_kX_k+V_k-H_k\hat{X}_{k/k-1}\\&=H_k\tilde{X}_{k/k-1}+V_k\end{aligned}\tag{2-73}$$

也就是说残差 $\tilde{Z}_{k/k-1}$ 中含有 $\tilde{X}_{k/k-1}$ 的信息。令估计值 $\hat{X}_k$ 表示为 $\tilde{Z}_{k/k-1}$ 和 $\hat{X}_{k/k-1}$ 的线性组合,即

$$\begin{aligned}\hat{X}_k&=\hat{X}_{k/k-1}+K_k\tilde{Z}_{k/k-1}\\&=\hat{X}_{k/k-1}+K_k(Z_k-H_k\hat{X}_{k/k-1})\end{aligned}\tag{2-74}$$

因此问题就变成求可使 $J=E(\tilde{X}_k\cdot\tilde{X}_k^{\mathrm{T}})$ 最小的一个 K_k,其中 $\tilde{X}_k$ 可表示为

$$
\begin{aligned}
\tilde{X}_{k/k} &= X_k - \hat{X}_{k/k} \\
&= X_k - [\hat{X}_{k/k-1} + K_k(Z_k - H_k\hat{X}_{k/k-1})] \\
&= \tilde{X}_{k/k-1} - K_k(Z_k - H_k\hat{X}_{k/k-1}) \\
&= \tilde{X}_{k/k-1} - K_k(H_kX_k + V_k - H_k\hat{X}_{k/k-1}) \\
&= \tilde{X}_{k/k-1} - K_k(H_k\tilde{X}_{k/k-1} + V_k) \\
&= (I - K_kH_k)\tilde{X}_{k/k-1} - K_kV_k
\end{aligned} \tag{2-75}
$$

$J = P_k = E(\tilde{X}_k \cdot \tilde{X}_k^{\mathrm{T}})$ 可表示为

$$
\begin{aligned}
J = P_k &= E(\tilde{X}_{k/k} \cdot \tilde{X}_{k/k}{}^{\mathrm{T}}) \\
&= E\{[(I - K_kH_k)\tilde{X}_{k/k-1} - K_kV_k][(I - K_kH_k)\tilde{X}_{k/k-1} - K_kV_k]^{\mathrm{T}}\} \\
&= (I - K_kH_k) \cdot E(\tilde{X}_{k/k-1} \cdot \tilde{X}_{k/k-1}{}^{\mathrm{T}}) \cdot (I - K_kH_k)^{\mathrm{T}} \\
&\quad - (I - K_kH_k) \cdot E(\tilde{X}_{k/k-1} \cdot V_k^{\mathrm{T}}) \cdot K_k^{\mathrm{T}} \\
&\quad - K_kE(V_k \cdot \tilde{X}_{k/k-1}{}^{\mathrm{T}}) \cdot (I - K_kH_k)^{\mathrm{T}} \\
&\quad + K_kE(V_k \cdot V_k^{\mathrm{T}}) \cdot K_k^{\mathrm{T}} \\
&= (I - K_kH_k)P_{k/k-1}(I - K_kH_k)^{\mathrm{T}} + K_kR_kK_k^{\mathrm{T}}
\end{aligned} \tag{2-76}
$$

对式(2-76)求导数,可得

$$
\frac{\partial P_k}{\partial K_k} = 2(I - K_kH_k)P_{k/k-1} \cdot (-H_k^{\mathrm{T}}) + 2K_kR_k = 0 \tag{2-77}
$$

即

$$
K_k = P_{k/k-1}H_k^{\mathrm{T}}(H_kP_{k/k-1}H_k^{\mathrm{T}} + R_k)^{-1} \tag{2-78}
$$

将式(2-78)代入式(2-76),可得

$$
\begin{aligned}
P_k &= P_{k/k-1} - P_kH_k^{\mathrm{T}}(H_kP_{k/k-1}H_k^{\mathrm{T}} + R_k)^{-1}H_kP_{k/k-1} \\
&= (I - K_kH_k)P_{k/k-1}
\end{aligned} \tag{2-79}
$$

总结上述公式可得如2.2.1节所示的线性离散系统卡尔曼滤波基本方程。

2.2.2.2 正交投影法

1. 随机向量的正交投影理论

设X、Z为n维和m维随机向量,如果存在一个与X同维的随机向量$\hat{X}$满足下列3个条件:

(1) 线性:$\hat{X}$可由Z线性表示,即$\hat{X} = a + BZ$。

(2) 无偏性:$\hat{X}$是无偏的,即$E(\hat{X}) = E(X)$。

(3) 正交性：$(\boldsymbol{X}-\hat{\boldsymbol{X}})$ 与 $\boldsymbol{Z}$ 正交，即 $E[(\boldsymbol{X}-\hat{\boldsymbol{X}})\cdot\boldsymbol{Z}^{\mathrm{T}}]=0$。

则称 $\hat{\boldsymbol{X}}$ 是 $\boldsymbol{X}$ 在 $\boldsymbol{Z}$ 上的投影，记为 $\hat{\boldsymbol{X}}=\hat{E}(\boldsymbol{X}\mid\boldsymbol{Z})$。

结论 1：$\boldsymbol{X}$ 在 $\boldsymbol{Z}$ 上的投影 $\hat{\boldsymbol{X}}$ 为 $\boldsymbol{X}$ 在 $\boldsymbol{Z}$ 上的线性最小方差估计，即 $\hat{E}(\boldsymbol{X}\mid\boldsymbol{Z})=E(\boldsymbol{X})+\mathrm{cov}(\boldsymbol{X},\boldsymbol{Z})(\mathrm{var}(\boldsymbol{Z}))^{-1}\cdot[\boldsymbol{Z}-E(\boldsymbol{Z})]$。

证法 1：证明 $\hat{E}(\boldsymbol{X}\mid\boldsymbol{Z})=E(\boldsymbol{X})+\mathrm{cov}(\boldsymbol{X},\boldsymbol{Z})(\mathrm{var}(\boldsymbol{Z}))^{-1}\cdot[\boldsymbol{Z}-E(\boldsymbol{Z})]$ 满足上述 3 个条件，2.1.3.2 节已证明。

证法 2：证明 $\hat{E}(\boldsymbol{X}\mid\boldsymbol{Z})=\boldsymbol{a}+\boldsymbol{BZ}$ 的 $\boldsymbol{a}$ 和 $\boldsymbol{B}$ 与线性最小方差估计相同。

由条件(1)和条件(2)，可得

$$\begin{aligned}E(\boldsymbol{a}+\boldsymbol{BZ})&=\boldsymbol{a}+\boldsymbol{B}E(\boldsymbol{Z})\\&=E(\boldsymbol{X})\end{aligned}\tag{2-80}$$

即

$$\boldsymbol{a}=E(\boldsymbol{X})-\boldsymbol{B}E(\boldsymbol{Z})\tag{2-81}$$

将式(2-81)代入条件(1)，可得

$$\begin{aligned}\hat{\boldsymbol{X}}&=\boldsymbol{a}+\boldsymbol{BZ}\\&=E(\boldsymbol{X})-\boldsymbol{B}E(\boldsymbol{Z})+\boldsymbol{BZ}\\&=E(\boldsymbol{X})+\boldsymbol{B}[\boldsymbol{Z}-E(\boldsymbol{Z})]\end{aligned}\tag{2-82}$$

由式(2-82)可得 $\hat{\boldsymbol{X}}$ 的估计误差为

$$\tilde{\boldsymbol{X}}=\boldsymbol{X}-\hat{\boldsymbol{X}}=\boldsymbol{X}-E(\boldsymbol{X})-\boldsymbol{B}[\boldsymbol{Z}-E(\boldsymbol{Z})]\tag{2-83}$$

由条件(3)，可知

$$\begin{aligned}E[(\boldsymbol{X}-\hat{\boldsymbol{X}})\cdot\boldsymbol{Z}^{\mathrm{T}}]&=E\{\{[\boldsymbol{X}-E(\boldsymbol{X})]-\boldsymbol{B}[\boldsymbol{Z}-E(\boldsymbol{Z})]\}\cdot\boldsymbol{Z}^{\mathrm{T}}\}\\&=E\{[\boldsymbol{X}-E(\boldsymbol{X})]\cdot\boldsymbol{Z}^{\mathrm{T}}-\boldsymbol{B}[\boldsymbol{Z}-E(\boldsymbol{Z})]\cdot\boldsymbol{Z}^{\mathrm{T}}\}\\&=[E(\boldsymbol{X}\cdot\boldsymbol{Z}^{\mathrm{T}})-E(\boldsymbol{X})\cdot E(\boldsymbol{Z}^{\mathrm{T}})]\\&\quad-\boldsymbol{B}[E(\boldsymbol{Z}\cdot\boldsymbol{Z}^{\mathrm{T}})-E(\boldsymbol{Z})\cdot E(\boldsymbol{Z}^{\mathrm{T}})]\\&=\mathrm{cov}(\boldsymbol{X},\boldsymbol{Z})-\boldsymbol{B}\cdot\mathrm{var}(\boldsymbol{Z})\\&=0\end{aligned}\tag{2-84}$$

由式(2-84)可得 $\boldsymbol{B}$ 的表达式为

$$\boldsymbol{B}=\mathrm{cov}(\boldsymbol{X},\boldsymbol{Z})\cdot[\mathrm{var}(\boldsymbol{Z})]^{-1}\tag{2-85}$$

即 $\hat{\boldsymbol{X}}=\hat{E}(\boldsymbol{X}\mid\boldsymbol{Z})=E(\boldsymbol{X})+\mathrm{cov}(\boldsymbol{X},\boldsymbol{Z})\cdot(\mathrm{var}(\boldsymbol{Z}))^{-1}\cdot[\boldsymbol{Z}-E(\boldsymbol{Z})]$

结论 2：若 $\boldsymbol{A}$ 为常矩阵，有 $\hat{E}(\boldsymbol{AX}\mid\boldsymbol{Z})=\boldsymbol{A}\hat{E}(\boldsymbol{X}\mid\boldsymbol{Z})$

证明：由结论 1，可得

$$\begin{aligned}\hat{E}(\boldsymbol{AX}\mid\boldsymbol{Z})&=E(\boldsymbol{AX})+\mathrm{cov}(\boldsymbol{AX},\boldsymbol{Z})\cdot(\mathrm{var}(\boldsymbol{Z}))^{-1}\cdot[\boldsymbol{Z}-E(\boldsymbol{Z})]\\&=\boldsymbol{A}\{E(\boldsymbol{X})+\mathrm{cov}(\boldsymbol{X},\boldsymbol{Z})\cdot(\mathrm{var}(\boldsymbol{Z}))^{-1}\cdot[\boldsymbol{Z}-E(\boldsymbol{Z})]\}\end{aligned}$$

$$= \boldsymbol{A}\hat{E}(\boldsymbol{X} \mid \boldsymbol{Z})$$

结论3:正交投影满足分配率,若$\boldsymbol{A}$,$\boldsymbol{B}$为常矩阵,则有$\hat{E}(\boldsymbol{AX}+\boldsymbol{BY} \mid \boldsymbol{Z}) = \boldsymbol{A}\hat{E}(\boldsymbol{X} \mid \boldsymbol{Z}) + \boldsymbol{B}\hat{E}(\boldsymbol{Y} \mid \boldsymbol{Z})$

证明:由结论1,可得

$$\begin{aligned}
\hat{E}(\boldsymbol{AX}+\boldsymbol{BY} \mid \boldsymbol{Z}) &= E(\boldsymbol{AX}+\boldsymbol{BY}) + \mathrm{cov}(\boldsymbol{AX}+\boldsymbol{BY} \mid \boldsymbol{Z}) \cdot (\mathrm{var}(\boldsymbol{Z}))^{-1} \cdot [\boldsymbol{Z} - E(\boldsymbol{Z})] \\
&= E(\boldsymbol{AX}) + \mathrm{cov}(\boldsymbol{AX} \mid \boldsymbol{Z}) \cdot (\mathrm{var}(\boldsymbol{Z}))^{-1} \cdot [\boldsymbol{Z} - E(\boldsymbol{Z})] \\
&\quad + E(\boldsymbol{BY}) + \mathrm{cov}(\boldsymbol{BY} \mid \boldsymbol{Z}) \cdot (\mathrm{var}(\boldsymbol{Z}))^{-1} \cdot [\boldsymbol{Z} - E(\boldsymbol{Z})] \\
&= \hat{E}(\boldsymbol{AX} \mid \boldsymbol{Z}) + \hat{E}(\boldsymbol{BY} \mid \boldsymbol{Z}) \\
&= \boldsymbol{A}\hat{E}(\boldsymbol{X} \mid \boldsymbol{Z}) + \boldsymbol{B}\hat{E}(\boldsymbol{Y} \mid \boldsymbol{Z})
\end{aligned}$$

结论4:更新信息定理

已知$\boldsymbol{Z}_1^k = \begin{bmatrix} \boldsymbol{Z}_1^{k-1} \\ \boldsymbol{Z}_k \end{bmatrix}$,则有

$$\hat{E}(\boldsymbol{X} \mid \boldsymbol{Z}_1^k) = \hat{E}(\boldsymbol{X} \mid \boldsymbol{Z}_1^{k-1}) + \hat{E}(\tilde{\boldsymbol{X}}_{k/k-1} \mid \tilde{\boldsymbol{Z}}_{k/k-1})$$

式中 $\tilde{\boldsymbol{Z}}_{k/k-1} = \boldsymbol{Z}_k - \hat{E}(\boldsymbol{Z}_k \mid \boldsymbol{Z}_1^{k-1})$,$\tilde{\boldsymbol{X}}_{k/k-1} = \boldsymbol{X}_k - \hat{E}(\boldsymbol{X}_k \mid \boldsymbol{Z}_1^{k-1})$

证明:由结论1,可得

$$\begin{aligned}
&\hat{E}(\tilde{\boldsymbol{X}}_{k/k-1} \mid \tilde{\boldsymbol{Z}}_{k/k-1}) \\
&= E(\tilde{\boldsymbol{X}}_{k/k-1}) + \mathrm{cov}(\tilde{\boldsymbol{X}}_{k/k-1}, \tilde{\boldsymbol{Z}}_{k/k-1}) \cdot \mathrm{var}(\tilde{\boldsymbol{Z}}_{k/k-1})^{-1}[\tilde{\boldsymbol{Z}}_{k/k-1} - E(\tilde{\boldsymbol{Z}}_{k/k-1})]
\end{aligned}$$

因为$E(\tilde{\boldsymbol{X}}_{k/k-1}) = 0$,$E(\tilde{\boldsymbol{Z}}_{k/k-1}) = 0$,所以

$$\hat{E}(\tilde{\boldsymbol{X}}_{k/k-1} \mid \tilde{\boldsymbol{Z}}_{k/k-1}) = E(\tilde{\boldsymbol{X}}_{k/k-1} \cdot \tilde{\boldsymbol{Z}}_{k/k-1}^{\mathrm{T}}) \cdot E(\tilde{\boldsymbol{Z}}_{k/k-1} \cdot \tilde{\boldsymbol{Z}}_{k/k-1}^{\mathrm{T}})^{-1} \cdot \tilde{\boldsymbol{Z}}_{k/k-1}$$

下面证明$\hat{E}(\boldsymbol{X} | \boldsymbol{Z}_1^k) = \hat{E}(\boldsymbol{X} | \boldsymbol{Z}_1^{k-1}) + E(\tilde{\boldsymbol{X}}_{k/k-1} \cdot \tilde{\boldsymbol{Z}}_{k/k-1}^{\mathrm{T}}) \cdot E(\tilde{\boldsymbol{Z}}_{k/k-1} \cdot \tilde{\boldsymbol{Z}}_{k/k-1}^{\mathrm{T}})^{-1} \cdot \tilde{\boldsymbol{Z}}_{k/k-1}$满足正交投影的3个条件。

(1) 因为$\hat{E}(\boldsymbol{X} \mid \boldsymbol{Z}_1^{k-1})$可由$\boldsymbol{Z}_1^{k-1}$线性表出,$\tilde{\boldsymbol{Z}}_{k/k-1}$可由$\boldsymbol{Z}_1^k$线性表出,所以$\hat{E}(\boldsymbol{X} \mid \boldsymbol{Z}_1^k)$可由$\boldsymbol{Z}_1^k$线性表出。

(2) 因为

$$\begin{aligned}
E[\hat{E}(\boldsymbol{X} \mid \boldsymbol{Z}_1^k)] &= E[\hat{E}(\boldsymbol{X} \mid \boldsymbol{Z}_1^{k-1})] + E(\tilde{\boldsymbol{X}}_{k/k-1} \cdot \tilde{\boldsymbol{Z}}_{k/k-1}^{\mathrm{T}}) \\
&\quad \cdot E(\tilde{\boldsymbol{Z}}_{k/k-1} \cdot \tilde{\boldsymbol{Z}}_{k/k-1}^{\mathrm{T}})^{-1} \cdot E(\tilde{\boldsymbol{Z}}_{k/k-1}) \\
&= E(\boldsymbol{X})
\end{aligned}$$

所以是无偏的。

(3) 因为

$$E\{[\boldsymbol{X} - \hat{E}(\boldsymbol{X} \mid \boldsymbol{Z}_1^k)] \cdot \boldsymbol{Z}_1^{k\,\mathrm{T}}\}$$

$$
\begin{aligned}
&= E\{[\boldsymbol{X} - \hat{E}(\boldsymbol{X} \mid \boldsymbol{Z}_1^{k-1}) - E(\tilde{\boldsymbol{X}}_{k/k-1} \cdot \tilde{\boldsymbol{Z}}_{k/k-1}^{\mathrm{T}}) \\
&\quad \cdot E(\tilde{\boldsymbol{Z}}_{k/k-1} \cdot \tilde{\boldsymbol{Z}}_{k/k-1}^{\mathrm{T}})^{-1} \cdot \tilde{\boldsymbol{Z}}_{k/k-1}] \cdot [\tilde{\boldsymbol{Z}}_{k/k-1} + \hat{E}(\boldsymbol{Z}_k \mid \boldsymbol{Z}_1^{k-1})]^{\mathrm{T}}\} \\
&= E(\tilde{\boldsymbol{X}}_{k/k-1} \cdot \tilde{\boldsymbol{Z}}_{k/k-1}^{\mathrm{T}}) - E(\tilde{\boldsymbol{X}}_{k/k-1} \cdot \tilde{\boldsymbol{Z}}_{k/k-1}^{\mathrm{T}}) \\
&\quad \cdot E(\tilde{\boldsymbol{Z}}_{k/k-1} \cdot \tilde{\boldsymbol{Z}}_{k/k-1}^{\mathrm{T}})^{-1} \cdot E(\tilde{\boldsymbol{Z}}_{k/k-1} \cdot \tilde{\boldsymbol{Z}}_{k/k-1}^{\mathrm{T}}) \\
&\quad + E(\tilde{\boldsymbol{X}}_{k/k-1}) \cdot \hat{E}(\boldsymbol{Z}_k \mid \boldsymbol{Z}_1^{k-1})^{\mathrm{T}} - E(\tilde{\boldsymbol{X}}_{k/k-1} \cdot \tilde{\boldsymbol{Z}}_{k/k-1}^{\mathrm{T}}) \\
&\quad \cdot E(\tilde{\boldsymbol{Z}}_{k/k-1} \cdot \tilde{\boldsymbol{Z}}_{k/k-1}^{\mathrm{T}}) \cdot E[\tilde{\boldsymbol{Z}}_{k/k-1} \cdot \hat{E}(\boldsymbol{Z}_k \mid \boldsymbol{Z}_1^{k-1})^{\mathrm{T}}] \\
&= E(\tilde{\boldsymbol{X}}_{k/k-1} \cdot \tilde{\boldsymbol{Z}}_{k/k-1}^{\mathrm{T}}) - E(\tilde{\boldsymbol{X}}_{k/k-1} \cdot \tilde{\boldsymbol{Z}}_{k/k-1}^{\mathrm{T}}) \\
&= 0
\end{aligned}
$$

所以 $\hat{E}(\boldsymbol{X} \mid \boldsymbol{Z}_1^{k-1})$ 满足正交性。

2. 卡尔曼滤波的正交投影证明

第一步:确定状态的一步预测。

假设 $\hat{\boldsymbol{X}}_{k-1} = \hat{E}(\boldsymbol{X}_{k-1} \mid \boldsymbol{Z}_1^{k-1})$,则有

$$
\begin{aligned}
\hat{\boldsymbol{X}}_{k/k-1} &= \hat{E}(\boldsymbol{X}_k \mid \boldsymbol{Z}_1^{k-1}) \\
&= \hat{E}(\boldsymbol{\Phi}_{k/k-1}\boldsymbol{X}_{k-1} + \boldsymbol{\Gamma}_{k/k-1}\boldsymbol{W}_{k-1} \mid \boldsymbol{Z}_1^{k-1}) \\
&= \boldsymbol{\Phi}_{k/k-1}\hat{E}(\boldsymbol{X}_{k-1} \mid \boldsymbol{Z}_1^{k-1}) + \boldsymbol{\Gamma}_{k/k-1}\hat{E}(\boldsymbol{W}_{k-1} \mid \boldsymbol{Z}_1^{k-1}) \\
&= \boldsymbol{\Phi}_{k/k-1}\hat{\boldsymbol{X}}_{k-1}
\end{aligned}
$$

第二步:确定量测的一步预测:

$$
\begin{aligned}
\hat{\boldsymbol{Z}}_{k/k-1} &= \hat{E}(\boldsymbol{Z}_k \mid \boldsymbol{Z}_1^{k-1}) \\
&= \hat{E}(\boldsymbol{H}_k\boldsymbol{X}_k + \boldsymbol{V}_k \mid \boldsymbol{Z}_1^{k-1}) \\
&= \boldsymbol{H}_k\hat{E}(\boldsymbol{X}_k \mid \boldsymbol{Z}_1^{k-1}) + \hat{E}(\boldsymbol{V}_k \mid \boldsymbol{Z}_1^{k-1}) \\
&= \boldsymbol{H}_k\hat{\boldsymbol{X}}_{k/k-1}
\end{aligned}
$$

第三步,确定 $\tilde{\boldsymbol{X}}_{k/k-1}$、$\tilde{\boldsymbol{Z}}_{k/k-1}$ 以及它们的方差和谐方差。

因为

$$
\begin{aligned}
\tilde{\boldsymbol{X}}_{k/k-1} &= \boldsymbol{X}_k - \hat{\boldsymbol{X}}_{k/k-1} \\
&= \boldsymbol{\Phi}_{k/k-1}\boldsymbol{X}_{k-1} + \boldsymbol{\Gamma}_{k/k-1}\boldsymbol{W}_{k-1} - \boldsymbol{\Phi}_{k/k-1}\hat{\boldsymbol{X}}_{k-1} \\
&= \boldsymbol{\Phi}_{k/k-1}\tilde{\boldsymbol{X}}_{k-1} + \boldsymbol{\Gamma}_{k/k-1}\boldsymbol{W}_{k-1}
\end{aligned}
$$

所以

$$
\begin{aligned}
\boldsymbol{P}_{k/k-1} &= E(\tilde{\boldsymbol{X}}_{k/k-1} \cdot \tilde{\boldsymbol{X}}_{k/k-1}^{\mathrm{T}}) \\
&= \boldsymbol{\Phi}_{k/k-1}\boldsymbol{P}_{k-1}\boldsymbol{\Phi}_{k/k-1}^{\mathrm{T}} + \boldsymbol{\Gamma}_{k/k-1}\boldsymbol{Q}_{k-1}\boldsymbol{\Gamma}_{k/k-1}^{\mathrm{T}}
\end{aligned}
$$

因为

$$\tilde{Z}_{k/k-1} = Z_k - \hat{Z}_{k/k-1} = H_k X_k + V_k - H_k \hat{X}_{k/k-1}$$
$$= H_k \tilde{X}_{k/k-1} + V_k$$

所以

$$E(\tilde{X}_{k/k-1} \cdot \tilde{Z}_{k/k-1}^{\mathrm{T}}) = E[\tilde{X}_{k/k-1} \cdot (H_k \tilde{X}_{k/k-1} + V_k)^{\mathrm{T}}]$$
$$= E(\tilde{X}_{k/k-1} \cdot \tilde{X}_{k/k-1}^{\mathrm{T}}) \cdot H_k^{\mathrm{T}}$$
$$= P_{k/k-1} H_k^{\mathrm{T}}$$

$$E(\tilde{Z}_{k/k-1} \cdot \tilde{Z}_{k/k-1}^{\mathrm{T}}) = E[(H_k \tilde{X}_{k/k-1} + V_k)(H_k \tilde{X}_{k/k-1} + V_k)^{\mathrm{T}}]$$
$$= H_k P_{k/k-1} H_k^{\mathrm{T}} + R_k$$

第四步:确定状态的估计值:

$$\hat{X}_k = \hat{E}(X_k \mid Z_1^k)$$
$$= \hat{E}(X_k \mid Z_1^{k-1}) + E(\tilde{X}_{k/k-1} \cdot \tilde{Z}_{k/k-1}^{\mathrm{T}}) \cdot E(\tilde{Z}_{k/k-1} \cdot \tilde{Z}_{k/k-1}^{\mathrm{T}})^{-1} \cdot \tilde{Z}_{k/k-1}$$
$$= \hat{X}_{k/k-1} + P_{k/k-1} H_k^{\mathrm{T}} (H_k P_{k/k-1} H_k^{\mathrm{T}} + R_k)^{-1} \cdot (Z_k - H_k \hat{X}_{k/k-1})$$
$$= \hat{X}_{k/k-1} + K_k (Z_k - H_k \hat{X}_{k/k-1})$$

式中,$K_k = P_{k/k-1} H_k^{\mathrm{T}} (H_k P_{k/k-1} H_k^{\mathrm{T}} + R_k)^{-1}$

第五步:确定估计误差的方差矩阵。

因为

$$\tilde{X}_k = X_k - \hat{X}_k = X_k - \hat{X}_{k/k-1} - K_k (Z_k - H_k \hat{X}_{k/k-1})$$
$$= \tilde{X}_{k/k-1} - K_k (H_k \tilde{X}_{k/k-1} + V_k)$$
$$= (I - K_k H_k) \tilde{X}_{k/k-1} + K_k V_k$$

所以

$$P_k = E(\tilde{X}_k \cdot \tilde{X}_k^{\mathrm{T}})$$
$$= (I - K_k H_k) P_{k/k-1} (I - K_k H_k)^{\mathrm{T}} + K_k R_k K_k^{\mathrm{T}}$$

2.2.3 离散型卡尔曼滤波的使用要点

1. 滤波初值 X_0、P_0 的选取

如果取 $\hat{X}_0 = E(X_0)$,$P_0 = \mathrm{cov}(X_0)$,则可使滤波估计为无偏估计。如果不知状态的统计特性,常令 $\hat{X}_0 = \mathbf{0}$,$P_0 = \alpha I$(α 是一个较大的数)。如果系统是可观的,则 X_0、P_0 不会影响最终的估计精度,但会影响收敛速度。

2. 估计误差方差阵 $\boldsymbol{P}_k$ 的 3 种表达式

表达式一：

$$\boldsymbol{P}_k = (\boldsymbol{I} - \boldsymbol{K}_k\boldsymbol{H}_k)\boldsymbol{P}_{k/k-1}(\boldsymbol{I} - \boldsymbol{K}_k\boldsymbol{H}_k)^{\mathrm{T}} + \boldsymbol{K}_k\boldsymbol{R}_k\boldsymbol{K}_k^{\mathrm{T}}$$

表达式二：

$$\boldsymbol{P}_k = (\boldsymbol{I} - \boldsymbol{K}_k\boldsymbol{H}_k)\boldsymbol{P}_{k/k-1}$$

证明：

$$\begin{aligned}
\boldsymbol{P}_k &= (\boldsymbol{I} - \boldsymbol{K}_k\boldsymbol{H}_k)\boldsymbol{P}_{k/k-1}(\boldsymbol{I} - \boldsymbol{K}_k\boldsymbol{H}_k)^{\mathrm{T}} + \boldsymbol{K}_k\boldsymbol{R}_k\boldsymbol{K}_k^{\mathrm{T}} \\
&= (\boldsymbol{P}_{k/k-1} - \boldsymbol{K}_k\boldsymbol{H}_k\boldsymbol{P}_{k/k-1})(\boldsymbol{I} - \boldsymbol{H}_k^{\mathrm{T}}\boldsymbol{K}_k^{\mathrm{T}}) + \boldsymbol{K}_k\boldsymbol{R}_k\boldsymbol{K}_k^{\mathrm{T}} \\
&= \boldsymbol{P}_{k/k-1} - \boldsymbol{K}_k\boldsymbol{H}_k\boldsymbol{P}_{k/k-1} - \boldsymbol{P}_{k/k-1}\boldsymbol{H}_k^{\mathrm{T}}\boldsymbol{K}_k^{\mathrm{T}} + \boldsymbol{K}_k\boldsymbol{H}_k\boldsymbol{P}_{k/k-1}\boldsymbol{H}_k^{\mathrm{T}}\boldsymbol{K}_k^{\mathrm{T}} + \boldsymbol{K}_k\boldsymbol{R}_k\boldsymbol{K}_k^{\mathrm{T}} \\
&= \boldsymbol{P}_{k/k-1} - \boldsymbol{K}_k\boldsymbol{H}_k\boldsymbol{P}_{k/k-1} - \boldsymbol{P}_{k/k-1}\boldsymbol{H}_k^{\mathrm{T}}\boldsymbol{K}_k^{\mathrm{T}} + \boldsymbol{K}_k(\boldsymbol{H}_k\boldsymbol{P}_{k/k-1}\boldsymbol{H}_k^{\mathrm{T}} + \boldsymbol{R}_k)\boldsymbol{K}_k^{\mathrm{T}} \\
&= \boldsymbol{P}_{k/k-1} - \boldsymbol{K}_k\boldsymbol{H}_k\boldsymbol{P}_{k/k-1} - \boldsymbol{P}_{k/k-1}\boldsymbol{H}_k^{\mathrm{T}}\boldsymbol{K}_k^{\mathrm{T}} + \boldsymbol{P}_{k/k-1}\boldsymbol{H}_k^{\mathrm{T}}(\boldsymbol{H}_k\boldsymbol{P}_{k/k-1}\boldsymbol{H}_k^{\mathrm{T}} + \\
&\quad \boldsymbol{R}_k)^{-1}(\boldsymbol{H}_k\boldsymbol{P}_{k/k-1}\boldsymbol{H}_k + R_k)\boldsymbol{K}_k^{\mathrm{T}} \\
&= \boldsymbol{P}_{k/k-1} - \boldsymbol{K}_k\boldsymbol{H}_k\boldsymbol{P}_{k/k-1} - \boldsymbol{P}_{k/k-1}\boldsymbol{H}_k^{\mathrm{T}}\boldsymbol{K}_k^{\mathrm{T}} + \boldsymbol{P}_{k/k-1}\boldsymbol{H}_k^{\mathrm{T}}\boldsymbol{K}_k^{\mathrm{T}} \\
&= \boldsymbol{P}_{k/k-1} - \boldsymbol{K}_k\boldsymbol{H}_k\boldsymbol{P}_{k/k-1} \\
&= (\boldsymbol{I} - \boldsymbol{K}_k\boldsymbol{H}_k)\boldsymbol{P}_{k/k-1}
\end{aligned}$$

表达式三：

$$\boldsymbol{P}_k = (\boldsymbol{P}_{k/k-1}^{-1} + \boldsymbol{H}_k^{\mathrm{T}}\boldsymbol{R}_k^{-1}\boldsymbol{H}_k)^{-1}$$

证明：

$$\begin{aligned}
\boldsymbol{P}_k &= (\boldsymbol{I} - \boldsymbol{K}_k\boldsymbol{H}_k)\boldsymbol{P}_{k/k-1} \\
&= [\boldsymbol{I} - \boldsymbol{P}_{k/k-1}\boldsymbol{H}_k^{\mathrm{T}} \cdot (\boldsymbol{H}_k\boldsymbol{P}_{k/k-1}\boldsymbol{H}_k^{\mathrm{T}} + \boldsymbol{R}_k)^{-1} \cdot \boldsymbol{H}_k] \cdot \boldsymbol{P}_{k/k-1} \\
&= [\boldsymbol{I} - (\boldsymbol{P}_{k/k-1}^{-1} + \boldsymbol{H}_k^{\mathrm{T}}\boldsymbol{R}_k^{-1}\boldsymbol{H}_k)^{-1} \cdot \boldsymbol{H}_k^{\mathrm{T}}\boldsymbol{R}_k^{-1}\boldsymbol{H}_k] \cdot \boldsymbol{P}_{k/k-1} \\
&= (\boldsymbol{P}_{k/k-1}^{-1} + \boldsymbol{H}_k^{\mathrm{T}}\boldsymbol{R}_k^{-1}\boldsymbol{H}_k)^{-1} \cdot (\boldsymbol{P}_{k/k-1}^{-1} + \boldsymbol{H}_k^{\mathrm{T}}\boldsymbol{R}_k^{-1}\boldsymbol{H}_k - \boldsymbol{H}_k^{\mathrm{T}}\boldsymbol{R}_k^{-1}\boldsymbol{H}_k) \cdot \boldsymbol{P}_{k/k-1} \\
&= (\boldsymbol{P}_{k/k-1}^{-1} + \boldsymbol{H}_k^{\mathrm{T}}\boldsymbol{R}_k^{-1}\boldsymbol{H}_k)^{-1} \cdot \boldsymbol{P}_{k/k-1}^{-1} \cdot \boldsymbol{P}_{k/k-1} \\
&= (\boldsymbol{P}_{k/k-1}^{-1} + \boldsymbol{H}_k^{\mathrm{T}}\boldsymbol{R}_k^{-1}\boldsymbol{H}_k)^{-1}
\end{aligned}$$

表达式一计算量大，但容易保证 $\boldsymbol{P}$ 矩阵的正定性；表达式二计算量小，但易失去 $\boldsymbol{P}$ 矩阵的正定性；表达式三常用于信息滤波。

2.3 连续系统卡尔曼滤波方程

线性连续系统的卡尔曼最优滤波问题，主要是用连续的观测向量随机过程 $Z(t)$，按线性最小方差的估计方法估计状态向量随机过程 $\boldsymbol{X}(t)$，以获得连续的滤波估计值 $\hat{\boldsymbol{X}}(t \mid t)$。由于它是连续型的，滤波所依据的系统状态方程是线性向量微分方程，因此计算方法不具有递推性，一般适宜用模拟计算。

对于连续型卡尔曼滤波，首先需要建立 $\boldsymbol{X}(t)$ 的滤波值 $\hat{\boldsymbol{X}}(t \mid t)$ 的微分方程；

其次是求解该微分方程,从而得到 $\boldsymbol{X}(t)$ 的滤波值 $\hat{\boldsymbol{X}}(t|t)$ 。

如果线性连续随机系统模型为

$$\begin{cases}\dot{\boldsymbol{X}}(t)=\boldsymbol{A}(t)\boldsymbol{X}(t)+\boldsymbol{F}(t)\boldsymbol{W}(t)\\ \boldsymbol{Z}(t)=\boldsymbol{H}(t)\boldsymbol{X}(t)+\boldsymbol{V}(t)\end{cases} \tag{2-86}$$

式中:$\boldsymbol{X}(t)$ 为 n 维状态向量;$\boldsymbol{U}(t)$ 为 r 维控制向量;$\boldsymbol{W}(t)$ 为 p 维随机干扰向量;$\boldsymbol{Z}(t)$ 为 m 维观测向量;$\boldsymbol{V}(t)$ 为 m 维观测噪声向量。$\boldsymbol{A}(t)$ 、$\boldsymbol{F}(t)$ 、$\boldsymbol{H}(t)$ 分别为 $n\times n,n\times p,m\times n$ 维系数矩阵。对于连续型卡尔曼滤波问题,应给出以下假设:

(1) $\{\boldsymbol{W}(t);t\geqslant t_0\},\{\boldsymbol{V}(t);t\geqslant t_0\}$ 是零均值白噪声或高斯白噪声,即有

$$E\{\boldsymbol{W}(t)\}=0,\quad \operatorname{cov}\{\boldsymbol{W}(t),\boldsymbol{W}(\tau)\}=\boldsymbol{Q}(t)\boldsymbol{\delta}(t-\tau)$$
$$E\{\boldsymbol{V}(t)\}=0,\quad \operatorname{cov}\{\boldsymbol{V}(t),\boldsymbol{V}(\tau)\}=\boldsymbol{R}(t)\boldsymbol{\delta}(t-\tau)$$

式中:$\boldsymbol{Q}(t)$ 为随时间变化的 $p\times p$ 对称非负定矩阵,是 $\boldsymbol{W}(t)$ 的协方差强度矩阵;$\boldsymbol{R}(t)$ 为随时间变化的 $m\times m$ 对称正定矩阵,是 $\boldsymbol{V}(t)$ 的协方差强度矩阵;$\boldsymbol{\delta}(t-\tau)$ 为 Dirac—δ(狭拉克-δ)函数。

(2) $\{\boldsymbol{W}(t);t\geqslant t_0\}$ 与 $\{\boldsymbol{V}(t);t\geqslant t_0\}$ 互不相关,即有

$$\operatorname{cov}\{\boldsymbol{W}(t),\boldsymbol{V}(\tau)\}=0$$

(3) 初始状态 $\boldsymbol{X}(t_0)$ 是具有某一已知概率分布的随机向量,并且其均值和方差矩阵分别为

$$E\{\boldsymbol{X}(t_0)\}=\boldsymbol{\mu}_X(t_0)$$
$$\operatorname{var}\{\boldsymbol{X}(t_0)\}=\boldsymbol{P}_X(t_0)$$

(4) $\{\boldsymbol{W}(t);t\geqslant t_0\}$ 和 $\{\boldsymbol{V}(t);t\geqslant t_0\}$ 均与初始状态 $\boldsymbol{X}(t_0)$ 独立,即有

$$\operatorname{cov}\{\boldsymbol{W}(t),\boldsymbol{X}(t_0)\}=0$$
$$\operatorname{cov}\{\boldsymbol{V}(t),\boldsymbol{X}(t_0)\}=0$$

在此条件下,由式(2-87)中的观测方程式在时间区间 $[t_0,t]$ 内提供的观测数据 $\boldsymbol{Z}^t=\{\boldsymbol{Z}(\tau);t_0\leqslant\tau\leqslant t\}$,求系统状态向量 $\boldsymbol{X}(t)$ 在 t 时刻的最优估计问题。

连续型卡尔曼滤波基本方程的推导方法很多,在这里采用卡尔曼在 1962 年提出的一种方法,即在离散型卡尔曼滤波基本方程的基础上,令采样周期 $\Delta t\to 0$,取与连续系统等效的离散系统的卡尔曼滤波基本方程的极限,得到连续型卡尔曼滤波的基本方程。整个过程分三步进行:

(1) 将连续系统模型离散化为等效的离散系统模型;

(2) 写出等效离散系统的离散型卡尔曼滤波基本方程;

(3) 令采样周期 $\Delta t\to 0$,求离散型卡尔曼滤基本方程的极限,即得连续系统的连续型卡尔曼滤波基本方程。

从而可得一套完整的连续系统卡尔曼滤波基本方程如下:

$$\dot{\hat{\boldsymbol{X}}}(t|t)=\boldsymbol{A}(t)\hat{\boldsymbol{X}}(t|t)+\boldsymbol{K}(t)[\boldsymbol{Z}(t)-\boldsymbol{H}(t)\hat{\boldsymbol{X}}(t|t)] \tag{2-87}$$

$$\boldsymbol{K}(t)=\boldsymbol{P}(t|t)\boldsymbol{H}^{\mathrm{T}}(t)\boldsymbol{R}^{-1}(t) \tag{2-88}$$

$$\dot{\boldsymbol{P}}(t|t)=\boldsymbol{A}(t)\boldsymbol{P}(t|t)+\boldsymbol{P}(t|t)\boldsymbol{A}^{\mathrm{T}}(t)-\boldsymbol{P}(t|t)\boldsymbol{H}^{\mathrm{T}}(t)\boldsymbol{R}^{-1}(t)\boldsymbol{H}(t)\boldsymbol{P}(t|t)+\boldsymbol{F}(t)\boldsymbol{Q}(t)\boldsymbol{F}^{\mathrm{T}}(t) \tag{2-89}$$

上述方程的初始条件分别为

$$\hat{\boldsymbol{X}}(t_0|t_0)=E\{\boldsymbol{X}(t_0)\}=\boldsymbol{\mu}_X(t_0)$$

$$\hat{\boldsymbol{P}}(t_0|t_0)=\mathrm{var}\{\boldsymbol{X}(t_0)\}=\boldsymbol{P}_X(t_0)$$

2.4 卡尔曼滤波的推广

由于卡尔曼滤波的计算公式中涉及估计误差方差阵（$\boldsymbol{P}$矩阵）的求逆，这就要求$\boldsymbol{P}$矩阵必须保持正定。但在计算机计算过程中，由于浮点数的舍入误差可能会导致本来应该正定的协方差矩阵不正定，从而导致滤波出错。同时，卡尔曼滤波只能用于线性系统，并且只有在系统噪声为高斯白噪声，且统计特性准确可知的前提下，才能获得最优的估计结果，因此适用范围较小。为了解决上述问题，人们提出了如下解决方法。

（1）针对滤波增益计算中的$\boldsymbol{P}$矩阵求逆，有时会出现$\boldsymbol{P}$不正定的情况，可采用平方根滤波和$\boldsymbol{UDU}^{\mathrm{T}}$分解滤波等。

（2）针对系统噪声和量测噪声的方差阵$\boldsymbol{Q}$、$\boldsymbol{R}$时变或不准确的问题，可采用自适应卡尔曼滤波、自估计卡尔曼滤波或多模型卡尔曼滤波等。

（3）针对噪声非高斯分布的系统，可采用粒子滤波（PF）等。

（4）针对非线性系统，可采用扩展卡尔曼滤波、Unscented 卡尔曼滤波、容积卡尔曼滤波等。

第3章 非线性系统的滤波方法

前面所讨论的最优状态估计问题,都认为系统的数学模型是线性的。但是在工程实践中所遇到的具体问题,如火箭的制导和控制系统、飞机和舰船的惯导系统、通信系统及许多工业系统等,系统的数学模型往往是非线性的。因此,有必要研究非线性系统的最优状态估计问题。

3.1 随机非线性系统的数学描述

一般情况下,随机非线性系统可用如下非线性微分方程或非线性差分方程描述。

对于连续型随机非线性系统,有

$$\dot{\boldsymbol{X}}(t)=f[\boldsymbol{X}(t),t]+\boldsymbol{\Gamma}[\boldsymbol{X}(t),t]\boldsymbol{W}(t) \tag{3-1}$$

$$\boldsymbol{Z}(t)=h[\boldsymbol{X}(t),t]+\boldsymbol{V}(t) \tag{3-2}$$

对于离散型随机非线性系统,有

$$\boldsymbol{X}(k+1)=f[\boldsymbol{X}(k),k]+\boldsymbol{\Gamma}[\boldsymbol{X}(k),k]\boldsymbol{W}(k) \tag{3-3}$$

$$\boldsymbol{Z}(k+1)=h[\boldsymbol{X}(k+1),k+1]+\boldsymbol{V}(k+1) \tag{3-4}$$

式中:$\boldsymbol{X}(t)$ 或 $\boldsymbol{X}(k)$ 为 n 维状态向量;$f[\cdot]$ 为非线性状态模型;$h[\cdot]$ 为非线性量测模型;$\boldsymbol{\Gamma}[\cdot]$ 为 $n\times p$ 维矩阵函数;$\{\boldsymbol{W}(t);t\geqslant t_0\}$ 或 $\{\boldsymbol{W}(k);k\geqslant 0\}$ 为 p 维系统干扰噪声向量;$\{\boldsymbol{V}(t);t\geqslant t_0\}$ 或 $\{\boldsymbol{V}(k);k\geqslant 0\}$ 为 m 维观测噪声向量。$\{\boldsymbol{W}(t);t\geqslant t_0\}$ 或 $\{\boldsymbol{W}(k);k\geqslant 0\}$ 和 $\{\boldsymbol{V}(t);t\geqslant t_0\}$ 或 $\{\boldsymbol{V}(k);k\geqslant 0\}$ 均是彼此不相关的零均值高斯白噪声过程或序列,并且它们与 $\boldsymbol{X}(t_0)$ 或 $\boldsymbol{X}(0)$ 不相关。

即对于 $t\geqslant t_0$ 或 $k\geqslant 0$,有

$$E\{\boldsymbol{W}(t)\}=0,\quad E\{\boldsymbol{W}(t)\boldsymbol{W}^{\mathrm{T}}(\tau)\}=\boldsymbol{Q}(t)\boldsymbol{\delta}(t-\tau)$$

$$E\{\boldsymbol{V}(t)\}=0,\quad E\{\boldsymbol{V}(t)\boldsymbol{V}^{\mathrm{T}}(\tau)\}=\boldsymbol{R}(t)\boldsymbol{\delta}(t-\tau)$$

$$E\{\boldsymbol{W}(t)\boldsymbol{V}^{\mathrm{T}}(\tau)\}=0,\quad E\{\boldsymbol{X}(t_0)\boldsymbol{W}^{\mathrm{T}}(t)\}=E\{\boldsymbol{X}(t_0)\boldsymbol{V}^{\mathrm{T}}(t)\}=0$$

或

$$E\{\boldsymbol{W}(k)\}=0,\quad E\{\boldsymbol{W}(k)\boldsymbol{W}^{\mathrm{T}}(j)\}=\boldsymbol{Q}_k\boldsymbol{\delta}_{kj}$$

$$E\{\boldsymbol{V}(k)\}=0,\quad E\{\boldsymbol{V}(k)\boldsymbol{V}^{\mathrm{T}}(j)\}=\boldsymbol{R}_k\boldsymbol{\delta}_{kj}$$

$$E\{\boldsymbol{W}(k)\boldsymbol{V}^{\mathrm{T}}(j)\}=0,\quad E\{\boldsymbol{X}(0)\boldsymbol{W}^{\mathrm{T}}(k)\}=E\{\boldsymbol{X}(0)\boldsymbol{V}^{\mathrm{T}}(k)\}=0$$

而初始状态为具有如下均值和方差阵的高斯分布随机向量：

$$E\{\boldsymbol{X}(t_0)\}=\boldsymbol{X}_0,\qquad \mathrm{var}\{\boldsymbol{X}(t_0)\}=\boldsymbol{P}_0$$

或

$$E\{\boldsymbol{X}(0)\}=\boldsymbol{X}_0,\qquad \mathrm{var}\{\boldsymbol{X}(0)\}=\boldsymbol{P}_0$$

3.2 扩展卡尔曼滤波方法

扩展卡尔曼滤波思路就是将随机非线性系统模型中的非线性向量函数 $f[\cdot]$ 和 $h[\cdot]$ 围绕 $\boldsymbol{X}(t)$ 或 $\boldsymbol{X}(k)$ 线性化，得到系统线性化模型，然后应用线性系统的卡尔曼滤波基本方程。

根据线性化时 $\boldsymbol{X}(t)$ 或 $\boldsymbol{X}(k)$ 取值的不同，扩展卡尔曼滤波可分为两种：围绕标称轨迹线性化和围绕最优状态估计线性化的扩展卡尔曼滤波方法。

3.2.1 围绕标称轨迹线性化的卡尔曼滤波方法

3.2.1.1 围绕标称轨迹线性化的离散系统卡尔曼滤波

式(3-3)和式(3-4)所示的状态模型也可用下式表示

$$\boldsymbol{X}_{k+1}=f[\boldsymbol{X}_k,k]+\boldsymbol{\Gamma}[\boldsymbol{X}_k,k]\boldsymbol{W}_k \tag{3-5}$$

$$\boldsymbol{Z}_{k+1}=h[\boldsymbol{X}_{k+1},k+1]+\boldsymbol{V}_{k+1} \tag{3-6}$$

当 $\boldsymbol{W}_k$、$\boldsymbol{V}_k$ 恒为零时，将所确定的 $\boldsymbol{X}_{k+1}$、$\boldsymbol{Z}_{k+1}$ 序列称为标称轨迹，记为 $\boldsymbol{X}^*_{k+1}$、$\boldsymbol{Z}^*_{k+1}$，有

$$\boldsymbol{X}^*_{k+1}=f[\boldsymbol{X}^*_k,k] \tag{3-7}$$

$$\boldsymbol{Z}^*_{k+1}=h[\boldsymbol{X}^*_{k+1},k+1] \tag{3-8}$$

其偏差为

$$\Delta\boldsymbol{X}_{k+1}=\boldsymbol{X}_{k+1}-\boldsymbol{X}^*_{k+1} \tag{3-9}$$

$$\Delta\boldsymbol{Z}_{k+1}=\boldsymbol{Z}_{k+1}-\boldsymbol{Z}^*_{k+1} \tag{3-10}$$

令式(3-5)在 $\boldsymbol{X}^*_k$ 处展开，略去高阶项，可得

$$\boldsymbol{X}_{k+1}\approx f[\boldsymbol{X}^*_k,k]+\frac{\partial f}{\partial \boldsymbol{X}}\Big|_{\boldsymbol{X}=\boldsymbol{X}^*_k}\cdot[\boldsymbol{X}_k-\boldsymbol{X}^*_k]+\boldsymbol{\Gamma}(\boldsymbol{X}_k,k)\boldsymbol{W}_k$$

$$\approx \boldsymbol{X}_{k+1}^{*} + \boldsymbol{\Phi}_{k+1,k}\Delta\boldsymbol{X}_{k} + \boldsymbol{\Gamma}[\boldsymbol{X}_{k}^{*},k]\boldsymbol{W}_{k} \tag{3-11}$$

式中：$\boldsymbol{\Phi}_{k+1,k} = \left.\dfrac{\partial f}{\partial \boldsymbol{X}}\right|_{\boldsymbol{X}=\boldsymbol{X}_{k}^{*}}$。

由式(3-9)和式(3-11)，可得

$$\Delta\boldsymbol{X}_{k+1} = \boldsymbol{X}_{k+1} - \boldsymbol{X}_{k+1}^{*} \approx \boldsymbol{\Phi}_{k+1,k}\Delta\boldsymbol{X}_{k} + \boldsymbol{\Gamma}[\boldsymbol{X}_{k}^{*},k]\boldsymbol{W}_{k} \tag{3-12}$$

令式(3-6)在 $\boldsymbol{X}_{k+1}^{*}$ 处展开，略去高阶项，可得

$$\begin{aligned}\boldsymbol{Z}_{k+1} &= h[\boldsymbol{X}_{k+1}^{*},k+1] + \left.\frac{\partial h}{\partial \boldsymbol{X}}\right|_{\boldsymbol{X}=\boldsymbol{X}_{k+1}^{*}}[\boldsymbol{X}_{k+1} - \boldsymbol{X}_{k+1}^{*}] + \boldsymbol{V}_{k+1}\\ &= \boldsymbol{Z}_{k+1}^{*} + \boldsymbol{H}_{k+1}[\boldsymbol{X}_{k+1} - \boldsymbol{X}_{k+1}^{*}] + \boldsymbol{V}_{k+1}\end{aligned} \tag{3-13}$$

式中：$\boldsymbol{H}_{k+1} = \left.\dfrac{\partial h}{\partial \boldsymbol{X}}\right|_{\boldsymbol{X}=\boldsymbol{X}_{k+1}^{*}}$。

由式(3-10)和式(3-13)，可得

$$\Delta\boldsymbol{Z}_{k+1} = \boldsymbol{H}_{k+1}\Delta\boldsymbol{X}_{k+1} + \boldsymbol{V}_{k+1} \tag{3-14}$$

式(3-12)和式(3-14)为线性方程，可应用线性系统的卡尔曼滤波，即为围绕标称轨迹线性化的卡尔曼滤波方程：

$$\Delta\hat{\boldsymbol{X}}_{k+1,k} = \boldsymbol{\Phi}_{k+1,k}\Delta\boldsymbol{X}_{k} \tag{3-15}$$

$$\boldsymbol{P}_{k+1,k} = \boldsymbol{\Phi}_{k+1,k}\boldsymbol{P}_{k}\boldsymbol{\Phi}_{k+1,k} + \boldsymbol{\Gamma}_{k+1,k}\boldsymbol{Q}_{k}\boldsymbol{\Gamma}_{k+1,k} \tag{3-16}$$

$$\boldsymbol{K}_{k+1} = \boldsymbol{P}_{k+1,k}\boldsymbol{H}_{k+1}^{\mathrm{T}}(\boldsymbol{H}_{k+1}^{\mathrm{T}}\boldsymbol{P}_{k+1,k}\boldsymbol{H}_{k+1}^{\mathrm{T}} + \boldsymbol{R}_{k+1})^{-1} \tag{3-17}$$

$$\Delta\hat{\boldsymbol{X}}_{k+1} = \Delta\hat{\boldsymbol{X}}_{k+1,k} + \boldsymbol{K}_{k}(\Delta\boldsymbol{Z}_{k+1} - \boldsymbol{H}_{k+1}\Delta\hat{\boldsymbol{X}}_{k+1,k}) \tag{3-18}$$

$$\boldsymbol{P}_{k+1} = (\boldsymbol{I} - \boldsymbol{K}_{k+1}\boldsymbol{H}_{k+1})\boldsymbol{P}_{k+1,k} \tag{3-19}$$

$$\hat{\boldsymbol{X}}_{k+1} = \boldsymbol{X}_{k+1}^{*} + \Delta\hat{\boldsymbol{X}}_{k+1,k} \tag{3-20}$$

3.2.1.2 围绕标称轨迹线性化的连续系统卡尔曼滤波

对于式(3-1)和式(3-2)所描述的连续非线性系统，标称轨迹 $\boldsymbol{X}^{*}(t)$、$\boldsymbol{Z}^{*}(t)$ 是当 $\boldsymbol{W}(t)$、$\boldsymbol{V}(t)$ 恒为零时，由式(3-1)和式(3-2)所得到的状态和量测序列，即

$$\dot{\boldsymbol{X}}^{*}(t) = f[\boldsymbol{X}^{*}(t),t] \tag{3-21}$$

$$\boldsymbol{Z}^{*}(t) = h[\boldsymbol{X}^{*}(t),t] \tag{3-22}$$

状态和量测偏差分别为

$$\delta\boldsymbol{X}(t) = \boldsymbol{X}(t) - \boldsymbol{X}^{*}(t) \tag{3-23}$$

$$\delta\boldsymbol{Z}(t) = \boldsymbol{Z}(t) - \boldsymbol{Z}^{*}(t) \tag{3-24}$$

令式(3-1)在 $\boldsymbol{X}^{*}(t)$ 处展开可得

$$\begin{aligned}\dot{\boldsymbol{X}}(t) &= f[\boldsymbol{X}^{*}(t),t] + \left.\frac{\partial f}{\partial \boldsymbol{X}}\right|_{\boldsymbol{X}=\boldsymbol{X}^{*}(t)}\cdot[\boldsymbol{X}(t) - \boldsymbol{X}^{*}(t)] + \boldsymbol{\Gamma}[\boldsymbol{X}(t),t]\boldsymbol{w}(t)\\ &= \dot{\boldsymbol{X}}^{*}(t) + \boldsymbol{\Phi}(t)[\boldsymbol{X}(t) - \boldsymbol{X}^{*}(t)] + \boldsymbol{\Gamma}[\boldsymbol{X}(t),t]\boldsymbol{w}(t)\end{aligned} \tag{3-25}$$

式中：$\boldsymbol{\Phi}(t)=\left.\dfrac{\partial f}{\partial \boldsymbol{X}}\right|_{\boldsymbol{X}=\boldsymbol{X}^*_{(t)}}$。

由式(3-23)和式(3-25)，可得

$$\delta\dot{\boldsymbol{X}}(t)=\boldsymbol{\Phi}(t)\delta\boldsymbol{X}(t)+\boldsymbol{\Gamma}[\boldsymbol{X}(t),t]\boldsymbol{w}(t) \tag{3-26}$$

令式(3-2)在 $X^*(t)$ 处展开，可得

$$\begin{aligned}\boldsymbol{Z}(t)&=h[\boldsymbol{X}^*(t),t]+\frac{\partial h}{\partial \boldsymbol{X}}\Big|_{\boldsymbol{X}=\boldsymbol{X}^*(t)}\cdot[\boldsymbol{X}(t)-\boldsymbol{X}^*(t)]+\boldsymbol{v}(t)\\&=\boldsymbol{Z}^*(t)+\boldsymbol{H}(t)\cdot\delta\boldsymbol{X}(t)+\boldsymbol{v}(t)\end{aligned} \tag{3-27}$$

式中：$\boldsymbol{H}(t)=\left.\dfrac{\partial h}{\partial \boldsymbol{X}}\right|_{\boldsymbol{X}=\boldsymbol{X}^*(t)}$。

由式(3-24)和式(3-27)，可得

$$\delta\boldsymbol{Z}(t)=\boldsymbol{H}(t)\cdot\delta\boldsymbol{X}(t)+\boldsymbol{v}(t) \tag{3-28}$$

式(3-26)和式(3-28)为线性连续方程，对其离散化可得到离散形式的方程，就可用离散型卡尔曼滤波求解。

3.2.2 围绕最优状态估计值线性化的卡尔曼滤波方程

围绕最优状态估计线性化的非线性系统的卡尔曼滤波方法也称扩展卡尔曼滤波(EKF)。

3.2.2.1 离散系统的扩展卡尔曼滤波

对式(3-5)在 $\hat{\boldsymbol{X}}_k$ 处展开，可得

$$\begin{aligned}\boldsymbol{X}_{k+1}&=f[\hat{\boldsymbol{X}}_k,k]+\left.\frac{\partial f}{\partial \boldsymbol{X}}\right|_{\boldsymbol{X}=\hat{\boldsymbol{X}}_k}(\boldsymbol{X}_k-\hat{\boldsymbol{X}}_k)+\boldsymbol{\Gamma}[\boldsymbol{X}_k,k]\boldsymbol{W}_k\\&=\boldsymbol{\Phi}_{k+1,k}\boldsymbol{X}_k+f[\hat{\boldsymbol{X}}_k,k]-\boldsymbol{\Phi}_{k+1,k}\hat{\boldsymbol{X}}_k+\boldsymbol{\Gamma}[\boldsymbol{X}_k,k]\boldsymbol{W}_k\\&=\boldsymbol{\Phi}_{k+1,k}\boldsymbol{X}_k+\boldsymbol{U}_k+\boldsymbol{\Gamma}[\boldsymbol{X}_k,k]\boldsymbol{W}_k\end{aligned} \tag{3-29}$$

式中：$\boldsymbol{\Phi}_{k+1,k}=\left.\dfrac{\partial f}{\partial \boldsymbol{X}}\right|_{\boldsymbol{X}=\hat{\boldsymbol{X}}_k}$，$\boldsymbol{U}_k=f[\hat{\boldsymbol{X}}_k,\boldsymbol{k}]-\boldsymbol{\Phi}_{k+1,k}\hat{\boldsymbol{X}}_k$。

对式(3-6)在 $\hat{\boldsymbol{X}}_{k+1/k}$ 处展开，可得

$$\begin{aligned}\boldsymbol{Z}_{k+1}&=h[\hat{\boldsymbol{X}}_{k+1,k},k+1]+\left.\frac{\partial h}{\partial \boldsymbol{X}}\right|_{\boldsymbol{X}=\hat{\boldsymbol{X}}_{k+1,k}}(\boldsymbol{X}_{k+1}-\hat{\boldsymbol{X}}_{k+1,k})+\boldsymbol{V}_{k+1}\\&=\boldsymbol{H}_{k+1}\cdot\boldsymbol{X}_{k+1}+h[\hat{\boldsymbol{X}}_{k+1,k},k+1]-\boldsymbol{H}_{k+1}\cdot\hat{\boldsymbol{X}}_{k+1,k}+\boldsymbol{V}_{k+1}\\&=\boldsymbol{H}_{k+1}\cdot\boldsymbol{X}_{k+1}+\boldsymbol{Y}_{k+1}+\boldsymbol{V}_{k+1}\end{aligned} \tag{3-30}$$

式中：$\boldsymbol{H}_{k+1}=\left.\dfrac{\partial h}{\partial \boldsymbol{X}}\right|_{\boldsymbol{X}=\hat{\boldsymbol{X}}_{k+1,k}}$，$\boldsymbol{Y}_{k+1}=h[\hat{\boldsymbol{X}}_{k+1,k},k+1]-\boldsymbol{H}_{k+1}\cdot\hat{\boldsymbol{X}}_{k+1,k}$。

式(3-29)和式(3-30)为线性模型,可直接应用卡尔曼滤波,得到如下广义卡尔曼滤波公式。由于 $\boldsymbol{U}_k$ 和 $\boldsymbol{Y}_k$ 不会影响 $\widetilde{\boldsymbol{X}}_k$ 和 $\widetilde{\boldsymbol{Z}}_k$,因此不会影响 $\boldsymbol{K}_k$、$\boldsymbol{P}_{k+1,k}$ 和 $\boldsymbol{P}_k$,只会影响 $\boldsymbol{X}_{k+1,k}$ 和 $\boldsymbol{Z}_{k+1,k}$,则

$$\begin{aligned}\hat{\boldsymbol{X}}_{k+1,k} &= \boldsymbol{\Phi}_{k+1,k}\hat{\boldsymbol{X}}_k + \boldsymbol{U}_k \\ &= \boldsymbol{\Phi}_{k+1,k}\hat{\boldsymbol{X}}_k + f[\hat{\boldsymbol{X}}_k, k] - \boldsymbol{\Phi}_{k+1,k}\hat{\boldsymbol{X}}_k \\ &= f[\hat{\boldsymbol{X}}_k, k]\end{aligned} \tag{3-31}$$

$$\boldsymbol{P}_{k+1,k} = \boldsymbol{\Phi}_{k+1,k}\boldsymbol{P}_k\boldsymbol{\Phi}_{k+1,k}^{\mathrm{T}} + \boldsymbol{\Gamma}_k\boldsymbol{\Phi}_k\boldsymbol{\Gamma}_k^{\mathrm{T}} \tag{3-32}$$

$$\boldsymbol{K}_{k+1} = \boldsymbol{P}_{k+1,k}\boldsymbol{H}_{k+1}^{\mathrm{T}}(\boldsymbol{H}_{k+1}\boldsymbol{P}_{k+1,k}\boldsymbol{H}_{k+1}^{\mathrm{T}} + \boldsymbol{R}_{k+1}) \tag{3-33}$$

$$\begin{aligned}\hat{\boldsymbol{X}}_{k+1} &= \hat{\boldsymbol{X}}_{k+1,k} + \boldsymbol{K}_{k+1}[\boldsymbol{Z}_{k+1} - \boldsymbol{Y}_{k+1} - \boldsymbol{H}_{k+1}\hat{\boldsymbol{X}}_{k+1,k}] \\ &= \hat{\boldsymbol{X}}_{k+1,k} + \boldsymbol{K}_{k+1}\{\boldsymbol{Z}_{k+1} - h[\hat{\boldsymbol{X}}_{k+1,k}, \boldsymbol{k}+1]\}\end{aligned} \tag{3-34}$$

$$\boldsymbol{P}_{k+1} = (\boldsymbol{I} - \boldsymbol{K}_{k+1}\boldsymbol{H}_{k+1})\boldsymbol{P}_{k+1,k} \tag{3-35}$$

3.2.2.2 连续系统的扩展卡尔曼滤波

如果假设在 t 时刻系统式(3-1)的状态向量 $\boldsymbol{X}(t)$ 的滤波值 $\hat{\boldsymbol{X}}(t \mid t)$ 已知,那么就可以将系统模型式(3-1)和式(3-2)中的非线性向量函数 $f[\cdot]$ 和 $h[\cdot]$ 在 $\boldsymbol{X}(t) = \hat{\boldsymbol{X}}(t \mid t)$ 周围展开成泰勒级数,并取其一次项,可得

$$\begin{cases}\dot{\boldsymbol{X}}(t) = f[\hat{\boldsymbol{X}}(t \mid t), t] + \dfrac{\partial f[\boldsymbol{X}(t), t]}{\partial \boldsymbol{X}(t)}\Big|_{\boldsymbol{X}(t)=\hat{\boldsymbol{X}}(t|t)}[\boldsymbol{X}(t) - \hat{\boldsymbol{X}}(t \mid t)] + \boldsymbol{\Gamma}[\boldsymbol{X}(t), t]\boldsymbol{W}(t) \\ \boldsymbol{Z}(t) = h[\boldsymbol{X}(t), t] + \dfrac{\partial h[\boldsymbol{X}(t), t]}{\partial \boldsymbol{X}(t)}\Big|_{\boldsymbol{X}(t)=\hat{\boldsymbol{X}}(t|t)}[\boldsymbol{X}(t) - \hat{\boldsymbol{X}}(t \mid t)] + \boldsymbol{V}(t)\end{cases}$$

若令

$$\frac{\partial f[\boldsymbol{X}(t), t]}{\partial \boldsymbol{X}(t)}\Big|_{\boldsymbol{X}(t)=\hat{\boldsymbol{X}}(t|t)} = \boldsymbol{A}(t)$$

$$f[\hat{\boldsymbol{X}}(t \mid t), t] - \boldsymbol{A}(t)\hat{\boldsymbol{X}}(t \mid t) = \boldsymbol{U}(t)$$

$$\frac{\partial \boldsymbol{h}[\boldsymbol{X}(t), t]}{\partial \boldsymbol{X}(t)}\Big|_{\boldsymbol{X}(t)=\hat{\boldsymbol{X}}(t|t)} = \boldsymbol{H}(t)$$

$$h[\boldsymbol{X}(t \mid t), t] - \boldsymbol{H}(t)\hat{\boldsymbol{X}}(t \mid t) = \boldsymbol{Y}(t)$$

并将 $\boldsymbol{\Gamma}[\boldsymbol{X}(t), t]$ 写为 $\boldsymbol{\Gamma}[\hat{\boldsymbol{X}}(t \mid t), t] \triangleq \boldsymbol{\Gamma}(t)$,则有

$$\dot{\boldsymbol{X}}(t) = \boldsymbol{A}(t)\boldsymbol{X}(t) + \boldsymbol{U}(t) + \boldsymbol{\Gamma}(t)\boldsymbol{W}(t) \tag{3-36}$$

$$\boldsymbol{Z}(t) = \boldsymbol{H}(t)\boldsymbol{X}(t) + \boldsymbol{Y}(t) + \boldsymbol{V}(t) \tag{3-37}$$

式(3-36)和式(3-37)就是系统模型式(3-1)和式(3-2)在滤波值附近的线性化模型。这里状态方程中具有非随机外作用 $\boldsymbol{U}(t)$,观测方程中有非随机观测误差 $\boldsymbol{Y}(t)$,参考之前的连续型卡尔曼滤波的相应方程,可得连续型扩展卡尔曼滤

波的方程：

$$\dot{\hat{\boldsymbol{X}}}(t\mid t)=\boldsymbol{A}(t)\hat{\boldsymbol{X}}(t\mid t)+\boldsymbol{K}(t)[\boldsymbol{Z}(t)-\boldsymbol{Y}(t)-\boldsymbol{H}(t)\hat{\boldsymbol{X}}(t\mid t)]+\boldsymbol{U}(t) \tag{3-38}$$

将 $\boldsymbol{Y}(t)$ 和 $\boldsymbol{U}(t)$ 的表达式代入式(3-38)，可得

$$\dot{\hat{\boldsymbol{X}}}(t\mid t)=\boldsymbol{\varphi}[\hat{\boldsymbol{X}}(t\mid t),t]+\boldsymbol{K}(t)\{\boldsymbol{Z}(t)-h[\hat{\boldsymbol{X}}(t\mid t),t]\} \tag{3-39}$$

连续型的扩展卡尔曼滤波方程为

$$\dot{\hat{\boldsymbol{X}}}(t\mid t)=\boldsymbol{\varphi}[\hat{\boldsymbol{X}}(t\mid t),t]+\boldsymbol{K}(t)\{\boldsymbol{Z}(t)-h[\hat{\boldsymbol{X}}(t\mid t),t]\} \tag{3-40}$$

$$\boldsymbol{K}(t)=\boldsymbol{P}(t\mid t)\boldsymbol{H}^{\mathrm{T}}(t)\boldsymbol{R}^{-1}(t) \tag{3-41}$$

$$\dot{\boldsymbol{P}}(t\mid t)=\boldsymbol{A}(t)\boldsymbol{P}(t\mid t)+\boldsymbol{P}(t\mid t)\boldsymbol{A}^{\mathrm{T}}(t)-\boldsymbol{P}(t\mid t)\boldsymbol{H}^{\mathrm{T}}(t)\boldsymbol{R}^{-1}(t)\boldsymbol{H}(t)\boldsymbol{P}(t\mid t)+\boldsymbol{\Gamma}(t)\boldsymbol{Q}(t)\boldsymbol{\Gamma}^{\mathrm{T}}(t) \tag{3-42}$$

初始值为

$$\hat{\boldsymbol{X}}(t_0\mid t_0)=E\{\boldsymbol{X}(t_0)\}=\boldsymbol{X}_0$$
$$\boldsymbol{P}(t_0\mid t_0)=\mathrm{Var}\{\boldsymbol{X}(t_0)\}=\boldsymbol{P}_0$$

其中

$$\begin{cases}\boldsymbol{A}(t)=\left.\dfrac{\partial f[\boldsymbol{X}(t),t]}{\partial \boldsymbol{X}(t)}\right|_{\boldsymbol{X}(t)=\hat{\boldsymbol{X}}(t\mid t)}\\ \boldsymbol{H}(t)=\left.\dfrac{\partial h[\boldsymbol{X}(t),t]}{\partial \boldsymbol{X}(t)}\right|_{\boldsymbol{X}(t)=\hat{\boldsymbol{X}}(t\mid t)}\\ \boldsymbol{\Gamma}(t)=\boldsymbol{\Gamma}[\boldsymbol{X}(t),t]\mid_{\boldsymbol{X}(t)=\hat{\boldsymbol{X}}(t\mid t)}=\boldsymbol{\Gamma}[\hat{\boldsymbol{X}}(t\mid t),t]\end{cases}$$

3.3 Sigma 点卡尔曼滤波方法

由于 EKF 是将非线性的系统方程和量测方程通过台劳展开近似为线性系统处理，运算结果的均值和协方差只精确到一阶，使得对于强非线性系统滤波精度不高，甚至会导致滤波分散，并且对于复杂非线性系统，雅可比矩阵的推导也会非常困难。

Sigma 点卡尔曼滤波(Sigma Point Kalman Filter，SPKF)就是为了解决上述 EKF 的问题而产生的。SPKF 是从噪声符合高斯分布的状态空间中产生一系列采样点，让这些采样点通过非线性系统并产生相应的变换采样点，状态估值和方差就等于这些变换采样点的后验均值和方差。与 EKF 方法相比，SPKF 不需要计算雅可比矩阵，也不需要对系统状态方程和观测方程进行线性化，状态均值和协方差的估计精度可以精确到二阶。根据采样点计算规则的不同可得到不同的 SPKF 方

法。如 Unscented 卡尔曼滤波(UKF)[1,2]、中心差分卡尔曼滤波(CDKF)、容积卡尔曼滤波(CKF)[3,4]等。

3.3.1 Unscented 卡尔曼滤波

S. J. Juliear 和 J. K. Uhlman 在 1997 年提出了 UKF 滤波方法,UKF 以 UT 变换为基础获得采样点。标准的 UKF 算法在 $\hat{\boldsymbol{x}}_k$ 附近选取一系列样本点,这些样本点的均值和协方差分别为 $\hat{\boldsymbol{X}}_k$ 和 $\boldsymbol{P}_k$。设状态变量为 $n \times 1$ 维,那么 $2n+1$ 个样本点及其权重分别为:

$$\boldsymbol{\chi}_{0,k} = \hat{\boldsymbol{X}}_k \ , \ \boldsymbol{W}_0 = \tau/(n+\tau)$$

$$\boldsymbol{\chi}_{i,k} = \hat{\boldsymbol{X}}_k + \sqrt{n+\tau}\,(\sqrt{\boldsymbol{P}_k})_i \ , \quad \boldsymbol{W}_i = 1/[2(n+\tau)]$$

$$\boldsymbol{\chi}_{i+n,k} = \hat{\boldsymbol{X}}_k - \sqrt{n+\tau}\,(\sqrt{\boldsymbol{P}_k})_i \ , \ \boldsymbol{W}_{i+n} = 1/[2(n+\tau)]$$

式中:$\tau \in R$;当 $\boldsymbol{P}_k = \boldsymbol{A}^{\mathrm{T}}\boldsymbol{A}$ 时,$(\sqrt{\boldsymbol{P}_k})_i$ 取 $\boldsymbol{A}$ 的第 i 行;当 $\boldsymbol{P}_k = \boldsymbol{A}\boldsymbol{A}^{\mathrm{T}}$ 时,$(\sqrt{\boldsymbol{P}_k})_i$ 取 $\boldsymbol{A}$ 的第 i 列。标准的 UKF 算法如下[5,6]。

(1)初始化:

$$\hat{\boldsymbol{X}}_0 = E[\boldsymbol{x}_0] \ , \ \boldsymbol{P}_0 = E[(\boldsymbol{X}_0 - \hat{\boldsymbol{X}}_0)(\boldsymbol{X}_0 - \hat{\boldsymbol{X}}_0)^{\mathrm{T}}] \tag{3-43}$$

(2)计算采样点:

$$\boldsymbol{\chi}_{k-1} = [\hat{\boldsymbol{X}}_{k-1} \quad \hat{\boldsymbol{X}}_{k-1} + \sqrt{n+\tau}\,(\sqrt{\boldsymbol{P}_{k-1}})_i \quad \hat{\boldsymbol{X}}_{k-1} - \sqrt{n+\tau}\,(\sqrt{\boldsymbol{P}_{k-1}})_i] \ , \ i = 1,2,\cdots,n \tag{3-44}$$

(3)时间更新:

$$\boldsymbol{\chi}_{k|k-1} = f(\boldsymbol{\chi}_{k-1}, k-1) \tag{3-45}$$

$$\hat{\boldsymbol{\chi}}_{k|k-1} = \sum_{i=0}^{2n} W_i \boldsymbol{\chi}_{i,\,k|k-1} \tag{3-46}$$

$$\boldsymbol{P}_{k|k-1} = \sum_{i=0}^{2n} W_i [\boldsymbol{\chi}_{i,k|k-1} - \hat{\boldsymbol{X}}_{k|k-1}][\boldsymbol{\chi}_{i,k|k-1} - \hat{\boldsymbol{X}}_{k|k-1}]^{\mathrm{T}} + \boldsymbol{Q}_k \tag{3-47}$$

$$\boldsymbol{Z}_{k|k-1} = h(\boldsymbol{\chi}_{k|k-1}, k) \tag{3-48}$$

$$\hat{\boldsymbol{Z}}_{k|k-1} = \sum_{i=0}^{2n} W_i \boldsymbol{Z}_{i,\,k|k-1} \tag{3-49}$$

(4)量测更新:

$$\boldsymbol{P}_{z_k z_k} = \sum_{i=0}^{2n} W_i [\boldsymbol{Z}_{i,k|k-1} - \hat{\boldsymbol{Z}}_{k|k-1}][\boldsymbol{Z}_{i,k|k-1} - \hat{\boldsymbol{Z}}_{k|k-1}]^{\mathrm{T}} + \boldsymbol{R}_k \tag{3-50}$$

$$\boldsymbol{P}_{x_k z_k} = \sum_{i=0}^{2n} W_i [\boldsymbol{\chi}_{i,k|k-1} - \hat{\boldsymbol{X}}_{k|k-1}][\boldsymbol{Z}_{i,k|k-1} - \hat{\boldsymbol{Z}}_{k|k-1}]^{\mathrm{T}} \tag{3-51}$$

$$\boldsymbol{K}_k = \boldsymbol{P}_{x_k z_k} \boldsymbol{P}_{z_k z_k}^{-1} \tag{3-52}$$

$$\hat{\boldsymbol{X}}_k = \hat{\boldsymbol{X}}_{k|k-1} + \boldsymbol{K}_k(\boldsymbol{Z}_k - \hat{\boldsymbol{Z}}_{k|k-1}) \tag{3-53}$$

$$\boldsymbol{P}_k = \boldsymbol{P}_{k|k-1} - \boldsymbol{K}_k \boldsymbol{P}_{z_k z_k} \boldsymbol{K}_k^{\mathrm{T}} \tag{3-54}$$

式中：$\boldsymbol{Q}_k$ 和 $\boldsymbol{R}_k$ 分别为系统和量测噪声协方差。当 $\boldsymbol{x}_k$ 假设为高斯分布时，通常选取 $n + \tau = 3$。

在上述算法的基础上，文献[7,8]又对 UKF 提出了一些改进措施。文献[7]将平方根滤波的思想用在 UKF 中，提出了一种 SR-UKF 方法，用于滤波时保证状态协方差阵的非负定性，提高滤波的数值稳定性。文献[8]提出了一种简化的不对称采样的方法，在保证滤波精度变化不大的前提下，将样本点的个数由原来的 $2n+1$ 个减少到 $n+2$ 个，从而减少了计算量，提高了计算效率[9]。

3.3.2 中心差分卡尔曼滤波

Nørgaard 和 Ito 提出了和 UKF 算法类似的针对非线性高斯系统的 CDKF[10,11]，但 CDKF 与 UKF 不同之处在于 CDKF 是采用了斯特林插值公式对非线性的系统模型进行线性化。CDKF 最后可得到和 UKF 相似的表达形式，在实际应用中二者性能几乎一样。

对非线性函数 $y = f(x)$，根据斯特林插值公式将其在 $\hat{x}$ 处展开，并保留二阶项可得

$$y \approx f(\hat{x}) + \Delta x f'_{\mathrm{CD}}(x)\big|_{x=\hat{x}} + \frac{1}{2}\Delta x f''_{\mathrm{CD}}(x)\big|_{x=\hat{x}} \tag{3-55}$$

式中

$$f'_{\mathrm{CD}}(x) = \frac{f(x+h) - f(x-h)}{2h} \tag{3-56}$$

$$f''_{\mathrm{CD}}(x) = \frac{f(x+h) + f(x-h) - 2f(x)}{h^2} \tag{3-57}$$

$f'_{\mathrm{CD}}(x)$ 和 $f''_{\mathrm{CD}}(x)$ 分别称为一阶中心差分和二阶中心差分。式中：h 为大于等于 1 的尺度参数（中心差分的半步长），决定了 Sigma 点在验前均值附近的分布，其最佳值应与先前随机变量峰值的均方根相对应，对于高斯分布的最佳值为 $\sqrt{3}$。

式(3-55)实际上就是以中心差分替代了泰勒展开中的导数，由于中心差分计算只依赖非线性函数在具体位置上的值，因此便于计算。

CDKF 的 Sigma 点构造如下：

$$\boldsymbol{\chi}_{i,k} = \begin{cases} \hat{x}_k, i = 0 \\ \hat{x}_k + (\sqrt{h^2 \boldsymbol{P}})_i, (i = 1,2,\cdots,n) \\ \hat{x}_k - (\sqrt{h^2 \boldsymbol{P}})_i, (i = n+1, n+2, \cdots, 2n) \end{cases} \tag{3-58}$$

计算 CDKF 的具体步骤如下：

（1）参数初始化：

$$\boldsymbol{P}_0 = E[(\boldsymbol{X}_0 - \hat{\boldsymbol{X}}_0)(\boldsymbol{X}_0 - \hat{\boldsymbol{X}}_0)^{\mathrm{T}}], \hat{\boldsymbol{X}}_0 = E[\boldsymbol{X}_0] \tag{3-59}$$

（2）时间更新：

$$\boldsymbol{\chi}_{k|k-1} = f(\boldsymbol{\chi}_{k-1}, k-1)$$

$$\hat{\boldsymbol{X}}_{k|k-1} = \sum_{i=0}^{2n} W_i^m \boldsymbol{\chi}_{i,k|k-1}$$

$$\begin{aligned}\boldsymbol{P}_{k|k-1} = &\sum_{i=0}^{n} W_i^{c1}(\boldsymbol{\chi}_{i,k|k-1} - \boldsymbol{\chi}_{n+i,k|k-1})(\boldsymbol{\chi}_{i,k|k-1} - \boldsymbol{\chi}_{n+i,k|k-1})^{\mathrm{T}} \\ &+ W_i^{c2}(\boldsymbol{\chi}_{i,k|k-1} + \boldsymbol{\chi}_{n+i,k|k-1} - 2\boldsymbol{\chi}_{0,k|k-1})(\boldsymbol{\chi}_{i,k|k-1} + \boldsymbol{\chi}_{n+i,k|k-1} - \\ &2\boldsymbol{\chi}_{0,k|k-1})^{\mathrm{T}} + \boldsymbol{Q}_{k-1}\end{aligned} \tag{3-60}$$

式中：$W_0^m = \dfrac{h^2 - n}{h^2}$，$W_i^m = \dfrac{1}{2h^2}$，$W_i^{c1} = \dfrac{1}{4h^2}$，$W_i^{c2} = \dfrac{h^2 - 1}{4h^2}$。

（3）量测更新：

$$\boldsymbol{Z}_{k|k-1} = \boldsymbol{h}(\boldsymbol{\chi}_{k|k-1}, k)$$

$$\hat{\boldsymbol{Z}}_{k|k-1} = \sum_{i=0}^{2n} W_i^m \boldsymbol{Z}_{i,k|k-1}$$

$$\boldsymbol{P}_{x_k y_k} = \sqrt{W_i^{c1}\boldsymbol{P}_{k|k-1}}\,[\boldsymbol{Z}_{1:n,k|k-1} - \boldsymbol{Z}_{n+1:2n,k|k-1}]^{\mathrm{T}}$$

$$\begin{aligned}\boldsymbol{P}_{y_k y_k} = &\sum_{i=0}^{n} W_i^{c1}(\boldsymbol{Z}_{i,k|k-1} - \boldsymbol{Z}_{n+i,k|k-1})(\boldsymbol{Z}_{i,k|k-1} - \boldsymbol{Z}_{n+i,k|k-1})^{\mathrm{T}} \\ &+ W_i^{c2}(\boldsymbol{Z}_{i,k|k-1} + \boldsymbol{Z}_{n+i,k|k-1} - 2\boldsymbol{Z}_{0,k|k-1})(\boldsymbol{Z}_{i,k|k-1} + \boldsymbol{Z}_{n+i,k|k-1} - 2\boldsymbol{Z}_{0,k|k-1})^{\mathrm{T}} \\ &+ \boldsymbol{R}_k\end{aligned} \tag{3-61}$$

（4）计算增益矩阵、状态估计及相应的协方差：

$$\begin{aligned}\boldsymbol{K}_k &= \boldsymbol{P}_{x_k y_k}\boldsymbol{P}_{y_k y_k}^{-1} \\ \hat{\boldsymbol{X}}_k &= \hat{\boldsymbol{X}}_{k|k-1} + \boldsymbol{K}_k(\boldsymbol{Z}_k - \hat{\boldsymbol{Z}}_{k|k-1}) \\ \boldsymbol{P}_k &= \boldsymbol{P}_{k|k-1} - \boldsymbol{K}_k\boldsymbol{P}_{y_k y_k}\boldsymbol{K}_k^{\mathrm{T}}\end{aligned} \tag{3-62}$$

3.3.3 容积卡尔曼滤波

2009 年，lenkaran Arasaratnam 和 Simon Haykin 提出了基于 Cubature 变换的 CKF 算法[3,4]。CKF 使用 Cubature 变换进行概率推演。首先，根据 Cubature 准则选取 Cubature 点集（$2n$ 个点，$2n$ 个点的权值均为 $1/2n$）；其次，将非线性变换应用于所有的 Cubature 点；最后根据变换后的 Cubature 点计算出状态均值和方差。CKF 滤波过程与 UKF 类似，都避免了对非线性模型的线性化处理，不依赖于具体系统模型的非线性方程,算法相对独立,适用于任何形式的非线性模型,CKF 是根据贝叶斯理论以及球形径向容积规则(Spherical-Radial Cubature,SRC)并经过严格的数学推导得出。在实际应用中,由于 CKF 在递推过程中存在数值不稳定和计算量大等问题,文献[3,4]同时给出了平方根容积卡尔曼滤波(Square-root Cubature Kalman Filter,SCKF),该方法直接以协方差矩阵的平方根形式进行递推更新,不仅有效避免协方差矩阵的非负定性,而且可以降低计算复杂度,提高滤波的收敛速度和数值稳定性。

容积卡尔曼滤波算法如下:

1. 时间更新

(1) 计算容积点:

$$\boldsymbol{X}_{j,k-1|k-1} = \boldsymbol{S}_{k-1|k-1}\xi_j + \hat{\boldsymbol{X}}_{k-1|k-1} \tag{3-63}$$

$$\boldsymbol{S}_{k-1} = \mathrm{chol}\{\boldsymbol{P}_{k-1}\} \tag{3-64}$$

$$\xi_j = \sqrt{\frac{m}{2}}[1]_j, \omega_j = \frac{1}{m} \tag{3-65}$$

式中:chol{·} 为矩阵的乔列斯基分解;m 为容积点总数,使用三阶容积原则,容积点总数是状态维数的 2 倍,即 $m = 2n$ 。基本容积点按照下列方式产生,记 n 维单位向量为 $\boldsymbol{e} = [1\ 0 \cdots 0]^{\mathrm{T}}$,用 $[1]$ 表示对 $\boldsymbol{e}$ 的元素进行全排列和改变元素符号产生的点集,称为完整全对称点集,$[1]_j$ 表示点集中的第 j 个点。

(2) 计算通过非线性状态方程传播的容积点:

$$\boldsymbol{X}^*_{j,k-1|k-1} = f(\boldsymbol{X}_{j,k-1|k-1}) \tag{3-66}$$

(3) 计算状态和方差预测:

$$\hat{\boldsymbol{X}}_{k|k-1} = \frac{1}{m}\sum_{j=1}^{m} \boldsymbol{X}^*_{j,k-1|k-1}$$

$$\boldsymbol{P}_{k|k-1} = \frac{1}{m}\sum_{j=1}^{m} \boldsymbol{X}^*_{j,k-1|k-1}\ {\boldsymbol{X}^*_{j,k-1|k-1}}^{\mathrm{T}} - \hat{\boldsymbol{X}}_{k|k-1}\ {\hat{\boldsymbol{X}}_{k|k-1}}^{\mathrm{T}} + \boldsymbol{Q}_{k-1} \tag{3-67}$$

2. 量测更新

(1) 计算新的容积点:

$$\boldsymbol{X}_{j,k|k-1} = \boldsymbol{S}_{k|k-1}\xi_j + \hat{\boldsymbol{X}}_{k|k-1} \tag{3-68}$$

$$\boldsymbol{S}_{k|k-1} = \mathrm{chol}(\boldsymbol{P}_{k|k-1}) \tag{3-69}$$

(2) 计算通过非线性量测方程传播的容积点:

$$\boldsymbol{Z}_{j,k|k-1} = h(\boldsymbol{X}_{j,k|k-1}) \tag{3-70}$$

(3) 计算量测预测、新息方差和协方差估:

$$\hat{\boldsymbol{Z}}_{k|k-1} = \frac{1}{m}\sum_{j=1}^{m} \boldsymbol{Z}_{j,k|k-1}$$

$$P_{zz,k|k-1} = \frac{1}{m}\sum_{j=1}^{m} Z_{j,k|k-1} Z_{j,k|k-1}{}^{T} - \hat{Z}_{k|k-1}\hat{Z}_{k|k-1}{}^{T} + R_k$$

$$P_{xz,k|k-1} = \frac{1}{m}\sum_{j=1}^{m} X_{j,k|k-1} Z_{j,k|k-1}{}^{T} - \hat{X}_{k|k-1}\hat{Z}_{k|k-1}{}^{T} \tag{3-71}$$

（4）计算增益、状态和协方差估计：

$$K_k = P_{xz,k|k-1} P_{zz,k|k-1}^{-1}$$

$$\hat{X}_{k|k} = \hat{X}_{k|k-1} + K_k(Z_k - \hat{Z}_{k|k-1})$$

$$P_{k|k} = P_{k|k-1} - K_k P_{zz,k|k-1} K_k^{T} \tag{3-72}$$

3.4 粒子滤波方法

上述扩展卡尔曼滤波方法和 sigma 点滤波方法虽然能解决非线性系统的滤波问题，但它们均要求系统噪声为高斯噪声。当系统噪声分布不是高斯噪声或未知时，可以使用粒子滤波方法。

粒子滤波（Particle Filter, PF）是一种利用一些随机样本（粒子）表示系统状态变量的后验概率分布的滤波方法。随着计算机性能的提高，PF 由于其在处理非线性、非高斯系统方面的优势得到日益广泛的应用，序贯重要采样法 SIS（Sequential Importance Sampling Algorithm）[12] 是目前应用最广泛也是最基本的一种粒子滤波方法，其基本原理是通过蒙特卡罗模拟实现递推贝叶斯滤波，当样本点数增至无穷大，蒙特卡罗特性与后验概率密度的函数表示等价，SIS 滤波器接近于最优贝叶斯估计，但是该方法的缺点是存在退化现象，即滤波一段时间后，粒子之间的权值两极分化，仅具有较大权值的少数粒子对结果起主导作用，而其他粒子则对结果几乎没有影响。消除退化主要依赖于两个关键技术：适当选取重要密度函数和进行再采样。对于前者的改进方法包括 EKPF（Extended Kalman Particle Filter）、UPF（Unscented Particle Filter）[13]、APF（Auxiliary Particle Filter）[14] 等，而对后者来说，当前的重采样方法主要有 RR（Residual Resampleing）、SR（Systematic Resampling）[15] 等。以上方法从不同程度、不同角度改进了 SIS 方法，但是重采样技术带来了粒子枯竭的问题，即具有较大权值的粒子被多次选取，使得采样结果中包含了许多重复点，从而损失了粒子的多样性，使其不能有效地反映状态变量的概率分布，甚至导致滤波发散。马尔科夫链蒙特卡罗方法（Markov Chain Monte Carlo, MCMC）[16] 是当前解决粒子枯竭问题的主要方法，通过在每个粒子上增加一个其稳定分布为后验概率密度的马尔科夫链蒙特卡罗移动步骤，可以有效地增加粒子的多样性。

3.4.1 粒子滤波的采样方法

所有的粒子滤波方法都存在采样环节，其目的在于生成一个尽可能符合真实

的后验分布的随机样本。因此如何根据后验分布 $p(\boldsymbol{\theta}_k|\boldsymbol{D}_k)$ 不断连续生成粒子，是粒子滤波的关键所在。目前主要存在 3 种主要的采样方法：样本重要性采样法（Sampling Importance Resampling，SIR）[17]、拒绝采样法（Rejection Sampling，RS）和马尔可夫链蒙特卡罗方法。

1. 样本重要性采样法

样本重要性采样法首先由 Rubin 在 1987 年提出。具体方法是选定一个易于采样的分布 $p(\cdot)$，使之满足 $\pi(\boldsymbol{\theta}) > 0 \Rightarrow p(\boldsymbol{\theta}) > 0$。首先采集符合分布 $p(\cdot)$ 的 M 个样本，记为 $\{\boldsymbol{\theta}^i\}(i = 1,2,\cdots,M)$。然后根据下式计算各样本的权值，即

$$q_i = \frac{r(\boldsymbol{\theta}^i)}{\sum_{j=1}^{M} r(\boldsymbol{\theta}^j)} \tag{3-73}$$

式中：$r(\boldsymbol{\theta}) = \pi(\boldsymbol{\theta})/p(\boldsymbol{\theta})$，由此可以看出 q_i 并不依赖于未知的归一化常数 π。最后，重新采集 N 个样本，使得在新样本中 $p(\boldsymbol{\theta} = \boldsymbol{\theta}^i) = q_i$。

如果 M 取得相当大，通过该方法得到的 N 个新样本近似服从分布 $\pi(\cdot)$。但该方法的精度并不仅仅取决于 M 的大小，还取决于 $p(\cdot)$ 和 $\pi(\cdot)$ 的相似程度。如果 $p(\cdot)$ 和 $\pi(\cdot)$ 存在较大差异，则权值 q_i 的方差就会很大，即只有少数粒子具有不可忽略的权值，这意味着为了得到足够的粒子，就必须增大 M 和 N 的比率。凭经验估计，Rubin（1987）认为当 $M = 10N$ 时，样本重要性采样法会得到较好的效果。

2. 拒绝采样法

拒绝采样法与样本重要性采样法是相关的。但是，与样本重要性采样法只能得到近似服从 $\pi(\cdot)$ 的样本不同，拒绝采样法可以得到完全服从 $\pi(\cdot)$ 的独立同分布的样本。

该方法同样需要选定一个易于采样的分布 $p(\cdot)$，并使之满足 $\pi(\boldsymbol{\theta}) > 0 \Rightarrow p(\boldsymbol{\theta}) > 0$。同时还需要附加条件 $r(\boldsymbol{\theta}) = \pi(\boldsymbol{\theta})/p(\boldsymbol{\theta}) \leqslant c$，其中 c 为已知常数。具体步骤如下：

（1）生成符合分布 $p(\cdot)$ 的一个样本，记为 $\boldsymbol{\theta}^*$；

（2）生成一个在区间 $[0,1]$ 上服从正态分布的随机变量，记为 u；

（3）计算接受概率 $r(\boldsymbol{\theta}^*)/c$；

（4）如果 $u < r(\boldsymbol{\theta}^*)/c$，那么接受 $\boldsymbol{\theta}^*$，否则拒绝。

重复上述步骤，直至生成 N 个新样本。

3. 马尔可夫链蒙特卡罗方法（MCMC）

另一种生成服从分布 $\pi(\cdot)$ 的样本的方法是构造一个其稳定分布为 $\pi(\cdot)$ 的马尔可夫链。设 $\boldsymbol{X}_k$ 就是一个这样的离散马尔可夫链，且该链是不可约和非周期性的，那么对所有 x、y，当 $k \to \infty$时，有

$$P(\boldsymbol{X}_k = y|\boldsymbol{X}_0 = x) \to \pi(y)$$

并且对于任意函数 $\boldsymbol{\Gamma}(\cdot)$, $E_{\pi}(\boldsymbol{\Gamma}(\cdot)) < \infty$,当 $M \to \infty$时,有

$$\sum_{k=1}^{N} \boldsymbol{\Gamma}(\boldsymbol{X}_k)/N \to E_{\pi}(\boldsymbol{\Gamma}(\cdot))$$

大多数构造马尔可夫链的方法具有时间互换性。

定义一个离散的、不可约和非周期性的马尔可夫链 $\boldsymbol{X}_k$,其转移概率 $P(\boldsymbol{X}_k = y \mid \boldsymbol{X}_0 = x) = p_{yx}$。如果是时间可互换的,则必存在密度函数 $\pi(x)$,使得对所有的 x、y 满足:

$$\pi(x)p_{xy} = \pi(y)p_{yx} \tag{3-74}$$

且 $\pi(\cdot)$ 为该链的稳定分布,式(3-74)称为详细平衡方程。

Metropolis - Hastings 法则是最常用的一种构造马尔可夫链的方法。设 $(\boldsymbol{X}_i)_{i=1,2,\cdots}$ 为一个马尔可夫链。对任意具有固定值的 x ,函数 $K(x,y)$ 定义为随机变量 y 的密度函数。$K(x,y)$ 可以任意选取,但必须满足由 $p(x_k \mid x_{k-1}) = K(x_{k-1}, x_k)$ 定义的马尔可夫链是不可约的。如果 $\boldsymbol{X}_{k-1} = x$,则在 k 时刻马尔可夫链的状态的可能值可根据 $K(x,y)$ 采样得到,其接受概率为

$$q = \min(1, \frac{K(y,x)\pi(y)}{K(x,y)\pi(x)})$$

也就是说在马尔可夫链中,新状态 $\boldsymbol{X}_k$ 等于 y 的概率为 q ,等于 x 的概率为 $1 - q$。马尔科夫链的初始值可以任意选取。

3.4.2 标准粒子滤波算法

粒子滤波方法是一种适合于任意噪声分布的滤波方法,其基本思想是用一批有相应权重的离散随机采样点来近似状态变量的后验概率密度函数,这批采样点被称为粒子,并根据这些粒子以及它们的权重计算估计值。当粒子数很多时,这种滤波方法就可以接近最优贝叶斯估计。状态变量的概率密度函数提供了有关状态变量分布的所有信息,一旦获得了概率密度函数,就可以依照不同的准则函数,计算得到状态变量的极大似然估计、最小方差估计、最大后验估计等。假设能够从后验概率密度 $p(\boldsymbol{X}_{0:t} \mid \boldsymbol{Y}_{1:t})$ 中采样得到 N 个粒子 $\{\boldsymbol{X}_{0:t}^{(i)}\}$,则可以用如下经验概率分布近似估计后验概率密度:

$$\hat{p}(\boldsymbol{X}_{0:t} \mid \boldsymbol{Y}_{1:t}) = \frac{1}{N}\sum_{i=1}^{N} \delta_{x_{0:t}^{(i)}}(d\boldsymbol{X}_{0:t}) \tag{3-75}$$

式中:δ 为 Dirac 函数。当 N 足够大时,依据大数定理,后验估计依概率收敛于后验密度。根据文献[18,19]可以采用易抽样的重要性采样密度函数 q 来得到一组带权粒子,并用这组带权粒子来近似待估计分布的样本 p ,因此选择重要性采样密度函数是设计粒子滤波最重要的步骤之一,最优重要性采样密度函数的计算公式为

$$q(\boldsymbol{X}_t^{(i)} \mid \boldsymbol{X}_{0:t-1}^{(i)}, \boldsymbol{Y}_{1:t}) = p(\boldsymbol{X}_t^{(i)} \mid \boldsymbol{X}_{0:t-1}^{(i)}, \boldsymbol{Y}_{1:t}) \tag{3-76}$$

实际上,很难得到最优采样分布。SIR 滤波算法是目前应用较广泛的一种基本粒子滤波方法,该方法采用先验概率密度 $p(x_t \mid x_{t-1})$ 作为重要性采样函数,具有简单、易于实现的特点。在观测精度不高的场合,此方法可以取得较好的效果,但估计精度不高。由于标准粒子滤波的重要性采样密度函数没有考虑最新量测信息,因而从中抽取的样本与真实的后验概率密度产生的样本存在较大的偏差,特别是当似然函数位于系统状态先验概率密度函数的尾部或者观测模型具有很高的精度时,这种偏差尤为明显,很多样本由于归一化权重很小而成为无效样本。

完整的 SIR 滤波算法如下,除初始化外,其他步骤以 $[t_k, t_{k+1}]$ 测量采样周期为例。

(1) 初始化,$t=0$ 时对 $p(x_0)$ 进行采样,生成 N 个服从 $p(x_0)$ 分布的粒子 $x_0^{(i)}(i=1,2,\cdots,N)$ 。

(2) $t \geqslant 1$ 时,步骤如下:

① 序列重要性采样:生成 N 个服从 $q(\boldsymbol{X}_k \mid \boldsymbol{X}_{0:k-1}^{(i)}, y_{1:k})$ 分布的随机样本 $\{\hat{\boldsymbol{X}}_k^{(i)}, i=1,2,\cdots,N\}$ 。

② 计算权重:

$$\widetilde{w}_t(\boldsymbol{X}_{0:t}^{(i)}) = p(\boldsymbol{Y}_{1:t} \mid \boldsymbol{X}_{0:t}^{(i)}) p(\boldsymbol{X}_{0:t}^{(i)}) / q(\boldsymbol{X}_{0:t}^{(i)} \mid \boldsymbol{Y}_{1:t}) \tag{3-77}$$

归一化权重:

$$w_t(\boldsymbol{X}_{0:t}^{(i)}) = \widetilde{w}_t(\boldsymbol{X}_{0:t}^{(i)}) / \sum_{i=1}^{N} \widetilde{w}_t(\boldsymbol{X}_{0:t}^{(i)}) \tag{3-78}$$

计算有效粒子的尺寸:

$$N_{\text{eff}} = \frac{1}{\sum_{i=1}^{N} w_t(\boldsymbol{X}_{0:t}^{(i)})^2} \tag{3-79}$$

如果 N_{eff} 小于阈值,进行重采样,一般阈值取 $2N/3$。

③ 重采样。从离散分布的 $\{\boldsymbol{X}_k^{(i)}, w_k(\boldsymbol{X}_k^{(i)})\}(i=1,2,\cdots,N)$ 中进行 N 次重采样,得到一组新的粒子 $\{\boldsymbol{X}_k^{(i*)}, 1/N\}$,仍为 $p(\boldsymbol{X}_k \mid \boldsymbol{Y}_{0:k})$ 的近似表示。

④ MCMC(可选择)。由于经过重采样后,有可能出现粒子的多样性减少,即具有较大权值的粒子被多次选取,使得采样结果中包含了许多重复点,从而损失了粒子的多样性,使其不能有效地反映状态变量的概率分布,甚至导致滤波发散。MCMC 方法是当前解决粒子枯竭问题的主要方法,通过在每个粒子上增加一个其稳定分布为后验概率密度的 MCMC 移动步骤,可以有效地增加粒子的多样性。具体计算方法如下:

生成一个随机数 u,使得 $u \sim U[0,1]$;

从马尔可夫链中进行采样 $\boldsymbol{X}_k^{*(i)} \sim p(\boldsymbol{X}_k \mid \boldsymbol{X}_{k-1}^{i})$;

如果 $u \leqslant \min(1, \dfrac{p(\boldsymbol{Y}_k | \boldsymbol{X}_k^{*(i)})}{p(\boldsymbol{Y}_k | \boldsymbol{X}_k^{(i*)})})$,则采用 MCMC 移动,令 $\boldsymbol{X}_{0:k}^i = (\boldsymbol{X}_{k-1}^{(i*)}, \boldsymbol{X}_k^{*(i)})$;否则,则 令 $\boldsymbol{X}_{0:k}^i = \boldsymbol{X}_{0:k}^{(i*)}$。

⑤ 输出。按照最小方差准则,最优估计就是条件分布的均值:

$$\hat{\boldsymbol{X}}_k = \sum_{i=1}^{N} w_k^i \boldsymbol{X}_k^i \tag{3-80}$$

$$p_k = \sum_{i=1}^{N} w_k^i (\boldsymbol{X}_k^i - \hat{\boldsymbol{X}}_k)(\boldsymbol{X}_k^i - \hat{\boldsymbol{X}}_k)^{\mathrm{T}} \tag{3-81}$$

3.4.3 Unscented 粒子滤波算法

为了克服上述标准粒子滤波的不足,Eric Wan 等人 2000 年提出了 UPF 方法,该方法利用 UKF 得到粒子滤波的重要性采样密度,也就是利用 UKF 来生成下一个预测粒子,每一个粒子的采样密度为

$$q(\boldsymbol{X}_k | \boldsymbol{X}_{0:k-1}^{(i)}, \boldsymbol{Y}_{1:k}) = N(\overline{\boldsymbol{X}}_k^{(i)}, \boldsymbol{P}_k^{(i)}), i = 1,2,\cdots,N \tag{3-82}$$

式中:$\overline{\boldsymbol{X}}_k^{(i)}$ 和 $\boldsymbol{P}_k^{(i)}$ 是用 UKF 计算的均值和协方差。尽管后验概率密度可能不是高斯分布,但是用高斯分布来近似每一个粒子的分布是可行的,而且由于 UKF 估计后验概率密度到二阶项,很好地保持了系统的非线性。将 UKF 的步骤和公式代入标准的粒子滤波算法,就得到了完整的 UPF 算法。下面给出了 UPF 的算法步骤[20]。

(1) $t=0$ 时,初始化:对 $p(x_0)$ 进行采样,生成 N 个服从 $p(x_0)$ 分布的粒子 $x_0^{(i)}(i=1,2,\cdots,N)$,其均值和方差满足

$$\begin{cases} \overline{\boldsymbol{X}}_0^{(i)} = E[\boldsymbol{X}_0^{(i)}] \\ \boldsymbol{P}_0^{(i)} = E[(\boldsymbol{X}_0^{(i)} - \overline{\boldsymbol{X}}_0^{(i)})(\boldsymbol{X}_0^{(i)} - \overline{\boldsymbol{X}}_0^{(i)})^{\mathrm{T}}] \end{cases} \tag{3-83}$$

(2) $t \geqslant 1$ 时,步骤如下:

① 采样步骤:用 UKF 更新粒子$\{\boldsymbol{X}_{k-1}^{(i)}, \boldsymbol{P}_{k-1}^{(i)}\}$ 得到 $\{\overline{\boldsymbol{X}}_k^{(i)}, \boldsymbol{P}_k^{(i)}\}$,采样 $\hat{\boldsymbol{X}}_k^{(i)} \sim q(\boldsymbol{X}_k^{(i)} | \boldsymbol{X}_{0:k-1}^{(i)}, \boldsymbol{Y}_{1:k}) = N(\overline{\boldsymbol{X}}_k^{(i)}, \boldsymbol{P}_k^{(i)})(i=1,2,\cdots,N)$。

② 计算权重:

$$\widetilde{w}_k^{(i)} = \widetilde{w}_{k-1}^{(i)} \frac{p(\boldsymbol{Y}_k | \hat{\boldsymbol{X}}_k^{(i)}) p(\hat{\boldsymbol{X}}_k^{(i)} | \boldsymbol{X}_{k-1}^{(i)})}{q(\hat{\boldsymbol{X}}_k^{(i)} | \boldsymbol{X}_{0:k-1}^{(i)}, \boldsymbol{Y}_{1:k})} \tag{3-84}$$

归一化权重:

$$w_k^{(i)} = \widetilde{w}_k{}^{(i)} / \sum_{i=1}^{N} \widetilde{w}_k^{(i)} \tag{3-85}$$

③ 重采样步骤:从离散分布的 $\{X_k^{(i)}, w_k(X_k^{(i)})\}(i=1,2,\cdots,N)$ 中进行 N 次重采样,得到一组新的粒子 $\{X_k^{(i*)}, 1/N\}$,仍为 $p(X_k | X_{0:k})$ 的近似表示。由于经过重采样后,有可能粒子的多样性会减少,为解决这个问题,用 MCMC 方法对粒子进行崎岖化。

④ 输出:按照最小方差准则,最优估计就是条件分布的均值:

$$\hat{X}_k = \sum_{i=1}^{N} w_k^i X_k^i \tag{3-86}$$

$$P_k = \sum_{i=1}^{N} w_k^i (X_k^i - \hat{X}_k)(X_k^i - \hat{X}_k)^{\mathrm{T}} \tag{3-87}$$

参 考 文 献

[1] Julier S J,Uhlmann J K. New Extension of the KalmanFilter to Nonlinear Systems[A]. Proceedins of AeroSense 1997[C]. International Society for Optics and Photonics, 1997: 182-193.

[2] Uhlmann J, Julier S, Durrant-Whyte H F. A New Method for the Non-linear Transformation of Means and Covariances in Filters and Estimations[J]. IEEE Transactions on Automatic Control, 2000, 45: 477-82.

[3] Arasaratnam I, Haykin S. Cubature KalmanFilters[J]. IEEE Transactions on Automatic Control, 2009, 54(6): 1254-1269.

[4] Arasaratnam I, Haykin S, Hurd T R. Cubature KalmanFiltering for Continuous-discrete Systems: Theory and Simulations [J]. IEEE Transactions on Signal Processing, 2010, 58(10): 4977-4993.

[5] Julier S J,Uhlmann J K,Unscented Filtering and Nonlinear Estimation[A]. Proceedings of The IEEE, 2004, 92(3):401-422.

[6] Wan E A,Ronell V D M.The Unscented Kalman Filter for Nonlinear Estimation[A]. Proceedings of the IEEE Symposium on Adaptive Systems for Signal Processing, Communications, and Control,Lake Louise, Alberta, Canada, 2000: 152-158.

[7] Julier S J. Uhlmann J K. Reduced Sigma Point Filters for the Propagation of Means and Covariances Through Nonlinear Transformations[A]. Proceedings of the American Control Conference Anchorage, AK, 2002: 887-892.

[8] Merwe R,Wan E.The Square-root Unscented Kalman Filter for State and Parameter- estimation [A].Proceedings of the IEEE Conference on Acoustics,Speech,and Signal Processing,Salt Lake City,USA, 2001, 1: 3461-3464.

[9] 张瑜,房建成. 基于 Unscented 卡尔曼滤波器的卫星自主天文导航研究[J]. 宇航学报, 2003, 24(6): 646-650.

[10] NØrgaard M, Poulsen N K,Ravn O, Newdevelopments in state estimation for nonlinear systems [J].Automatica, 2000,36(11):1627-1638.

[11] Ito K,Xiong K Q.Gaussian filters for nonlinearfiltering problems[J]. IEEE Transaction on AutomaticControl, 2000, 45(5):910-927.

[12] Michael A H. Sequential Importance Sampling Algorithms for Dynamic Stochastic Programming [R]. DempsterCentre for Financial Research, Judge Institute of Management Studies, University of Cambridge, Cambridge, England and Cambridge Systems Associates Limited, 2006.

[13] Merwe R, Doucet A, Freitas N, et al. The unscented particlefilter[R]. Technical Report CUED/F-INFENG/TR 380, CambridgeUniversity Engineering Department, 2000.

[14] Pitt M, Shephard N. Filtering via simulation: Auxiliary particle filters[J]. Journal of American Statistics Association, 1999,94(446): 590-599.

[15] MiodragBolic, Petar. MiodragBolic, Petar. New Resamping Algorithms for particle filters[A]. 2003 IEEE International Conference on Acoustics, Speech, and Signal Processing(ICASSP03), 6-10 April, 2003, 2: 589-592.

[16] Chopin N. Central Limit Theorem for Sequential Monte CarloMethods and Its Application to Bayesian Inference [J].The Annals of Statistics, Annals of Statistics,2004, 32(6): 2385-2411.

[17] Ning Xiaolin,Fang Jiancheng. Autonomous Celestial Orbit Determination Using Bayesian Bootstrap Filtering and EKF [A]. Fifth International Symposium on Instrumentation and Control Technology,2003: 216-222.

[18] Arulampalam S M,Simon Maskell,Neil Gordon,et al. A Tutorial on Particle Filter for Online Nonlinear/Non-Gaussian Bayesian Tracking[J]. IEEE Transaction on Signal Processing, 2002, 50(2):1-15.

[19] Paul Fearnhead. Sequential Monte Carlo methods in filter theory[D]. PhD thesis,University of Oxford, 1998.

[20] Merwe R V D, Doucet A,Freitas N D,et al. The unscented particle filter[A]. International Conference on Neural Information Processing Systems. MIT Press,2000:563-569.

第4章 导航系统中的卡尔曼滤波方法

本章分别以惯性导航(简称惯导)初始对准、卫星导航动态滤波和航天器测角天文导航为例,介绍卡尔曼滤波方法在惯性导航、卫星导航和天文导航系统中的应用。

4.1 卡尔曼滤波在惯性导航初始对准中的应用

初始对准技术是当前惯性技术研究的热点问题,是惯性导航系统(INS)与组合导航系统的关键技术之一。捷联式惯性导航系统(Strapdown Inertial Navigation System,SINS)的初始对准就是确定载体的初始位置、速度和姿态信息[1-3]。其中,高精度初始姿态信息的获取最为困难。SINS 初始对准的要求为对准精度和时间。初始对准精度直接影响惯导系统的测量精度[4,5],对准速度直接影响作业效率。

本章首先介绍初始对准的基本概念及发展现状,之后分别给出惯导系统初始对准中的粗对准方法和精对准方法。粗对准方面,介绍了经典的解析粗对准方法,抗扰动的粗对准方法、最优双位置解析粗对准方法和一种任意双位置解析粗对准方法;精对准方面,介绍了基于卡尔曼滤波的精对准方法,并给出了适用于大方位失准角的基于 DD2 和信息自适应的初始对准方法。

4.1.1 初始对准的原理及分类

4.1.1.1 初始对准的原理

惯导系统是一种递推积分式导航系统,通过惯性敏感器件实时测量载体的转动角速度和运动加速度,之后在前一时刻位置、速度、姿态和角速度信息的基础上通过积分累加计算得到实时的位置、速度和姿态信息。因此,需要给定积分初始条件,如初始速度、初始位置和初始姿态等[6]。在以地理坐标系为导航坐标系的惯导系统中,捷联式惯导系统中的数学平台为测量加速度的基准,需要准确地跟踪地理坐标系从而避免由数学平台误差引起的加速度测量误差。在惯导系统启动后,正式进入捷联式惯导工作状态前必须将数学平台的指向对准,这个过程即为惯导系统的初始对准[7]。

捷联式惯导系统中,由于系统根据实时计算更新的姿态矩阵 $\boldsymbol{C}_{\mathrm{b}}^{\mathrm{n}}$(载体坐标系和地理坐标系之间的方向余弦矩阵)跟踪平台从而进行导航参数解算,因此捷联式惯导系统的初始对准就是确定姿态矩阵的初始值。高精度的位置和速度信息一般可由卫星导航系统实时提供,而姿态信息需要通过惯性测量单元的测量数据计算获得姿态信息,即确定方向余弦矩阵或者是四元数的初值[8,9]。

4.1.1.2　初始对准的分类

实现初始对准的方法有静基座(载体静止不动)的自主式对准和动基座上的传递对准等。按照不同的分类方式,初始对准方法大致可分为以下几类[11]。

(1) 按照对准的阶段分类,惯导系统的初始对准一般可分为粗对准和精对准两个阶段[13]。第一阶段的粗对准是对惯导平台进行水平和方位粗调,要求尽快地将惯导平台对准在一定的精度范围内,为后续精对准提供基础,所以要求速度快,精度可稍低一些。对于静基座条件下的捷联式惯导系统,通常采用解析粗对准方法。第二阶段的精对准是在粗对准的基础上,依据外界导航信息对粗对准的结果进一步地修正得到精度更高的初始姿态,与此同时估计出惯性测量单元的测量误差,并进行反馈校正从而提高姿态角的对准精度。精对准的过程就是由 t′ 系自动趋近 t 系的过程,捷联式惯导系统精对准主要采用卡尔曼滤波器对准法[14]。

(2) 按照对准轴系分类,当取地理坐标系作为导航坐标系时,初始对准可分为水平对准和方位对准。在平台惯导系统中,物理平台通常先进行水平对准,然后进行方位对准。捷联式惯导系统中的数学平台,一般情况下水平对准和方位对准同时进行。

(3) 按照对准时载体的运动状态,初始对准可分为静基座初始对准和动基座初始对准。静基座初始对准方法是惯导系统最常用的对准方法,在对准阶段,载体需要保持静态或准静态,避免受外部扰动影响。但装备于空中或者海上运载体的惯导设备在对准时不能保持绝对静止状态,需要在动态情况下完成对准获取初始姿态,即动基座对准,动基座对准常采用传递对准等方法。

(4) 按照对准时是否采用外部导航信息分类,可分为自主式对准和非自主式对准[12]。自主式对准是指只依靠惯导系统敏感的重力向量和地球自转角速率,获取空间中不共线的两个向量,通过双向量定姿原理解析计算获得初始姿态信息。自主式对准方法不需要外界信息,具有较强的自主性和隐蔽性,但对惯导系统的测量精度要求较高。

非自主式对准方法则需要外界辅助导航设备提供的导航信息,如在粗对准阶段可通过机电或光学方法将外部参考坐标系引入系统,也可引入主惯导系统的航向姿态等信息,迅速将数学平台对准导航坐标系,减小初始失准角。在精对阶段,使用外界导航信息通过卡尔曼滤波器估计对准误差,并将其反馈至导航系统中进行校正从而提高初始信息精度。非自主式对准的精度易受辅助导航设备的影响。相比之下,自主式对准方法则保密性和抗干扰性更强。

4.1.2 初始对准的发展与研究现状

4.1.2.1 粗对准方法

传统位置姿态系统(POS)的初始环境为静止或微幅晃动的环境,可采用传统解析式的方法进行粗对准。在准静态情况下,系统通过惯性测量单元测量的信息获取两个空间不共线向量,然后采用双向量定姿的原理确定载体坐标系至导航坐标系的姿态转移矩阵 $\boldsymbol{C}_{\mathrm{b}}^{\mathrm{n}}$。在进行粗对准时,当地纬度是已知的,因此重力加速度和地球自转角速度在导航坐标系上的投影也是已知的。粗对准的原理就是利用它们在导航坐标系上的投影与加速度计和陀螺仪测量值之间的转换关系,对姿态矩阵的元素进行解算。

除了通常情况下的静基座初始对准,还有一种准静态的对准方式,该方式的主要思想是通过对惯导进行航向角转动,从而大大提升惯导的可观测度,有利于误差参数估计[6],这就为实行比纯静基座初始对准更高精度的对准提供了理论上可能,虽然需要较长的对准时间[6]。文献[15]的最优双位置快速精确对准使 SINS 初始对准的精度和速度都得到提高。文献[6]和[16]分析了三位置对准的可观测度。分析结果表明,在航向变化的双位置对准后,变化横滚角或俯仰角都可以进一步提高对准精度。以上所述的最优多位置对准需要转动确定的角度才能获得最佳对准精度,但实际应用中,往往无法提供精确的转位机构。文献[17]提出一种 SINS 的任意双位置初始对准方法,该方法对于对准的位置变化条件和精度要求有所降低,但对准精度有限。

4.1.2.2 精对准方法的发展与现状

精对准是在粗对准的基础上,以速度或位置等信息作为观测量,采用状态估计器估计粗对准的误差,进而精确的确定初始姿态;相较于粗对准方法,基于滤波估计的方法耗时更长,但精度更高,通常用于对 SINS 快速静基座对准之后的修正。本节从误差模型和滤波估计方法两部分来介绍精对准方法的发展与现状。

1. 系统误差模型的发展与现状

系统误差方程建模方法主要有两种:一种称为 $\boldsymbol{\Phi}$ 角法;另一种称为 $\boldsymbol{\Psi}$ 角法。Bar-Itzhack 证明了这两种误差模型在本质上是相同的[18]。

静基座方面,Bar-Itzhack 提出了一种静基座下惯性导航系统的误差模型[19]。

对于圆锥运动带来的捷联解算误差[20-24],Miller 提出了新的捷联姿态算法,该算法将等效旋转向量更新和四元数姿态更新分开处理,该算法改善了系统的性能[25]。Bar-Itzhack 和 Berman[19]提出了一种较为理想的静基座条件下的惯导误差模型,并且指出可以采用一种线性变换,在初始对准和标定阶段就将 INS 误差模型的状态向量转换为速率状态向量。Goshen-Meskin 和 Bar-Itzhack 提出了推导惯导系统误差模型的统一方法[18]。Jiang 利用该误差模型分析了惯导的可观测性,并推导出用于地面静基座对准的估计算法[26]。文献[27]提出一种快速静基座初始对准方法,直接用快速收敛的水平失准角估计结果来估计方位失准角,一定程度上提高了静基座初始对准速度,但精度较差使得该方法在实际应用中具有局限性。文献[28]的方法,提高了对准的精度。文献[29]推导出一种新的 SINS 静基座初始对准误差模型,应用于 Sage-Husa 自适应卡尔曼滤波,提高了对准速度和精度。

动基座方面,由于空中对准时的系统大失准角非线性的特点,在非线性建模方面,Scherzinger 采用四状态描述平台失准角,建立了大失准角下的误差模型[30,31]。Dmitriyev 提出一种适用于大方位失准角情况下的平台惯导系统非线性误差方程[32]。Yu 采用等效旋转向量和四元数误差描述系统失准角,适用于 3 个角度均为大失准角的情况[33,34]。

2. 滤波估计方法的发展与现状

滤波估计方法中最常用的是卡尔曼滤波。卡尔曼滤波的相关理论和应用的研究自 20 世纪 60 年代起就已经开始,历经众多研究人员的不断修正和补充,目前已经形成成熟的理论和应用体系。卡尔曼滤波最早提出时用来描述随机线性系统,要求系统量测噪声和系统噪声均为白噪声,这一条件限制了卡尔曼滤波的推广应用[35,36]。为了突破这一限制,Dmitriyev、Stepanov 等提出了非线性滤波方法。然而,当 SINS 的初始航向失准角较大时,会引起系统的非线性,EKF 虽然可以处理 SINS 初始对准的非线性问题,但是当系统非线性较强时,如空中大失准角对准,EKF 的线性化过程将带来很大误差。UKF 在处理任意非线性系统时,通过计算非线性系统后验期望与方差,能够达到非线性系统二阶泰勒级数的精度。因此,在 SINS 航向失准角较大时,采用 UKF 可以有效提高 SINS 初始对准的精度[37-40]。

采用滤波器进行 SINS 初始对准时,由于采用的数学模型和噪差模型不准确,容易造成滤波器发散。为克服这一问题,文献[41]采用自适应卡尔曼滤波或对滤波器估计误差验前协方差矩阵进行加权处理,增强量测信息的修正作用,有效抑制了滤波器的发散。此外,将 H_∞ 滤波应用于 SINS 初始对准,尤其对经常受到不确定性干扰影响的情况,效果明显[42]。

由于卡尔曼滤波器的运算时间与系统阶次的三次方成正比,因此当系统的阶次较高时,卡尔曼滤波失去实时性。由于神经网络具有较好的函数逼近性能,利用神经网络技术,以多个观测值为输入样本,通过神经网络的学习,使输出逼近系统所需的状态估计,然后利用系统反馈控制,系统补偿初始对准误差,可以有效实现惯导系统的快速对准。Hecht 利用神经网络实现了惯导系统的初始对准[43],仿真结果表明其对准精度与卡尔曼滤波精度相当,但实时性大大优于卡尔曼滤波器。之后,很多学者开展了神经网络在 SINS 初始对准中的应用研究,文献[44-46]分别研究了 BP 神经网络、RBF 神经网络和小波神经网络在 SINS 初始对准中的应用,一定程度上提高了 SINS 初始对准的实时性。

KF、EKF 以及 UKF 等滤波方法都要求系统的噪声为高斯白噪声,由于实际 SINS 的系统噪声为非高斯噪声,因此会导致 SINS 初始对准精度下降。文献[47]将适用于非高斯系统的粒子滤波(PF)应用于 SINS 初始对准,解决了 SINS 系统非高斯噪声引起的精度下降问题。文献[48]研究了基于非线性粒子滤波(UPF)的 SINS 非线性对准方法,UPF 不仅解决了系统噪声非高斯的问题,还解决了大航向失准角引起系统非线性的问题。但是,PF 和 UPF 的计算量很大,通常用于卫星的姿态确定,或星载惯性测量单元的误差在线标定,对于机载、舰载或车载 SINS 的对准中应用较少。

非线性模型预测滤波(Model Predictive Filter, MPF)是近年来出现的一种新型滤波,这种滤波方法能够在线估计出任何形式的未知模型误差,并且能克服模型误差和系统噪声假设为高斯白噪声的局限,与非线性粒子滤波相比,它又具有计算量小,实时性好等优点[49]。文献[50]研究了 MPF 在 SINS 非线性空中对准中的应用,并将 MPF 与 EKF 相结合,解决了 MPF 无法估计出陀螺漂移误差的问题,显著提高航向失准角的对准精度。

综上,有多种状态估计方法可应用于 SINS 初始对准,要根据 SINS 的精度、初始条件、载体运动状态、环境干扰、SINS 数据更新率等多方面因素综合进行选择。

4.1.3 静基座解析粗对准方法

对准精度和时间是初始对准的两项重要技术指标,对准精度影响系统测量精度,对准时间标志着快速反应能力,因此要求初始对准精度高、时间短。对于捷联式惯性测量系统来说,初始对准目的就是确定载体坐标系和地理坐标系之间的方向余弦矩阵 $\boldsymbol{C}_{\mathrm{n}}^{\mathrm{b}}$,或者四元数参数。常用的静基座解析粗对准算法[56,57]包括:①利用惯性器件输出的直接计算法;②利用 $\boldsymbol{g}$ 、$\boldsymbol{\omega}_{\mathrm{ie}}$ 和构造的 $\boldsymbol{g}\times\boldsymbol{\omega}_{\mathrm{ie}}$ 计算姿态矩阵;③利用 $\boldsymbol{g}$ 、构造的 $\boldsymbol{g}\times\boldsymbol{\omega}_{\mathrm{ie}}$ 和构造的 $(\boldsymbol{g}\times\boldsymbol{\omega}_{\mathrm{ie}})\times\boldsymbol{g}$ 计算姿态矩阵,其中后两种算法通称为正交向量法。

1. 直接计算法

设地理纬度 L 已知,导航坐标系采用东北天坐标系,安装在载体上的加速度计和陀螺仪测量出比力分量 $\boldsymbol{g}^{\mathrm{b}}$ 和地球自转角速率分量 $\boldsymbol{\omega}_{\mathrm{ie}}^{\mathrm{b}}$,这些分量在指定的当地地理坐标系中与重力 $\boldsymbol{g}^{\mathrm{n}}$ 和地球自转角速率 $\boldsymbol{\omega}_{\mathrm{ie}}^{\mathrm{n}}$ 有关:

$$\boldsymbol{g}^{\mathrm{n}} = \boldsymbol{C}_{\mathrm{b}}^{\mathrm{n}}\boldsymbol{g}^{\mathrm{b}} = \begin{bmatrix} c_{11} & c_{12} & c_{13} \\ c_{21} & c_{22} & c_{23} \\ c_{31} & c_{32} & c_{33} \end{bmatrix}\begin{bmatrix} 0 \\ 0 \\ g \end{bmatrix} \tag{4-1}$$

$$\boldsymbol{\omega}_{\mathrm{ie}}^{\mathrm{n}} = \boldsymbol{C}_{\mathrm{b}}^{\mathrm{n}}\boldsymbol{\omega}_{\mathrm{ie}}^{\mathrm{b}} = \begin{bmatrix} c_{11} & c_{12} & c_{13} \\ c_{21} & c_{22} & c_{23} \\ c_{31} & c_{32} & c_{33} \end{bmatrix}\begin{bmatrix} 0 \\ \Omega\cos(L) \\ \Omega\sin(L) \end{bmatrix} \tag{4-2}$$

式中：Ω 和 L 分别为地球自转角速率和当地纬度。

载体初始姿态方向余弦矩阵各元素的估计值为

$$\begin{bmatrix} c_{11} & c_{12} & c_{13} \\ c_{21} & c_{22} & c_{23} \\ c_{31} & c_{32} & c_{33} \end{bmatrix} = \begin{bmatrix} c_{11} & \dfrac{\omega_x^{\mathrm{b}}}{\Omega\cos(L)} - \dfrac{g_x^{\mathrm{b}}}{g}\tan(L) & \dfrac{g_x^{\mathrm{b}}}{g} \\ c_{21} & \dfrac{\omega_y^{\mathrm{b}}}{\Omega\cos(L)} - \dfrac{g_y^{\mathrm{b}}}{g}\tan(L) & \dfrac{g_y^{\mathrm{b}}}{g} \\ c_{31} & \dfrac{\omega_z^{\mathrm{b}}}{\Omega\cos(L)} - \dfrac{g_z^{b}}{g}\tan(L) & \dfrac{g_z^{\mathrm{b}}}{g} \end{bmatrix} \tag{4-3}$$

方向余弦矩阵剩下元素可以利用方向余弦矩阵的正交性确定，即

$$\begin{bmatrix} c_{11} \\ c_{21} \\ c_{31} \end{bmatrix} = \begin{bmatrix} c_{22}c_{33} - c_{23}c_{32} \\ c_{13}c_{32} - c_{12}c_{33} \\ c_{12}c_{23} - c_{13}c_{22} \end{bmatrix} \tag{4-4}$$

2. 正交向量法

在静基座情况下，通过惯导系统测量的信息可提取出两个空间不共线向量，然后采用双向量定姿的原理确定载体坐标系至导航坐标系的姿态转移矩阵 $\boldsymbol{C}_{\mathrm{b}}^{\mathrm{n}}$。大部分惯导系统都选用东北天参考坐标系，不共线向量可通过惯导系统的输出数据求得。

方向余弦矩阵 $\boldsymbol{C}_{\mathrm{b}}^{\mathrm{n}}$ 中包含 9 个未知元素，为了求解全部 9 个元素，需要构造 9 个方程，意味着需要 3 个三维向量，因此取载体坐标系中任意不共线的向量 $[\boldsymbol{d}_1^{\mathrm{b}} \quad \boldsymbol{d}_2^{\mathrm{b}} \quad \boldsymbol{d}_3^{\mathrm{b}}]$ 通过捷联矩阵 $\boldsymbol{C}_{\mathrm{b}}^{\mathrm{n}}$ 变换到导航坐标系中有

$$[\boldsymbol{d}_1^{\mathrm{n}} \quad \boldsymbol{d}_2^{\mathrm{n}} \quad \boldsymbol{d}_3^{\mathrm{n}}] = \boldsymbol{C}_{\mathrm{b}}^{\mathrm{n}}[\boldsymbol{d}_1^{\mathrm{b}} \quad \boldsymbol{d}_2^{\mathrm{b}} \quad \boldsymbol{d}_3^{\mathrm{b}}] \tag{4-5}$$

则有

$$\boldsymbol{C}_{\mathrm{b}}^{\mathrm{n}} = [\boldsymbol{d}_1^{n} \quad \boldsymbol{d}_2^{\mathrm{n}} \quad \boldsymbol{d}_3^{\mathrm{n}}]\,[\boldsymbol{d}_1^{\mathrm{b}} \quad \boldsymbol{d}_2^{\mathrm{b}} \quad \boldsymbol{d}_3^{\mathrm{b}}]^{-1} \tag{4-6}$$

因为方向余弦-矩阵是正交矩阵，故 $\boldsymbol{C}_{\mathrm{b}}^{\mathrm{n}}$ 可以写为

$$\boldsymbol{C}_{\mathrm{b}}^{\mathrm{n}} = \begin{bmatrix} (\boldsymbol{d}_1^{\mathrm{n}})^{\mathrm{T}} \\ (\boldsymbol{d}_2^{\mathrm{n}})^{\mathrm{T}} \\ (\boldsymbol{d}_3^{\mathrm{n}})^{\mathrm{T}} \end{bmatrix}^{-1}\begin{bmatrix} (\boldsymbol{d}_1^{\mathrm{b}})^{\mathrm{T}} \\ (\boldsymbol{d}_2^{\mathrm{b}})^{\mathrm{T}} \\ (\boldsymbol{d}_3^{\mathrm{b}})^{\mathrm{T}} \end{bmatrix} \tag{4-7}$$

因为重力加速度和地球自转加速度为已知量,它们的叉乘也是已知量,因此正交向量可表示为

$$C_{\mathrm{b}}^{\mathrm{n}}=\begin{bmatrix}(\boldsymbol{g}^{\mathrm{n}})^{\mathrm{T}}\\(\boldsymbol{g}^{\mathrm{n}}\times\boldsymbol{\omega}_{\mathrm{ie}}^{\mathrm{n}})^{\mathrm{T}}\\[(\boldsymbol{g}^{\mathrm{n}}\times\boldsymbol{\omega}_{\mathrm{ie}}^{\mathrm{n}})\times\boldsymbol{g}^{\mathrm{n}}]^{\mathrm{T}}\end{bmatrix}^{-1}\begin{bmatrix}(\boldsymbol{g}^{\mathrm{b}})^{\mathrm{T}}\\(\boldsymbol{g}^{\mathrm{b}}\times\boldsymbol{\omega}_{\mathrm{ie}}^{\mathrm{b}})^{\mathrm{T}}\\((\boldsymbol{g}^{\mathrm{b}}\times\boldsymbol{\omega}_{\mathrm{ie}}^{\mathrm{b}})\times\boldsymbol{g}^{\mathrm{b}})^{\mathrm{T}}\end{bmatrix} \tag{4-8}$$

或者

$$C_{\mathrm{b}}^{\mathrm{n}}=\begin{bmatrix}(\boldsymbol{g}^{\mathrm{n}})^{\mathrm{T}}\\(\boldsymbol{\omega}_{\mathrm{ie}}^{\mathrm{n}})^{\mathrm{T}}\\(\boldsymbol{g}^{\mathrm{n}}\times\boldsymbol{\omega}_{\mathrm{ie}}^{\mathrm{n}})^{\mathrm{T}}\end{bmatrix}^{-1}\begin{bmatrix}(\boldsymbol{g}^{b})^{\mathrm{T}}\\(\boldsymbol{\omega}_{\mathrm{ie}}^{\mathrm{b}})^{\mathrm{T}}\\(\boldsymbol{g}^{\mathrm{b}}\times\boldsymbol{\omega}_{\mathrm{ie}}^{\mathrm{b}})^{\mathrm{T}}\end{bmatrix} \tag{4-9}$$

为了减小惯性器件噪声对粗对准精度的影响,文献[59]将小波去噪应用于SINS的粗对准。但工程上通常取一段时间输出均值,然后进行粗对准即可满足精度要求。$C_{\mathrm{n}}^{\mathrm{b}}$的元素都是载体方位角$\varphi$、俯仰角$\theta$和横滚角$\gamma$的函数,因此可根据方向余弦矩阵$C_{\mathrm{n}}^{\mathrm{b}}$计算载体初始姿态角:

$$\theta=\arcsin(c_{23})=\arcsin\left(\frac{g_y^{\mathrm{b}}}{g}\right) \tag{4-10}$$

$$\gamma=\arctan\left(-\frac{c_{13}}{c_{33}}\right)=\arctan\left(-\frac{g_x^{\mathrm{b}}}{g_z^{\mathrm{b}}}\right) \tag{4-11}$$

$$\varphi=\arcsin(-\frac{c_{21}}{c_{22}})=\arctan(\frac{c_{12}c_{33}-c_{13}c_{32}}{c_{22}})=\arctan\left(\frac{g_z^{\mathrm{b}}\omega_x^{\mathrm{b}}-g_x^{\mathrm{b}}\omega_z^{\mathrm{b}}}{g\omega_y^{\mathrm{b}}-g_y^{\mathrm{b}}\Omega\sin(L)}\right) \tag{4-12}$$

式中:横滚角γ和方位角φ存在多值问题,可通过判断γ角和φ角真值,以确定载体在哪个象限。

4.1.4 抗扰动解析粗对准方法

在解决扰动基座对准问题上,众多研究学者引入了惯性凝固坐标系的思想,通过加速度计测量两个不同时间点上的重力加速度在惯性空间中的投影来确定北向。姿态转移矩阵$C_{\mathrm{b}}^{\mathrm{n}}$可分解为[60,61]

$$C_{\mathrm{b}}^{\mathrm{n}}(t)=C_{\mathrm{i}_0}^{\mathrm{n}}(t)C_{\mathrm{i}_{\mathrm{b}_0}}^{\mathrm{i}_0}C_{\mathrm{b}}^{\mathrm{i}_{\mathrm{b}_0}}(t) \tag{4-13}$$

式中,$C_{\mathrm{i}_0}^{\mathrm{n}}(t)$可进一步的分解为以下几个部分:

$$C_{\mathrm{i}_0}^{\mathrm{n}}(t)=C_{\mathrm{e}}^{\mathrm{n}}(t)C_{\mathrm{n}_0}^{\mathrm{e}}(t)C_{\mathrm{e}_0}^{\mathrm{n}_0}(t)C_{\mathrm{i}_0}^{\mathrm{e}_0}(t) \tag{4-14}$$

假设对准开始时刻t_0载体所在经、纬度为λ_0、L_0,地球自转角速度ω_{ie}已知,式(4-14)等号的右边各部分根据坐标系定义可分别表示为

$$\boldsymbol{C}_{\mathrm{e}}^{\mathrm{n}}(t)=\begin{bmatrix}-\sin\lambda_t & \cos\lambda_t & 0\\ -\sin L_t\cos\lambda_t & -\sin L_t\sin\lambda_t & \cos L_t\\ \cos L_t\cos\lambda_t & \cos L_t\sin\lambda_t & \sin L_t\end{bmatrix} \tag{4-15}$$

$$\boldsymbol{C}_{\mathrm{n}_0}^{e}(t)=\begin{bmatrix}-\sin\lambda_0 & \cos\lambda_0 & 0\\ -\sin L_0\cos\lambda_0 & -\sin L_0\sin\lambda_0 & \cos L_0\\ \cos L_0\cos\lambda_0 & \cos L_0\sin\lambda_0 & \sin L_0\end{bmatrix} \tag{4-16}$$

$$\boldsymbol{C}_{\mathrm{e}_0}^{\mathrm{n}_0}(t)=\begin{bmatrix}0 & 1 & 0\\ -\sin L_0 & 0 & \cos L_0\\ \cos L_0 & 0 & \sin L_0\end{bmatrix} \tag{4-17}$$

$$\boldsymbol{C}_{\mathrm{i}_0}^{\mathrm{e}_0}(t)=\begin{bmatrix}\cos\omega_{\mathrm{ie}}t & \sin\omega_{\mathrm{ie}}t & 0\\ -\sin\omega_{\mathrm{ie}}t & \cos\omega_{\mathrm{ie}}t & 0\\ 0 & 0 & 1\end{bmatrix} \tag{4-18}$$

式中：λ_t、L_t 分别为 t 时刻惯导系统的经度和纬度，所以有

$$\boldsymbol{C}_{\mathrm{i}_0}^{\mathrm{n}}(t)=\begin{bmatrix}-\sin(\Delta\lambda_t+\omega_{\mathrm{ie}}t) & \cos(\Delta\lambda_t+\omega_{\mathrm{ie}}t) & 0\\ -\sin L_t\cos(\Delta\lambda_t+\omega_{\mathrm{ie}}t) & -\sin L_t\sin(\Delta\lambda_t+\omega_{\mathrm{ie}}t) & \cos L_t\\ \cos L_t\cos(\Delta\lambda_t+\omega_{\mathrm{ie}}t) & \cos L_t\sin(\Delta\lambda_t+\omega_{\mathrm{ie}}t) & \sin L_t\end{bmatrix} \tag{4-19}$$

式中：$\Delta\lambda_t$ 为 t 时刻相对初始时刻的经度变化量。

由于 i_{b_0} 系相对惯性空间不变，$\boldsymbol{C}_{\mathrm{b}}^{\mathrm{i}_{\mathrm{b}_0}}(t)$ 为载体系到初始载体系的转移矩阵，基于 IMU 的测量数据可对其进行实时姿态更新，具体的微分方程为 $\dot{\boldsymbol{C}}_{\mathrm{b}}^{\mathrm{i}_{\mathrm{b}_0}}(t)=\boldsymbol{C}_{\mathrm{b}}^{\mathrm{i}_{\mathrm{b}_0}}(t)(\boldsymbol{\omega}_{\mathrm{ib}}^{\mathrm{b}}(t)\times)$，并且初始时刻 $\boldsymbol{C}_{\mathrm{b}}^{\mathrm{i}_{\mathrm{b}_0}}(t_0)=\boldsymbol{I}$。

由以上分析可知，基于已知信息 $\boldsymbol{C}_{\mathrm{i}_0}^{\mathrm{n}}(t)$ 和 $\boldsymbol{C}_{\mathrm{b}}^{\mathrm{i}_{\mathrm{b}_0}}(t)$ 都可计算得到，故姿态转移矩阵 $\boldsymbol{C}_{\mathrm{b}}^{\mathrm{n}}(t)$ 的求取的关键在于矩阵 $\boldsymbol{C}_{\mathrm{i}_{\mathrm{b}_0}}^{\mathrm{i}_0}$ 的求解。$\boldsymbol{C}_{\mathrm{i}_{\mathrm{b}_0}}^{\mathrm{i}_0}$ 是初始载体惯性坐标系到惯性坐标系的姿态转移矩阵，根据定义矩阵 $\boldsymbol{C}_{\mathrm{i}_{\mathrm{b}_0}}^{\mathrm{i}_0}$ 为一个常数矩阵。在两个不同时间点获取两个不同向量，由于向量是在这两个惯性空间内得到的，故获得的向量为不共线向量，通过双向量定姿原理计算获得常数矩阵 $\boldsymbol{C}_{\mathrm{i}_{\mathrm{b}_0}}^{\mathrm{i}_0}$ [62,63]。由于地球自转，加速度计测量的在两个不同时间点上的重力加速度在惯性空间中的投影是不共线的，通过上述原理计算得出 $\boldsymbol{C}_{\mathrm{i}_{\mathrm{b}_0}}^{\mathrm{i}_0}$ [64]。

由惯导系统比力方程可得

$$\dot{v}^{\mathrm{n}}(t)+[\boldsymbol{\omega}_{\mathrm{in}}^{\mathrm{n}}(t)+\boldsymbol{\omega}_{\mathrm{ie}}^{\mathrm{n}}(t)]\times v^{\mathrm{n}}(t)-f^{n}(t)=g^{\mathrm{n}} \tag{4-20}$$

由 $v^{\mathrm{n}}(t)=\boldsymbol{C}_{\mathrm{b}}^{\mathrm{n}}(t)v^{\mathrm{b}}(t)$ 两边求导，可得

$$\dot{v}^{\mathrm{n}}(t)=\boldsymbol{C}_{\mathrm{b}}^{\mathrm{n}}(t)[\dot{v}^{\mathrm{b}}(t)+\boldsymbol{\omega}_{\mathrm{nb}}^{\mathrm{b}}(t)\times v^{\mathrm{b}}(t)] \tag{4-21}$$

将式(4-21)代入式(4-20),可得

$$\boldsymbol{C}_{\mathrm{b}}^{\mathrm{n}}(t)[\dot{v}^{\mathrm{b}}(t)+\boldsymbol{\omega}_{\mathrm{nb}}^{\mathrm{b}}(t)\times v^{\mathrm{b}}(t)]+\boldsymbol{C}_{\mathrm{b}}^{\mathrm{n}}(t)\{[\boldsymbol{\omega}_{\mathrm{in}}^{\mathrm{b}}(t)+\boldsymbol{\omega}_{\mathrm{ie}}^{\mathrm{b}}(t)]\times v^{\mathrm{b}}(t)\}-\boldsymbol{C}_{\mathrm{b}}^{\mathrm{n}}(t)f^{\mathrm{b}}(t)=g^{\mathrm{n}} \tag{4-22}$$

进一步化简为

$$\boldsymbol{C}_{\mathrm{b}}^{\mathrm{n}}(t)\{\dot{v}^{\mathrm{b}}(t)+[\boldsymbol{\omega}_{\mathrm{ib}}^{\mathrm{b}}(t)+\boldsymbol{\omega}_{\mathrm{ie}}^{\mathrm{b}}(t)]\times v^{\mathrm{b}}(t)-f^{\mathrm{b}}(t)\}=g^{\mathrm{n}} \tag{4-23}$$

式(4-23)两边同时乘 $\boldsymbol{C}_{\mathrm{n}}^{\mathrm{i_{b_0}}}(t)=\boldsymbol{C}_{\mathrm{b}}^{\mathrm{i_{b_0}}}(t)\cdot\boldsymbol{C}_{\mathrm{n}}^{\mathrm{b}}(t)$,可得

$$\boldsymbol{C}_{\mathrm{b}}^{\mathrm{i_{b_0}}}(t)\{\dot{v}^{\mathrm{b}}(t)+[\boldsymbol{\omega}_{\mathrm{ib}}^{\mathrm{b}}(t)+\boldsymbol{\omega}_{\mathrm{ie}}^{\mathrm{b}}(t)]\times v^{\mathrm{b}}(t)-f^{\mathrm{b}}(t)\}=\boldsymbol{C}_{\mathrm{i_0}}^{\mathrm{i_{b_0}}}(t)\boldsymbol{C}_{\mathrm{n}}^{\mathrm{i_0}}(t)g^{\mathrm{n}} \tag{4-24}$$

由于 $\boldsymbol{C}_{\mathrm{n}}^{\mathrm{b}}(t)$ 未知,无法计算地球自转角速率在载体坐标系下的分量,故省略。在对准过程中,载体不会产生较大的线性位移,故求解 $\boldsymbol{C}_{\mathrm{i_0}}^{\mathrm{n}}(t)$ 用初始经纬度代替。因此简化后的公式(4-24)可表示为

$$\boldsymbol{C}_{\mathrm{b}}^{\mathrm{i_{b_0}}}(t)\{\dot{v}^{\mathrm{b}}(t)+\boldsymbol{\omega}_{\mathrm{ib}}^{\mathrm{b}}(t)\times v^{\mathrm{b}}(t)-f^{\mathrm{b}}(t)\}\approx\boldsymbol{C}_{\mathrm{i_0}}^{\mathrm{i_{b_0}}}(t)\boldsymbol{C}_{\mathrm{n}}^{\mathrm{i_0}}(t)g^{\mathrm{n}} \tag{4-25}$$

将式(4-25)做积分处理,可得

$$v^{\mathrm{i_{b_0}}}(t)\approx\boldsymbol{C}_{\mathrm{b}}^{\mathrm{i_{b_0}}}u^{\mathrm{i_0}}(t) \tag{4-26}$$

式中,

$$v^{\mathrm{i_{b_0}}}(t)=\int_{t_0}^{t}\boldsymbol{C}_{\mathrm{b}}^{\mathrm{i_{b_0}}}(t)\{\dot{v}^{\mathrm{b}}(t)+\boldsymbol{\omega}_{\mathrm{ib}}^{\mathrm{b}}(t)\times v^{\mathrm{b}}(t)-f^{\mathrm{b}}(t)\}\mathrm{d}t \tag{4-27}$$

$$u^{\mathrm{i_0}}(t)=\int_{t_0}^{t}\boldsymbol{C}_{\mathrm{n}}^{\mathrm{i_0}}(t)g^{n}\mathrm{d}t \tag{4-28}$$

在静基座或者是摇晃基座的情况下,导航系统不发生位移,$\dot{v}^{\mathrm{b}}(t)+w_{\mathrm{ib}}^{\mathrm{b}}(t)\times v^{\mathrm{b}}(t)=0$,取对准中两个时刻 $t_0<t_1<t_2<t_d$,其中 t_0 为粗对准开始时刻,t_d 为粗对准结束时刻,有 $v^{\mathrm{i_{b_0}}}(t_1)\approx\boldsymbol{C}_{\mathrm{i_0}}^{\mathrm{i_{b_0}}}u^{\mathrm{i_0}}(t_1)$,$v^{\mathrm{i_{b_0}}}(t_2)\approx\boldsymbol{C}_{\mathrm{i_0}}^{\mathrm{i_{b_0}}}u^{\mathrm{i_0}}(t_2)$。利用矩阵构造法可求得常值矩阵:

$$\boldsymbol{C}_{\mathrm{i_0}}^{\mathrm{i_{b_0}}}=\begin{bmatrix}[v^{\mathrm{i_{b_0}}}(t_1)]^{\mathrm{T}}\\ [v^{\mathrm{i_{b_0}}}(t_1)\times v^{\mathrm{i_{b_0}}}(t_2)]^{\mathrm{T}}\\ [v^{\mathrm{i_{b_0}}}(t_1)\times v^{\mathrm{i_{b_0}}}(t_2)\times v^{\mathrm{i_{b_0}}}(t_1)]^{\mathrm{T}}\end{bmatrix}^{-1}\begin{bmatrix}[u^{\mathrm{i_0}}(t_1)]^{\mathrm{T}}\\ [u^{\mathrm{i_0}}(t_1)\times u^{\mathrm{i_0}}(t_2)]^{\mathrm{T}}\\ [u^{\mathrm{i_0}}(t_1)\times u^{\mathrm{i_0}}(t_2)\times u^{\mathrm{i_0}}(t_1)]^{\mathrm{T}}\end{bmatrix} \tag{4-29}$$

将 $\boldsymbol{C}_{\mathrm{i_0}}^{\mathrm{n}}$、$\boldsymbol{C}_{\mathrm{b}}^{\mathrm{i_{b_0}}}(t)$ 和 $\boldsymbol{C}_{\mathrm{i_{b_0}}}^{\mathrm{i_0}}$ 代入式(4-13)即可计算出粗对准确定的姿态阵。

4.1.5 最优双位置解析初始对准方法

从捷联式惯导系统的误差模型和可观测性矩阵可知系统是不完全可观测系

统。为了完成对准,需要增加量测信息。由于姿态或传感器误差的测量难以得到,故可通过载体坐标系与导航坐标系之间坐标变换矩阵的变化代替更多的传感器。在静基座上,有两种坐标变换矩阵变化的方法:一种是改变载体的姿态;另一种是转动惯导系统。

通过改变惯性仪表的位置或等效地转动载体能巧妙地变化捷联式惯导系统误差模型中的系统矩阵,因而双位置或多位置对准技术可以提高 SINS 的可观测度,进而有效地消除陀螺仪漂移和加速度计偏置的影响,提高初始对准的精度[67-72]。

选取东北天坐标系为导航坐标系,用下标 n 表示。载体坐标系为右前上,用下标 b 表示。导航坐标系与地理坐标系之间的转换关系用 $\boldsymbol{C}_{\mathrm{n}}^{\mathrm{b}}$ 表示,则惯导系统的输出可表示为

$$\begin{bmatrix} f_x^{\mathrm{b}} \\ f_y^{\mathrm{b}} \\ f_z^{\mathrm{b}} \end{bmatrix} = \boldsymbol{C}_{\mathrm{b}}^{\mathrm{n}} \cdot \begin{bmatrix} f_x^{\mathrm{n}} \\ f_y^{\mathrm{n}} \\ f_z^{\mathrm{n}} \end{bmatrix} + \begin{bmatrix} \nabla_x \\ \nabla_y \\ \nabla_z \end{bmatrix} = \begin{bmatrix} -\sin\theta\cos\gamma \cdot g \\ \sin\theta \cdot g \\ \cos\theta\cos\gamma \cdot g \end{bmatrix} + \begin{bmatrix} \nabla_x \\ \nabla_y \\ \nabla_z \end{bmatrix} \tag{4-30}$$

$$\begin{aligned} \begin{bmatrix} \omega_x^{\mathrm{b}} \\ \omega_y^{\mathrm{b}} \\ \omega_z^{\mathrm{b}} \end{bmatrix} &= \boldsymbol{C}_{\mathrm{b}}^{\mathrm{n}} \cdot \begin{bmatrix} \omega_x^{\mathrm{n}} \\ \omega_y^{\mathrm{n}} \\ \omega_z^{\mathrm{n}} \end{bmatrix} + \begin{bmatrix} \varepsilon_x \\ \varepsilon_y \\ \varepsilon_z \end{bmatrix} \\ &= \begin{bmatrix} \omega_{\mathrm{ie}}\cos L\sin\varphi\cos\gamma + \omega_{\mathrm{ie}}\cos L\sin\theta\cos\varphi\sin\gamma - \omega_{\mathrm{ie}}\sin L\cos\theta\sin\gamma \\ \omega_{\mathrm{ie}}\cos L\cos\varphi\cos\theta + \omega_{\mathrm{ie}}\sin L\sin\theta \\ \omega_{\mathrm{ie}}\cos L\sin\varphi\sin\gamma - \omega_{\mathrm{ie}}\cos L\sin\theta\cos\varphi\cos\gamma + \omega_{\mathrm{ie}}\sin L\cos\theta\cos\gamma \end{bmatrix} + \begin{bmatrix} \varepsilon_x \\ \varepsilon_y \\ \varepsilon_z \end{bmatrix} \end{aligned} \tag{4-31}$$

式中:ω_x^{b}、ω_y^{b} 和 ω_z^{b} 为捷联式惯导输出的角速度;ω_{ie} 为地球自转角速度,ω_x^{n}、ω_y^{n} 和 ω_z^{n} 为地球自转角速度在东北天地理坐标系 3 个轴的投影;L 表示纬度;φ、θ 和 γ 为航向角、俯仰角和横滚角;f_x^{b}、f_y^{b} 和 f_z^{b} 为捷联式惯导输出的比力;g 为重力加速度;f_x^{n}、f_y^{n} 和 f_z^{n} 为重力加速度在东北天地理坐标系 3 个轴的投影;ε_x、ε_y 和 ε_z 为陀螺常值漂移,∇_x、∇_y 和 ∇_z 为加速度计常值偏置。

捷联式惯导处于初始位置时,其陀螺仪输出和加速度计输出可以分解为

$$\omega_{x1}^{\mathrm{b}} = \omega_{\mathrm{ie}}\cos L(\sin\varphi_1\cos\gamma_1 + \sin\theta_1\cos\varphi_1\sin\gamma_1) - \omega_{\mathrm{ie}}\sin L\cos\theta_1\sin\gamma_1 + \varepsilon_x \tag{4-32}$$

$$\omega_{y1}^{\mathrm{b}} = \omega_{\mathrm{ie}}\cos L\cos\varphi_1\cos\theta_1 + \omega_{\mathrm{ie}}\sin L\sin\theta_1 + \varepsilon_y \tag{4-33}$$

$$\omega_{z1}^{\mathrm{b}} = \omega_{\mathrm{ie}}\cos L(\sin\varphi_1\sin\gamma_1 - \sin\theta_1\cos\varphi_1\cos\gamma_1) + \omega_{\mathrm{ie}}\sin L\cos\theta_1\cos\gamma_1 + \varepsilon_z \tag{4-34}$$

$$f_{x1}^{\mathrm{b}} = -\sin\theta_1\cos\gamma_1 \cdot g + \nabla_x \tag{4-35}$$

$$f_{y1}^{\mathrm{b}} = \sin\theta_1 \cdot g + \nabla_y \tag{4-36}$$

$$f_{z1}^{b} = \cos\theta_1\cos\gamma_1 \cdot g + \nabla_z \tag{4-37}$$

利用转位机构使捷联式惯导系统绕 z_b 轴旋转 180°,此时陀螺仪和加速度计输出可以分解为

$$\omega_{x2}^{b} = \omega_{ie}\cos L(-\sin\varphi_1\cos\gamma_1 - \sin\theta_1\cos\varphi_1\sin\gamma_1) + \omega_{ie}\sin L\cos\theta_1\sin\gamma_1 + \varepsilon_x \tag{4-38}$$

$$\omega_{y2}^{b} = -\omega_{ie}\cos L\cos\varphi_1\cos\theta_1 - \omega_{ie}\sin L\sin\theta_1 + \varepsilon_y \tag{4-39}$$

$$\omega_{z2}^{b} = \omega_{ie}\cos L(\sin\varphi_1\sin\gamma_1 - \sin\theta_1\cos\varphi_1\cos\gamma_1) + \omega_{ie}\sin L\cos\theta_1\cos\gamma_1 + \varepsilon_z \tag{4-40}$$

$$f_{x2}^{b} = \sin\theta_1\cos\gamma_1 \cdot g + \nabla_x \tag{4-41}$$

$$f_{y2}^{b} = -\sin\theta_1 \cdot g + \nabla_y \tag{4-42}$$

$$f_{z2}^{b} = \cos\theta_1\cos\gamma_1 \cdot g + \nabla_z \tag{4-43}$$

由式(4-32)~式(4-43)可以求出初始航向角:

$$\varphi_1 = \arctan\left(\frac{A_1}{A_2}\right) \tag{4-44}$$

式中:$A_2 = (\omega_{x1}^{b} - \omega_{x2}^{b})/2 - A_1\sin\theta_1\tan\gamma_1 + \omega_{ie}\cos\theta_1\tan\gamma_1$,$\theta_1 = \arcsin[(f_{y2}^{b} - f_{y1}^{b})/2g]$,$A_1 = (\omega_{y1}^{b} - \omega_{y2}^{b})/2\cos\theta_1 - \omega_{ie}\sin L \cdot \tan\theta_1$,$\gamma_1 = \arccos[(f_{x2}^{b} - f_{x1}^{b})/(2g \cdot \cos\theta_1)]$。求解出捷联式惯导系统的初始姿态角 φ 、θ 和 γ 之后,即可确定系统的初始方向余弦矩阵 $\boldsymbol{C}_{b}^{n}(0)$,也就完成了初始自对准。而双位置对准还可以标定陀螺的常值漂移和加速度计零偏,由式(4-32)~式(4-43),可得

$$\varepsilon_x = (\omega_{x1}^{b} + \omega_{x2}^{b})/2 \tag{4-45}$$

$$\varepsilon_y = (\omega_{y1}^{b} + \omega_{y2}^{b})/2 \tag{4-46}$$

$$\nabla_x = (f_{x1}^{b} + f_{x2}^{b})/2 \tag{4-47}$$

$$\nabla_y = (f_{y1}^{b} + f_{y2}^{b})/2 \tag{4-48}$$

$$\varepsilon_z = \omega_{bx1} - [\omega_{ie}\cos L(\sin\gamma\sin\varphi - \cos\gamma\sin\theta\cos\varphi) + \omega_{ie}\sin L\cos\gamma\cos\theta] \tag{4-49}$$

$$\nabla_z = f_{z1}^{b} - \cos\gamma\cos\theta \cdot g \tag{4-50}$$

基于转位机构的快速双位置对准方法标定出了惯性器件的常值误差,提高了初始对准的精度。但该方法需要专门的转位机构,增加了系统的复杂性。而且在很多实际情况下由于体积和质量的限制,无法采用专门的转位机构,这使得该方法应用受到很大限制[73,74]。

4.1.6 任意双位置现场解析测漂及迭代对准

相对陀螺仪,目前加速度计精度较高,可达到 $1\times10^{-5}g$ 水平,在某些应用中可忽略加计测量误差及其引起的水平姿态角误差。根据载体方位角计算式(4-12),

通过求偏微分方程可得东向、北向陀螺误差 $d\omega_x^b$ 、$d\omega_y^b$ 以及天向陀螺误差 $d\omega_z^b$ 对捷联式惯性测量系统静基座方位对准误差的影响,方位角误差可表示为

$$
\begin{aligned}
d\varphi &= \frac{\partial\varphi}{\partial\omega_x^b}\cdot d\omega_x^b + \frac{\partial\varphi}{\partial\omega_y^b}\cdot d\omega_y^b + \frac{\partial\varphi}{\partial\omega_z^b}\cdot d\omega_z^b \\
&= \frac{g_z^b(\omega_y^b - g_y^b\Omega\sin(L))d\omega_x^b - (g_z^b\omega_x^b - g_x^b\omega_z^b)d\omega_y^b}{(\omega_y^b - g_y^b\Omega\sin(L))^2 + (g_z^b\omega_x^b - g_x^b\omega_z^b)^2} \\
&\quad - \frac{g_x^b(\omega_y^b - g_y^b\Omega\sin(L))d\omega_z^b}{(\omega_y^b - g_y^b\Omega\sin(L))^2 + (g_z^b\omega_x^b - g_x^b\omega_z^b)^2}
\end{aligned} \tag{4-51}
$$

从式(4-51)中可知,捷联式惯性测量系统方位角误差不仅与东向陀螺误差 $d\omega_x^b$ 有关,同时也受北向陀螺误差 $d\omega_y^b$ 和天向陀螺误差 $d\omega_z^b$ 影响。当初始水平姿态较小时,即 $g_x^b \approx 0, g_y^b \approx 0$,方位角误差主要由东向陀螺零偏 $d\omega_x^b$ 及北向陀螺误差 $d\omega_y^b$ 决定:

$$
d\varphi = \frac{\omega_y^b d\omega_x^b - \omega_x^b d\omega_y^b}{(\omega_y^b)^2 + (\omega_x^b)^2} \tag{4-52}
$$

由式(4-52)所知,北向陀螺输出与东向陀螺误差乘积与东向陀螺输出与北向陀螺误差乘积之差 $\omega_y^b d\omega_x^b - \omega_x^b d\omega_y^b$ 是导致方位角误差的主要因素,当北向陀螺敏感角速率较大时,东向陀螺误差引起方位角误差所占比例较大;反之,当东向陀螺敏感角速率较大时,北向陀螺误差引起方位角误差所占比例较大。考虑随机干扰的影响,陀螺漂移误差通常认为是随机常量和一阶马尔可夫过程的组合,本书论述的双位置测漂对准方法,对逐次起动漂移随机常量的补偿非常有效,而对于一阶马尔可夫过程项的补偿效果并不明显。但在初始对准的短时间内陀螺的两个漂移量中,马尔可夫过程项比逐次起动随机常量小得多。因此,上述对准法仍能够起到很好的测漂效果。

利用静基座粗对准所求的初始姿态角 θ 、γ 和 φ 可以建立捷联惯性测量系统方向余弦矩阵:

$$
\boldsymbol{C}_n^b = \begin{bmatrix} \cos(\gamma)\cos(\varphi) - \sin(\gamma)\sin(\theta)\sin(\varphi) & \cos(\gamma)\sin(\varphi) + \sin(\gamma)\sin(\theta)\cos(\varphi) & -\sin(\gamma)\cos(\theta) \\ -\cos(\theta)\sin(\varphi) & \cos(\theta)\cos(\varphi) & \sin(\theta) \\ \sin(\gamma)\cos(\varphi) + \cos(\gamma)\sin(\theta)\sin(\varphi) & \sin(\gamma)\sin(\varphi) - \cos(\gamma)\sin(\theta)\cos(\varphi) & \cos(\gamma)\cos(\theta) \end{bmatrix} \tag{4-53}
$$

由捷联算法求得的地球自转角速率在载体坐标系分量为

$$
\omega_{ie}^b = \boldsymbol{C}_n^b \omega_{ie}^n
$$

$$
\begin{bmatrix} \omega_{iex}^n \\ \omega_{iey}^n \\ \omega_{iez}^n \end{bmatrix} = \boldsymbol{C}_n^b \begin{bmatrix} \omega_{iex}^n \\ \omega_{iey}^n \\ \omega_{iez}^n \end{bmatrix} = \begin{bmatrix} (\cos(\gamma)\sin(\varphi) + \sin(\gamma)\sin(\theta)\cos(\varphi))\Omega\cos(L) - \sin(\gamma)\cos(\theta)\Omega\sin(L) \\ \cos(\theta)\cos(\varphi)\Omega\cos(L) + \sin(\theta)\Omega\sin(L) \\ (\sin(\gamma)\sin(\varphi) - \cos(\gamma)\sin(\theta)\cos(\varphi))\Omega\cos(L) + \cos(\gamma)\cos(\theta)\Omega\sin(L) \end{bmatrix} \tag{4-54}
$$

忽略水平姿态角误差,根据式(4-54)可求得方位误差角引起的地球自转角速率在载体坐标系各轴向分量误差:

$$\mathrm{d}\omega_{\mathrm{iex}}^{\mathrm{b}} = \frac{\partial \omega_{\mathrm{iex}}^{\mathrm{b}}}{\partial \varphi}\mathrm{d}\varphi = (\cos(\gamma)\cos(\varphi) - \sin(\gamma)\sin(\theta)\sin(\varphi))\Omega\cos(L)\mathrm{d}\varphi \tag{4-55}$$

$$\mathrm{d}\omega_{\mathrm{iey}}^{\mathrm{b}} = \frac{\partial \omega_{\mathrm{iey}}^{\mathrm{b}}}{\partial \varphi}\mathrm{d}\varphi = -\cos(\theta)\sin(\varphi)\Omega\cos(L)\mathrm{d}\varphi \tag{4-56}$$

$$\mathrm{d}\omega_{\mathrm{iez}}^{\mathrm{b}} = \frac{\partial \omega_{\mathrm{iez}}^{\mathrm{b}}}{\partial \varphi}\mathrm{d}\varphi = (\sin(\gamma)\cos(\varphi) + \cos(\gamma)\sin(\theta)\sin(\varphi))\Omega\cos(L)\mathrm{d}\varphi \tag{4-57}$$

载体的姿态可用载体坐标系相对导航坐标系的 3 次转动角确定,即航向角 φ,俯仰角 θ 和横滚角 γ。由于载体的姿态是不断改变的,因此姿态矩阵 $\boldsymbol{C}_{\mathrm{n}}^{\mathrm{b}}$ 是时间的函数。当用四元数方法确定姿态矩阵时,要解四元数运动学方程(用方向余弦方法时,要解一个方向余弦矩阵微分方程):

$$\dot{\Lambda} = \frac{1}{2}\Lambda\omega_{\mathrm{nb}}^{\mathrm{b}} \tag{4-58}$$

式中:$\omega_{\mathrm{nb}}^{\mathrm{b}}$ 为姿态矩阵的速率,它与其他速率的关系:

$$\omega_{\mathrm{nb}}^{\mathrm{b}} = \omega_{\mathrm{ib}}^{\mathrm{b}} - \boldsymbol{C}_{\mathrm{n}}^{\mathrm{b}}(\omega_{\mathrm{ie}}^{\mathrm{n}} + \omega_{\mathrm{en}}^{\mathrm{n}}) \tag{4-59}$$

式中:$\omega_{\mathrm{ie}}^{\mathrm{n}} = [0 \quad \Omega\cos(L) \quad \Omega\sin(L)]$ 为地球角速率在地理坐标系分量,是已知量;$\omega_{\mathrm{en}}^{\mathrm{n}}$ 为位移角速率,它可以根据相对速度求得,由于静基座对准过程中捷联式惯性测量系统无相对运动,因此角速率为零,可忽略,则

$$\begin{aligned}\omega_{\mathrm{nbx}}^{\mathrm{b}} &= (\bar{\omega}_{\mathrm{ibx}}^{\mathrm{b}} + \mathrm{d}\omega_{x}^{\mathrm{b}}) - (\bar{\omega}_{\mathrm{iex}}^{\mathrm{b}} + \mathrm{d}\omega_{\mathrm{iex}}^{\mathrm{b}}) = \mathrm{d}\omega_{x}^{\mathrm{b}} - \mathrm{d}\omega_{\mathrm{iex}}^{\mathrm{b}} \\ &= \mathrm{d}\omega_{x}^{\mathrm{b}} - (\cos(\gamma)\cos(\varphi) - \sin(\gamma)\sin(\theta)\sin(\varphi))\Omega\cos(L)\mathrm{d}\varphi\end{aligned} \tag{4-60}$$

$$\begin{aligned}\omega_{\mathrm{nby}}^{\mathrm{b}} &= (\bar{\omega}_{\mathrm{iby}}^{\mathrm{b}} + \mathrm{d}\omega_{y}^{\mathrm{b}}) - (\bar{\omega}_{\mathrm{iey}}^{\mathrm{b}} + \mathrm{d}\omega_{\mathrm{iey}}^{\mathrm{b}}) = \mathrm{d}\omega_{y}^{\mathrm{b}} - \mathrm{d}\omega_{\mathrm{iey}}^{\mathrm{b}} \\ &= \mathrm{d}\omega_{y}^{\mathrm{b}} + \cos(\theta)\sin(\varphi)\Omega\cos(L)\mathrm{d}\varphi\end{aligned} \tag{4-61}$$

$$\begin{aligned}\omega_{\mathrm{nbz}}^{\mathrm{b}} &= (\bar{\omega}_{\mathrm{ibz}}^{\mathrm{b}} + \mathrm{d}\omega_{z}^{\mathrm{b}}) - (\bar{\omega}_{\mathrm{iey}}^{\mathrm{b}} + \mathrm{d}\omega_{\mathrm{iez}}^{\mathrm{b}}) = \mathrm{d}\omega_{z}^{\mathrm{b}} - \mathrm{d}\omega_{\mathrm{iez}}^{\mathrm{b}} \\ &= \mathrm{d}\omega_{z}^{\mathrm{b}} - (\sin(\gamma)\cos(\varphi) + \cos(\gamma)\sin(\theta)\sin(\varphi))\Omega\cos(L)\mathrm{d}\varphi\end{aligned} \tag{4-62}$$

将式(4-61)代入式(4-60),可得

$$\mathrm{d}\omega_{x}^{\mathrm{b}} + \left(\frac{\cos(\gamma)}{\cos(\theta)}\cot(\varphi) - \sin(\gamma)\tan(\theta)\right)(\mathrm{d}\omega_{y}^{\mathrm{b}} - \omega_{\mathrm{nby}}^{\mathrm{b}}) = \omega_{\mathrm{nbx}}^{\mathrm{b}} \tag{4-63}$$

将式(4-61)代入式(4-56)中,可得

$$\mathrm{d}\omega_{z}^{\mathrm{b}} + \left(\frac{\sin(\gamma)}{\cos(\theta)}\cot(\varphi) + \cos(\gamma)\tan(\theta)\right)(\mathrm{d}\omega_{y}^{\mathrm{b}} - \omega_{\mathrm{nby}}^{\mathrm{b}}) = \omega_{\mathrm{nbz}}^{\mathrm{b}} \tag{4-64}$$

式中:$\mathrm{d}\omega_{x}^{\mathrm{b}}$、$\mathrm{d}\omega_{y}^{\mathrm{b}}$ 和 $\mathrm{d}\omega_{z}^{\mathrm{b}}$ 为待求的未知量;γ、θ 及 φ 分别为初始横滚、俯仰及方位姿态角。由于加计零偏重复性好,由加计求得的水平姿态精度较高,作为捷联式惯

性测量单元真实姿态角,即为已知量;初始方位姿态角 φ 不仅与加计输出精度有关,主要受三轴向陀螺仪误差影响,尤其是东向和北向陀螺输出。因此粗对准方位姿态角与真实方位姿态角 φ 有一定误差,但对于微分误差方程,可将粗对准方位姿态角作为方程的初始角。当方位失准角较大时,可采用迭代方法逐步精化其真实值。ω_{nbx}^{b}、ω_{nby}^{b} 和 ω_{nbz}^{b} 分别代表姿态矩阵速率误差,可通过一次捷联姿态解算获得,即为已知量。

式(4-63)和式(4-64)为二元一次方程,为了求解未知量,即三轴向陀螺逐次起动随机常值,则必须通过两个位置信息求解。假设第一个位置捷联式惯性测量系统俯仰和横滚角分别为 θ_1 和 γ_1,方位角为 φ_1,三轴向姿态矩阵速率误差分别为 ω_{nbx}^{b1}、ω_{nby}^{b1} 和 ω_{nbz}^{b1};设第二个位置捷联惯性测量系统俯仰和横滚角分别为 θ_2 和 γ_2,方位角为 φ_2,三轴向姿态矩阵速率误差分别为 ω_{nbx}^{b2}、ω_{nby}^{b2} 和 ω_{nbz}^{b2}。根据式(4-54)可列出东向和北向陀螺测漂方程:

$$\omega_{nbx}^{b1} = d\omega_x^b + \left(\frac{\cos(\gamma_1)}{\cos(\theta_1)}\cot(\varphi_1) - \sin(\gamma_1)\tan(\theta_1)\right)(d\omega_y^b - \omega_{nby}^{b1}) \quad (4-65)$$

$$\omega_{nbx}^{b2} = d\omega_x^b + \left(\frac{\cos(\gamma_2)}{\cos(\theta_2)}\cot(\varphi_2) - \sin(\gamma_2)\tan(\theta_2)\right)(d\omega_y^b - \omega_{nby}^{b2}) \quad (4-66)$$

令 $A = \frac{\cos(\gamma_1)}{\cos(\theta_1)}\cot(\varphi_1) - \sin(\gamma_1)\tan(\theta_1)$,$B = \frac{\cos(\gamma_2)}{\cos(\theta_2)}\cot(\varphi_2) - \sin(\gamma_2)\tan(\theta_2)$,将式(4-65)和式(4-66)做差,并进行等式变换可求得北向陀螺和东向陀螺误差:

$$d\omega_y^b = \frac{1}{(A-B)}(\omega_{nbx}^{b1} - \omega_{nbx}^{b2} + A\omega_{nby}^{b1} - B\omega_{nby}^{b2}) \quad (4-67)$$

$$d\omega_x^b = \frac{AB}{B-A}\left(\omega_{nby}^{b1} - \omega_{nby}^{b2} + \frac{1}{A}\omega_{nbx}^{b1} - \frac{1}{B}\omega_{nbx}^{b2}\right) \quad (4-68)$$

根据式(4-64)可列出天向和北向陀螺测漂方程:

$$\omega_{nbz}^{b1} = d\omega_z^b + \left(\frac{\sin(\gamma_1)}{\cos(\theta_1)}\cot(\varphi_1) + \cos(\gamma_1)\tan(\theta_1)\right)(d\omega_y^b - \omega_{nby}^{b1}) \quad (4-69)$$

$$\omega_{nbz}^{b2} = d\omega_z^b + \left(\frac{\sin(\gamma_2)}{\cos(\theta_2)}\cot(\varphi_2) + \cos(\gamma_2)\tan(\theta_2)\right)(d\omega_y^b - \omega_{nby}^{b2}) \quad (4-70)$$

令 $C = \frac{\sin(\gamma_1)}{\cos(\theta_1)}\cot(\varphi_1) + \cos(\gamma_1)\tan(\theta_1)$,$D = \frac{\sin(\gamma_2)}{\cos(\theta_2)}\cot(\varphi_2) + \cos(\gamma_2)\tan(\theta_2)$,将式(4-69)和式(4-70)做差,并进行等式变换可求得天向陀螺误差:

$$d\omega_z^b = \frac{CD}{D-C}\left(\omega_{nby}^{b1} - \omega_{nby}^{b2} + \frac{1}{C}\omega_{nbz}^{b1} - \frac{1}{D}\omega_{nbz}^{b2}\right) \quad (4-71)$$

利用任意双位置静基座初始对准方法，可以现场分别标定出东向陀误差、北向陀螺误差和天向陀螺误差 $d\omega_x^b$、$d\omega_y^b$ 和 $d\omega_z^b$，通过实时补偿提高陀螺测量精度。

该双位置静基座解析测漂及初始对准方法不需有旋转机构，对双位置无任何绝对要求，但为了提高计算精度，尽量保证两位置方位角之差接近90°。另外，为了减少由于粗对准方位角误差引起的二次陀螺测漂误差，当方位失准角较大时，采用迭代方法逐步精化其真实值。

4.1.7 惯性导航系统精对准方法

精对准是在粗对准的基础上进行的，通过处理惯性敏感元件的输出信息，精确校正真实导航坐标系与计算的导航坐标系之间的失准角，使之趋于零，从而得到精确的姿态矩阵。在捷联式惯导系统的粗对准阶段，可以通过引入主惯导系统的航向姿态信息，通过传递对准，迅速地将数学平台对准导航坐标系，减小初始失准角。在精对准阶段，可以通过组合导航的方法，利用其他导航设备（如GPS、计程仪等）提供的信息（如速度和位置）作为观测信息，通过卡尔曼滤波实现精确对准。

为消除捷联式惯导系统中干扰运动所引起的误差，并尽量解决对准精度和对准时间的矛盾，往往使用卡尔曼滤波器进行滤波，主要的工作是建立合理的仪表误差及干扰运动的统计数学模型。本节介绍的是利用等效水平加速度计输出和东向陀螺输出这两种信息作为卡尔曼滤波量测量的SINS静基座快速初始对准方法，通过滤波实现水平和方位的同时精对准。

选取东北天坐标系为导航坐标系，建立SINS静基座初始对准的状态方程为

$$\dot{\boldsymbol{X}}(t)=\boldsymbol{F}(t)\boldsymbol{X}(t)+\boldsymbol{G}(t)\boldsymbol{W}(t) \tag{4-72}$$

式中：$\boldsymbol{X}(t)$ 为静基座对准时SINS的状态向量；$\boldsymbol{F}(t)$ 为系统转移矩阵；$\boldsymbol{W}(t)$ 为系统噪声向量；$\boldsymbol{G}(t)$ 为系统噪声扰动矩阵。

系统状态向量包括：

$$\boldsymbol{X}(t)=[\delta V_x \quad \delta V_y \quad \varphi_x \quad \varphi_y \quad \varphi_z \quad \nabla_x \quad \nabla_y \quad \boldsymbol{\varepsilon}_x \quad \boldsymbol{\varepsilon}_y \quad \boldsymbol{\varepsilon}_z]^{\mathrm{T}} \tag{4-73}$$

在上述系统状态向量中，δV_x 和 δV_y 分别为东向和北向速度误差，φ_x、φ_y 和 φ_z 为3个平台误差角，$\boldsymbol{\varepsilon}_x$、$\boldsymbol{\varepsilon}_y$ 和 $\boldsymbol{\varepsilon}_z$ 为3个陀螺常值漂移，∇_x 和 ∇_y 为两个水平加速度计常值偏置。

系统的噪声向量包括：

$$\boldsymbol{W}(t)=[w_{\varepsilon x} \quad w_{\varepsilon y} \quad w_{\varepsilon z} \quad w_{\nabla x} \quad w_{\nabla y} \quad w_{\nabla z}]^{\mathrm{T}} \tag{4-74}$$

在上述系统噪声向量中，$w_{\varepsilon x}$、$w_{\varepsilon y}$ 和 $w_{\varepsilon z}$ 为3个陀螺的随机漂移误差，$w_{\nabla x}$、$w_{\nabla y}$ 和 $w_{\nabla z}$ 为3个加速度计的随机偏置误差。

惯导系统中的有关矩阵分别为

$$\boldsymbol{F}(t)=\begin{bmatrix} F_{\mathrm{SINS}} & \boldsymbol{I}_{5\times5} \\ \boldsymbol{0}_{5\times5} & \boldsymbol{0}_{5\times5} \end{bmatrix} \tag{4-75}$$

$$\boldsymbol{G}(t)=\begin{bmatrix}\boldsymbol{T}_{2\times2} & \boldsymbol{0}_{2\times2}\\ \boldsymbol{0}_{3\times3} & \boldsymbol{C}_{\mathrm{b}}^{\mathrm{n}}\\ \boldsymbol{0}_{5\times2} & \boldsymbol{0}_{5\times3}\end{bmatrix} \tag{4-76}$$

$$\boldsymbol{F}_{\mathrm{SINS}}=\begin{bmatrix}0 & 2\Omega_{\mathrm{U}} & 0 & -g & 0\\ -2\Omega_{\mathrm{U}} & 0 & g & 0 & 0\\ 0 & 0 & 0 & \Omega_{\mathrm{U}} & \Omega_{\mathrm{N}}\\ 0 & 0 & -\Omega_{\mathrm{U}} & 0 & 0\\ 0 & 0 & \Omega_{\mathrm{N}} & 0 & 0\end{bmatrix} \tag{4-77}$$

式中:g 为重力加速度; Ω_{U} 和 Ω_{N} 为地球自转角速度 ω_{ie} 在天向轴和当地水平面上的投影分量; $\boldsymbol{C}_{\mathrm{b}}^{\mathrm{n}}$ 为 SINS 本体坐标系到东北天导航坐标的姿态转换矩阵; $\boldsymbol{T}_{2\times2}$ 为 $\boldsymbol{C}_{\mathrm{b}}^{\mathrm{n}}$ 矩阵的前两行和前两列元素组成的矩阵。

SINS 静基座初始对准的外部观测量选取为两个水平速度误差,则量测方程为

$$\boldsymbol{Z}(t)=\boldsymbol{H}(t)\boldsymbol{X}(t)+\boldsymbol{V}(t) \tag{4-78}$$

式中:$\boldsymbol{Z}(t)$为系统量测向量;$\boldsymbol{H}(t)$为量测矩阵;$\boldsymbol{V}(t)$为量测噪声向量,其表达式分别为

$$\boldsymbol{Z}(t)=[\delta\boldsymbol{V}_x \quad \delta\boldsymbol{V}_y]^{\mathrm{T}} \tag{4-79}$$

$$\boldsymbol{H}(t)=[\boldsymbol{I}_{2\times2} \quad \boldsymbol{0}_{2\times8}] \tag{4-80}$$

$$\boldsymbol{V}(t)=[\boldsymbol{v}_{\delta v_x} \quad \boldsymbol{v}_{\delta v_y}]^{\mathrm{T}} \tag{4-81}$$

4.2 卡尔曼滤波在卫星导航系统中的应用

卫星导航系统是能在地球表面或近地空间的任何地点为全球陆、海、空、天各类军民载体提供全天候、高精度的位置、速度和时间信息的空基无线电导航定位系统。其本质思想是将传统的无线电导航台放置于人造卫星上,采用多卫星、中高轨道、测距体制,通过多颗卫星同时测距,实现对载体的位置和速度等信息的高精度确定[107]。

目前,美国的全球定位系统(Global Positioning System,GPS)、中国的“北斗”卫星导航系统(BeiDou(Compass) Navigation Satellite System,BDS)、俄罗斯的“格洛纳斯”系统(GLONASS)和欧洲的“伽利略”(Galileo)系统是全球卫星导航系统国际委员会公布的四大卫星导航系统,这些卫星导航系统又统称为全球卫星导航系统(Global Navigation Satellite System,GNSS)[108]。除此以外,GNSS 的成员还包括日本的准天顶卫星系统(QZSS)和印度区域导航卫星系统(IRNSS)等所有已经建成或者还在开发中的卫星导航定位系统[109]。

全球四大卫星导航系统中最早出现的是美国的 GPS,也是现阶段技术最完善、

应用最广泛的全球精密导航卫星系统。GPS 由空间系统、地面控制系统和用户系统三大部分组成。其空间系统主要由 21 颗工作卫星和 3 颗备份卫星组成;这些卫星分布在 20200km 高的 6 个轨道平面上,轨道倾角为 55°,运行周期为 11h58min(恒星时 12h)[110]。在地球表面上任何地点、任何时刻,在高度角 15°以上,平均可同时观测到 6 颗卫星,最多时可达 9 颗卫星。地面控制系统负责卫星的轨道测量和运行控制。用户系统为各种用途的 GPS 接收机,通过接收卫星广播信号来获取接收机天线所在处的位置等信息,用户系统的数量可以是无限的。

BDS 是中国自行研制的区域有源三维卫星定位与通信系统,是继美国的 GPS 和俄罗斯的 GLONASS 之后,世界上第三个成熟的卫星导航系统。该系统分为“北斗”一代和“北斗”二代,系统由空间端、地面端和用户端 3 部分组成,可在全球范围内为各类用户提供全天候、全天时、高精度、高可靠的定位、导航和授时服务[109]。“北斗”一号卫星定位系统的英文简称为 BeiDou(BD),是我国“九五”列项的双星定位导航系统的工程代号。该系统有 2 颗工作卫星和 2 颗备用卫星,能够实现定位、通信和授时的基本功能。“北斗”二代导航卫星网是我国升级后的 GNSS,其英文为 Compass(指南针)。“北斗”二代导航卫星网共包括 5 颗静止轨道卫星和 30 颗非静止轨道卫星。其中,5 颗静止轨道卫星是距地高度为 36000km 的地球同步卫星,分别分布在赤道上空的 58.75°E、80°E、110.5°E、140°E、160°E;30 颗非静止轨道卫星由 27 颗中轨卫星和 3 颗倾斜同步卫星组成,27 颗中轨卫星分布在倾角为 55°的 3 个轨道平面上,每个面上有 9 颗卫星,轨道高度为 21500km[109]。

GLONASS 是苏联从 20 世纪 80 年代初为打破美国在卫星定位、导航和授时市场中的垄断地位,开始建设的与美国 GPS 相类似的卫星定位系统。GLONASS 的覆盖范围包括全部地球表面和近地空间,其也由空间卫星星座、地面监测控制站和用户设备三大部分组成。GLONASS 系统共包含 24 颗卫星,原理和方案均与 GPS 类似。不同之处是 GLONASS 的 24 颗卫星分布在 3 个轨道平面上,而且这 3 个轨道平面两两夹角为 120°,轨道倾角为 64.8°。卫星距离地面高度为 19100km,轨道周期约为 11h15min[110]。

Galileo 系统是由欧盟研制和建立的 GNSS,能够提供高精度、高可靠、覆盖全球的导航和定位服务。Galileo 系统采用的是一种中高度圆轨道卫星定位方案,共有 30 颗卫星,其中 27 颗为工作星,其余 3 颗为备份星。30 颗卫星部署在 3 个中高度圆轨道面上,轨道高度为 23616km,轨道倾角为 56°,卫星对地面覆盖良好[110]。截至 2016 年 12 月,Galileo 系统已经发射了 18 颗工作卫星,具备了早期操作能力,并计划在 2019 年具备完整的操作能力。计划于 2020 年完成全部 30 颗卫星(调整为 24 颗工作卫星,6 颗备份卫星)的发射。

由于 GNSS 具有全天时、全天候、高精度定位和测速等优点,目前已广泛应用于航空、航海、通信、人员跟踪、消费娱乐、测绘、授时、车辆监控管理和汽车导航与信息服务等方面,并朝着为实时应用提供高精度服务的方向发展,为人类带来了巨大的社会效益和经济效益。虽然 GNSS 的新应用不断涌现,接收机产品不断更新换代,但要进一步高效、经济地推广使用 GNSS,还有不少研究课题有待进行。例如,在 GNSS 定位数据中存在着影响定位精度的随机误差。针对这一问题,国内外学者在将最优估计方法应用于 GNSS 方面开展了不少的研究工作[111]。

4.2.1 卫星导航系统定位基本原理与定位误差

4.2.1.1 卫星导航系统的组成与功能

尽管 GPS、BDS、GLONASS 和 Galileo 系统对各自系统的构成有着些许不同的定义,各个系统也有各自的特点,但是基本上可以将任何一个 GNSS 视为由空间星座部分、地面监控部分和用户设备部分这 3 个独立的部分组成[106]。

1. 空间星座部分

空间星座部分是一个由多颗导航卫星组成的空间导航网。这些导航卫星常以地球中轨、静止地球或者倾斜地球同步轨道卫星的形式出现。空间卫星上除了有接收机和转发由地面监控部分发送信号的星载测控系统以外,还载有发射机、导航电文储存器、高频稳定频标等专用的导航系统。卫星的硬件设备主要有无线电收发装置、原子钟、计算机、太阳能板和推进系统等。空间星座的主要功能包括以下几种[112]。

(1) 接收和转发地面监控部分发送到跟踪测量导航卫星的电波信号,从而测定卫星空间运行轨道。

(2) 接收并存储由地面监控部分发来的导航信息,接收并执行地面监控部分的控制指令。

(3) 通过星载高精度原子钟产生基准信号并提供精密的时间标准。

(4) 向用户发送导航与定位信号,以测定用户的位置、速度等信息。

(5) 接收地面主控站通过注入站发送给卫星的调度命令,通过推进器调整卫星的姿态、启用备用时钟等。

2. 地面监控部分

地面监控部分负责整个卫星导航系统的平稳运行。地面监控部分一般由多个卫星跟踪监测站、主控站、计算与控制中心、信息注入站和时统中心等组成,用于跟踪、测量、计算以及预报卫星轨道,并对卫星及其设备的工作进行监视、控制和管理。地面监控部分的主要功能包括以下几种。

(1) 各监测站发射机连续观测并跟踪测量卫星,同时环境传感器收集当地有关的气象数据。

(2) 主控站收集由各监测站所测得的伪距和多普勒频率观测数据、气象参数、卫星时钟及工作状态的数据;对所收集数据进行处理,计算各卫星的星历、钟差修正、大气层修正等参数,并按一定格式编算导航电文,传送到注入站。

(3) 控制中心检测地面监控系统的工作情况,检查注入卫星的导航电文的正确性,监测卫星发送导航电文给用户等任务。

(4) 注入站在主控站的控制下将卫星星历、卫星时钟钟差等参数和控制指令注入导航电文给各导航卫星。

(5) 监视卫星发生故障与否,调度和控制卫星轨道的改变和修正,使之沿预定轨道运行等。

(6) 启用备用卫星、安排发射新卫星等。

3. 用户设备部分

用户只有通过用户设备部分,才能实现导航定位。用户设备部分就是接收机,它主要由天线单元和接收单元组成,主要功能包括以下几种。

(1) 接收导航卫星发射的信号,测定伪距、载波相位和多普勒频率观测值。

(2) 提取和解调导航电文中的卫星星历、轨道参数和卫星钟差参数。

(3) 处理和计算观测值、卫星轨道参数,解算出用户的位置、速度以及其他参数。

根据用户身份的不同,接收机可分为民用、商用和军用等类型。目前,民用接收机呈现出多频、多模的形式,其中多频接收机通常指接收和利用单个 GNSS 所播发的多个频点上的信号,而多模接收机是指接收和利用多个 GNSS 所播发的信号[106]。

GNSS 的运行原理:首先,空间星座部分的各颗 GNSS 卫星向地面发射导航信号;然后,地面监控部分接收、测量各个卫星的信号,以确定卫星的运行轨道信息,并将该信息上传给卫星,由卫星在其所发射的信号上转播这些卫星运行轨道信息;最后,用户设备部分接收、测量可见卫星的信号,以确定用户接收机自身的空间位置等信息[106]。

4.2.1.2 GPS 定位系统的坐标系及其转换

以 GPS 为例,介绍其定位系统所用的坐标系及坐标系之间的转换关系。

四大卫星导航定位系统采用的时空基准略有不同,具体如表 4-1 所列[113]。

表 4-1 四大卫星导航定位系统采用的时空基准

GNSS	时间系统	空间系统
GPS	UTC(US NO)	WGS-84
GLONASS	UTC(SU)	PE-90
Galileo	UTC/ATI	GTRF-ITRS96
COMPASS-2	UTC/China	CGCS-2000

其中,GPS 采用基于 World Geodetic System 1984 框架的 WGS-84 地心空间直角坐标系。该坐标系的几何定义为:原点位于地球质心;*Z* 轴指向国际时间服务机构(Bureau International de l'Heure,BIH)1984.0 定义的协议地球极(Conventional Terrestrial Pole,CTP)方向;*X* 轴指向 BIH 1984.0 的零子午面和 CTP 赤道的交点;*Y* 轴与 *Z*、*X* 轴构成右手坐标系。该坐标系也被称为 1984 年世界大地坐标系统[113]。

GLONASS 采用基于 Parameters of the Earth 1990 框架的 PE-90 大地坐标系,其几何定义为:原点位于地球质心;*Z* 轴指向国际地球自转服务(International Earth Rotation Service,IERS)推荐的 CTP 方向,即 1900—1905 年的平均北极;*X* 轴指向地球赤道与 BIH 定义的零子午线交点;*Y* 轴与 *Z*、*X* 轴构成右手坐标系。

Galileo 系统采用基于 Galileo 地球参考框架(GTRF)的 ITRF-96 大地坐标系,其几何定义为:原点位于地球质心;*Z* 轴指向 IERS 推荐的 CTP 方向;*X* 轴指向地球赤道与 BIH 定义的零子午线交点;*Y* 轴满足右手坐标系。

1. 地心直角坐标系和大地坐标系

地球坐标系也被称为大地坐标系,用于描述物体在地球上或在近地空间的位置。由于该坐标系随地球一起自转,也称为地固坐标系。地球坐标系有两种表示形式:空间直角坐标系和大地坐标系。

空间直角坐标系又称为地心直角坐标系,如图 4-1 所示。该坐标系的定义为:原点 *O* 为地球质心;*Z* 轴指向地球北极;*X* 轴指向格林尼治子午面与地球赤道的交点;*Y* 轴垂直于 *XOZ* 平面,并与 *X* 轴和 *Y* 轴构成右手坐标系。

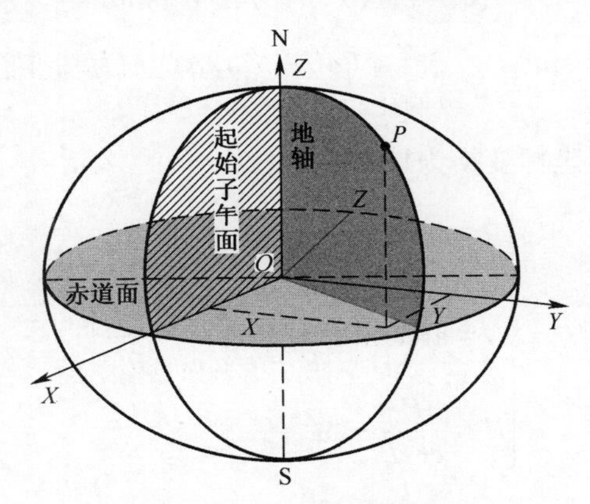

图 4-1　地心直角坐标系

大地坐标系的定义为:地球基准椭球的中心与地球质心重合,椭球短轴与地球自转轴重合。如图 4-2 所示,地球上任意点的大地纬度 *B* 为过该点的椭球法线与椭球赤道面的夹角;大地经度 *L* 为过该点的椭球子午面与格林尼治平子午面之间的夹角,向东与向西都是 0°~180°,向东称为东经(用 E 表示),向西称为西经(用 W 表示);大地高度 *H* 为地面点实际地形沿椭球法线至基准椭球面的距离。

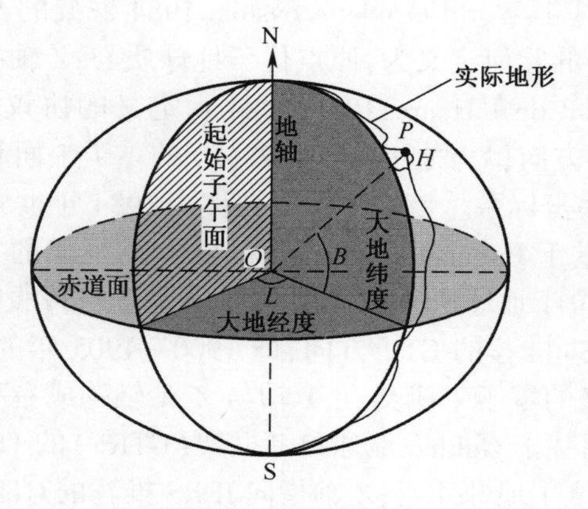

图 4-2　大地坐标系

2. 坐标系转换[111]

地球上任意一点 P 在地球坐标系中的坐标,可表示为 (X,Y,Z) 或 (B,L,H),这两种坐标系之间可以进行相互换算。

(1) 从地理坐标变换为空间直角坐标

$$\begin{cases} X = (M + H)\cos L\cos B \\ Y = (M + H)\cos L\sin B \\ Z = [M(1 - e^2) + H]\sin L \end{cases} \tag{4-82}$$

式中:$M = a/(1 - e^2\sin^2 L)^{\frac{1}{2}}$,$e^2 = (a^2 - b^2)/a^2$,$a$ 为基准椭球长半轴,b 为基准椭球短半轴。

(2) 从空间直角坐标变换为地理坐标:

$$\begin{cases} B = \arctan\left(\dfrac{X}{Y}\right) \\ L = \arctan\left(\dfrac{Z + (e')^2 b\sin^3\theta}{P - e^2 a\cos^3\theta}\right) \\ H = \dfrac{P}{\cos L} - M \end{cases} \tag{4-83}$$

式中:$\theta = \arctan\left(\dfrac{Za}{Pb}\right)$,$P = (X^2 + Y^2)^{\frac{1}{2}}$,$(e')^2 = (a^2 - b^2)/b^2$。

此外,由于地域等原因,各个国家编制的地图、各种导航系统及生产的导航设备,选用了不同的基准椭球体,由此产生了多种坐标系统。为使导航定位设备所测定的地理位置与所用的地图相对应,必须进行两种坐标系之间坐标的互相转换。对于不同的地心直角坐标变换,需要综合考虑不同的基准椭球下坐标原点的平移、坐标轴之间的旋转和由于两个直角坐标系的刻度单位不相同而引起的尺度变化。

4.2.1.3 卫星导航系统定位基本原理

GNSS 导航定位的基本原理是 GNSS 星座卫星不间断地发送自身的星历参数和时间信息,用户 GNSS 接收机接收到这些信息后,经过相应的处理来测定由卫星到接收机的传播时间延迟,或测定卫星载波信号的相位在传播路径中变化的周数,以解算出由接收机到卫星之间的距离,从而确定 GNSS 接收机的位置。

通常卫星导航定位有两种分类方式:一种是根据导航定位的解算方法分为绝对定位和相对定位;另一种是按照导航目标的运动状态分为静态定位和动态定位[114]。

1. 绝对定位原理

绝对定位也称为单点定位,是指在协议地球坐标系中,直接确定观测站相对坐标系原点(地球质心)绝对坐标的一种定位方法。具体定位过程为:根据卫星和用户接收机天线之间的距离(或距离差)的观测量和已知的卫星瞬时坐标,来确定用户接收机天线所对应的点位,即观测站的位置。绝对定位方法的本质原理是测量学中的空间距离后方交汇[111]。

因此,在一个观测站上,有 3 个独立的距离观测量就可以解算出观测站的三维位置。即以 3 个已知点为球心,以观测到的 3 个距离为半径做 3 个定位球,3 个球面交于一点,通过求解 3 个未知数的方程组即可得出该点的坐标,即待定点在空间的三维位置。但是,卫星时钟与用户接收机时钟很难保持严格同步,二者之间存在钟差,所以实际观测到的观测站至卫星之间的距离均包括卫星时钟与接收机时钟同步差的影响,该距离称为伪距。一般卫星时钟采用高精度的原子钟,同时该时钟会被地面监控网连续测量和修正,因此精度很高,其误差可被忽略。而接收机时钟相对卫星时钟的钟差无法预先准确确定,因此将其作为一个未知参数,与观测站的坐标一并求解。由此,在一个观测站上,实时求解 4 个未知参数(3 个点位坐标分量和 1 个钟差参数),至少需要 4 个同步伪距观测值,即至少必须同时观测 4 颗卫星。GNSS 三维定位示意图如图 4-3 所示[111,115]。

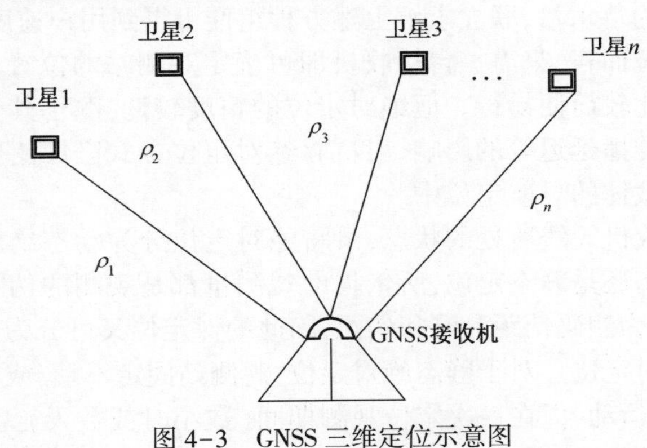

图 4-3 GNSS 三维定位示意图

在此将用户时钟相对卫星时钟的钟差记为 Δt ,光速记为 c ,这时测得的传播延时 τ^* 及相应的距离不是真正的电波传播延时 τ 及卫星到用户的距离 r ,此时伪距为

$$\rho = r + c\Delta t \tag{4-84}$$

因此,接收机测得其本身到第 i 颗卫星的伪距可表示为

$$\rho_i = r_i + c\Delta t \tag{4-85}$$

式中:$r_i = [(x - x_{si})^2 + (y - y_{si})^2 + (z - z_{si})^2]^{1/2}$,x 、y 、z 和 x_{si} 、y_{si} 、z_{si} 分别为用户接收机和第 i 颗卫星在地球坐标系中的位置坐标。

由上述伪距表达式可以看出,测量的伪距中有 4 个未知量,即 x 、y 、z 和 Δt 。为解出这 4 个未知量,需要测量接收机到 4 颗或更多颗可见卫星的伪距,由此得到 4 个或 4 个以上的方程式,即

$$\rho_i = [(x - x_{si})^2 + (y - y_{si})^2 + (z - z_{si})^2]^{1/2} + c\Delta t \quad (i = 1,2,3,\cdots) \tag{4-86}$$

可以利用最小二乘法或卡尔曼滤波等算法联立求解上述方程组,得到 4 个未知量,即用户位置坐标和精确时间信息。

通过上述求解,GNSS 可为用户提供三维位置坐标和精确时间,除此之外,GNSS 还可以提供用户速度。用户接收机可以从卫星信号中获取多普勒频移测量值,该测量值与接收机和卫星两者连线方向上的相对速度成正比。其中,根据卫星轨道参数计算所得的卫星运行速度与卫星空间位置坐标值一起可作为已知量,因此可以从中解算出接收机的运动速度[109]。即通过测量电磁波载频的多普勒频移来获得伪距变化率,从而可至少建立另外 4 个方程:

$$\dot{\rho}_i = \frac{(x - x_{si})(\dot{x} - \dot{x}_{si}) + (y - y_{si})(\dot{y} - \dot{y}_{si}) + (z - z_{si})(\dot{z} - \dot{z}_{si})}{[(x - x_{si})^2 + (y - y_{si})^2 + (y - y_{si})^2]^{1/2}} + c\Delta\dot{t}(i = 1,2,3,\cdots) \tag{4-87}$$

式中:$\dot{x}_{si}$、$\dot{y}_{si}$、$\dot{z}_{si}$ 和 x_{si}、y_{si}、z_{si} 分别为卫星的速度和位置;$\dot{\rho}_i$ 由测量多普勒频移求得;$\dot{x}$、$\dot{y}$、$\dot{z}$ 和 $\Delta\dot{t}$ 分别为待求量,联立求解上述方程组便可得到用户速度。

对于绝对定位而言,只需一台接收机即可确定观测站的位置。因此,组织、实施和数据处理都比较简便易行。但绝对定位的精度较低,源于其受观测站接收机时钟误差和信号传播延迟等的影响。目前,绝对定位方式已广泛应用在海、陆、空等领域多种运动载体的导航定位中。

根据用户接收机天线所处的状态,可将绝对定位分为动态绝对定位和静态绝对定位。无论动态还是静态定位,所依据的观测量都是观测的伪距。根据观测量的性质,伪距可分为测码伪距和测相伪距,因此绝对定位又可分为测码伪距绝对定位和测相伪距绝对定位。对于静态绝对定位,观测站固定不动,或有难以察觉的运动,或者虽有微小运动,但在一次定位观测期间(数小时或数天)无法察觉到,此时

待定点的位置确定也称为静态定位。由于静态待定点的位置固定不变,因此它的速度等于零。此时,在不同时刻(历元)进行大量重复的观测和处理,通过最小二乘平差等方法可以有效地提高定位精度。若待定点相对地固坐标系有明显的运动,此时待定点的位置确定称为动态定位。由于待定点的速度不为零,因此还需要确定该点的速度。此外,根据定位的目的和精度要求的不同,动态定位又可分为导航动态定位和精密动态定位。前者是实时地确定运载体在运动中的位置和速度,并引导运载体沿预定的航线到达目的地;后者是精确地确定运载体在每个时刻的位置和速度,通常可以事后进行处理。

2. 相对定位原理

由于卫星星历误差、接收机钟差、大气折射误差等多种误差的影响,因此不论是测码伪距绝对定位还是测相伪距绝对定位,定位精度都较低。这些影响定位精度的误差能够得到一定的处理,但绝对定位的精度仍难以满足精密定位测量的需求。为了进一步消除或减弱这些误差的影响,一般采用相对定位方法来提高 GNSS 的定位精度。该方法是目前 GNSS 测量中精度最高的一种定位方法。

相对定位的基本原理如图 4-4 所示。该方法将两台 GNSS 接收机分别安置在基线的两端,同步观测并接收同一组卫星传播的定位信号,通过数据处理来确定基线两端点的相对位置或基线向量。相对定位可以推广到多台 GNSS 接收机安置在若干条基线的端点上,通过同步观测相同的卫星,以确定多条基线向量。利用观测出的基线向量,可求解出其他各观测点的坐标值。在相对定位中,上述观测点至少有一个点的位置坐标是已知的,这些点称为基准点。

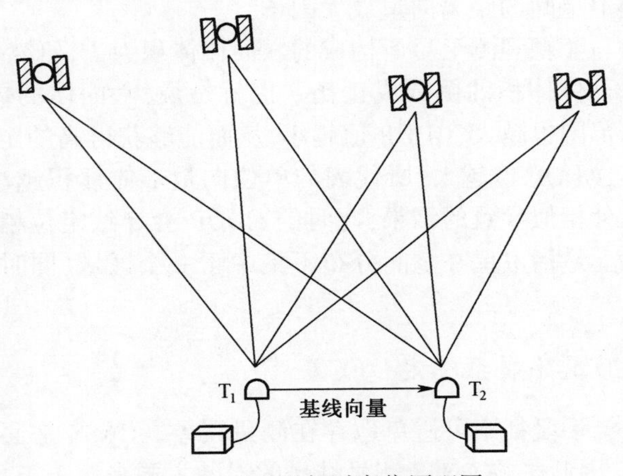

图 4-4 GNSS 相对定位原理图

相对定位利用两个或多个观测点同步接收同一组卫星信号的这一特点,可以有效地消除或减弱共源和共性的误差,如卫星的轨道误差、卫星钟差、大气延迟误差等,从而提高相对定位的精度。但是,相对定位需要多点同步观测同一组卫星,因此组织和实施都较为复杂,而且要求与基准点的距离不能超过一定的范围。目前,相对定位已广泛应用于具有高精度要求的目标定位中。

同样,根据定位过程中接收机所处的状态,相对定位又分为静态相对定位和动态相对定位(或称为差分定位)[109]。

对于静态相对定位,即在基线端点的接收机相对参照物固定不动,通过连续观测获得充分的多余观测数据,以改善定位精度。静态相对定位基本观测量一般为载波相位观测量,且普遍应用独立的载波相位观测量的多种差分形式进行定位计算,其中重要的组合形式有单差、双差和三差。

而动态相对定位是将一台接收机固定不动(称为基准站),另外一台接收机(称为流动站)移动,需要确定该流动接收机在任意历元的位置。

对于绝对定位和动态测量,可视卫星在空间的几何分布(通常称为卫星分布的几何图形)是获得高精度定位结果的重要因素。在导航学中,一般采用精度因子(也称为精度衰减因子、精度系数、精度弥散)(Dilution of Precision,DOP)的概念来评定卫星几何分别。其定义为:$m_x = \mathrm{DOP}\delta_0$,其中 DOP 是权系数阵主对角线元素的函数,$\delta_0$是伪距测量中误差。在实际使用中,可以根据不同要求,选用不同的精度评价模型和相应的精度因子。精度因子通常包括平面位置精度因子(Horizontal DOP,HDOP)、高程精度因子(Vertical DOP,VDOP)、空间位置精度因子(Positional DOP,PDOP)、接收机钟差精度因子(Time DOP,TDOP)和几何精度因子(Geometric DOP,GDOP)。其中,几何精度因子描述了空间位置误差和时间误差的综合影响,是衡量定位精度的很重要的一个系数。它代表 GPS 测距误差造成的接收机与空间卫星间的距离向量放大因子。

假设观测站与 4 颗观测卫星所构成的六面体体积为 Γ,研究表明,几何精度因子 GDOP 与该六面体体积的倒数成正比。也就是说,六面体的体积越大,所测卫星在空间的分布范围也越大,GDOP 值越小,从而能够获得高的定位精度;反之,卫星分布范围越小,GDOP 值越大,所代表的单位向量形体体积越小,即接收机至空间卫星的角度十分相似导致的结果,此时的 GDOP 会导致定位精度变差。好的几何精度因子实际上是指卫星在空间分布不集中于一个区域,同时能在不同方位区域均匀分布。

4.2.1.4 卫星导航系统定位误差[109]

任何一种测量手段都不可避免地存在测量误差。GNSS 是通过接收卫星的信息进行定位测量,因此影响 GNSS 测量结果的误差主要来源于卫星本身、卫星信号传播过程和地面接收设备这 3 个方面[116]。此外,针对高精度 GNSS 测量,还需考虑与地球整体运动有关的地球潮汐、相对论效应等。在研究误差对 GNSS 定位的影响时,通常将误差换算为 GNSS 星座卫星至监测站的距离,以相应的距离误差表示。

1. GNSS 星座卫星误差

GNSS 星座卫星误差主要包括卫星本身的轨道偏差(卫星星历误差)和卫星时钟误差。前者指卫星星历给出的卫星位置与卫星的实际位置之差,该误差主要由多种摄动力、监测站数量及空间分布、轨道参数数量和精度,以及星历的非实时性等因素的影响造成,由此产生的测距误差在 1.5~7.0m 以内;一般采用同步观测求差或轨道改进等方法来尽可能消弱这些因素对测距误差的影响,使测距误差在 1m 的范围内。后者是由于 GNSS 星座卫星的时钟与 GNSS 标准时之间会有频偏、频漂等,从而导致卫星时钟与 GNSS 标准时之间存在不同步偏差;这种偏差的总量可达 1ms,由此产生的等效距离误差可达 300km。因此,需要用广播星历里的星钟改正参数对星钟进行改正,使其等效的测距误差在 6m 以内;若想进一步消弱 GNSS 星座卫星时钟残差,则可采用差分技术。

2. GNSS 信号传播误差

GNSS 的卫星信号往地面传输时要穿过大气层,因此会受到电离层、对流层和多路径效应的影响而产生传播误差。GNSS 信号传播误差主要包括电离层折射误差、对流层折射误差和多路径效应误差等。

首先来看电离层折射误差。由于电离层中气体分子在太阳等天体射线的辐射下会产生强烈的电离,形成大量的自由电子和正离子。而电波在真空中的传播速度大于在电离层中的传播速度,对于载波相位测量来说,载波通过电离层后其相位就比真空中滞后传播。电离层折射误差与大气电子密度成正比,与穿过的电磁波频率平方成反比。而大气电子密度随太阳及其他天体的辐射强度、季节、时间以及地理位置等因素的变化而变化。对于 GNSS 星座卫星信号来说,太阳活动的随机性很大,所以造成电离层折射对 GNSS 导航定位误差的影响程度差异很大,因而难以对其进行精确建模。通常采用电离层模型改正、双频观测或同步观测求差的方式来消弱电离层对 GNSS 导航定位精度的影响。

对流层折射误差是指 GNSS 卫星信号通过对流层时会产生折射,从而导致传播延时。对流层折射率与大气压力、湿度和温度关系密切,而与 GNSS 卫星信号的频率或波长无关,且折射率随高度的增加而逐渐减小。由于大气对流较强,而且压力、温度、湿度等因素变化复杂,故难以建立对流层折射误差的精确数学模型,一般由它们所导致的测距误差可达米级。目前,常采用同步观测值求差来减弱甚至消除对流层延迟的影响或利用监测站附近实测数据来完善对流层大气模型。

多路径误差是指 GNSS 接收机除了直接接收 GNSS 星座卫星发射的信号外,还会收到接收机天线周边建筑物等一次或多次反射的 GNSS 卫星信号。即实际测量中,GNSS 天线接收到的信号是直射波与反射波叠加后的信号。由于上述两种信号所经过的路径长短不同,反射波和直射波之间必然存在相位延迟,从而引起多路径误差。由于反射物的反射系数及其到接收机天线的距离具有不确定性,因此难以建立准确的多路径误差模型。目前,消弱多路径误差的主要措施有 GNSS 接收机天线尽量避开反射系数大的物面、采用扼流圈天线等具有较好方向性的 GNSS 接收机天线等。

3. 信号接收误差

该类误差主要包括 GNSS 接收机钟差、天线相位中心误差、接收机量测误差等几部分。其中,GNSS 接收机钟差与接收机有关,可将该钟差作为未知参数,与观测站的 3 个位置参数一并求解;还可通过观测数据的双差来消弱此项误差对定位精度的影响。天线相位中心误差是由于不同的入射角造成的,根据天线性能的优劣,等效的测距误差可达数毫米甚至数厘米。GNSS 接收机量测误差除了与 GNSS 接收机的软、硬件对星座卫星信号的量测分辨率有关以外,还与 GNSS 接收机天线的安装精度有关。

以上介绍的 3 部分 GNSS 定位误差源又可以分为两大类:一类是随时间、空间快速变化,相关性极弱的随机误差,如多路径效应,电离层、对流层延时的随机变化部分,接收机、卫星钟时钟误差、接收机噪声;另一类是随时间、空间缓慢变化,相关性很强的随机偏移误差,如卫星空间位置误差、卫星时钟对 GPS 时的偏移、用户时钟对 GPS 时的偏移,电离层、对流层的附加延时等[6]。基于最优估计的滤波方法,如卡尔曼滤波是消弱 GNSS 定位随机误差的重要手段之一。即利用滤波估计器,将真实状态(定位结果)从各种随机干扰中实时最优地估计出来,从而提高 GNSS 的定位精度。与差分方法相比,滤波方法不仅不需要建立差分基准站及数据通信装置,而且没有差分模式所面临的信号作用范围的限制。对于经过差分处理后的 GNSS 定位数据,再应用滤波方法,仍可进一步提高定位精度。

4.2.2 运动载体动态模型的建立

应用卡尔曼滤波器进行最优估计时,需要建立较为准确的数学模型,即系统模型(状态方程)和观测模型(量测方程)。因此,不仅要为运载体建立较为准确合理的动态模型,而且要对各种随机误差进行准确建模。目前,已有不少学者对机动载体的动态模型进行了研究。已建立的动态模型主要有微分多项式模型、常速(Constant Velocity,CV)模型、常加速(Constant Accelerometer,CA)模型、一阶时间相关模型、半马尔可夫模型、Noval 统计模型以及机动载体的"当前"统计模型。其中 CA 模型、时间相关模型和"当前"统计模型是目前实际中较为常用的动态模型,下面就对这 3 种模型进行比较和分析。

4.2.2.1 CA 模型[111]

例如一维直线运动,考虑随机干扰情况。当载体无机动,即做匀速或匀加速直线运动时,可以采用如下三阶常加速 CA 模型[117]:

$$\begin{bmatrix} \dot{x} \\ \ddot{x} \\ \dddot{x} \end{bmatrix} = \begin{bmatrix} \mathbf{0} & \mathbf{1} & \mathbf{0} \\ \mathbf{0} & \mathbf{0} & \mathbf{1} \\ \mathbf{0} & \mathbf{0} & \mathbf{0} \end{bmatrix} \begin{bmatrix} x \\ \dot{x} \\ \ddot{x} \end{bmatrix} + \begin{bmatrix} \mathbf{0} \\ \mathbf{0} \\ \mathbf{1} \end{bmatrix} \boldsymbol{w}(t) \tag{4-88}$$

式中：x 、$\dot{x}$ 和 $\ddot{x}$ 分别为运动载体的位置、速度和加速度分量；$\boldsymbol{w}(t)$ 是均值为零、方差为 σ^2 的高斯白噪声。

若载体的运动表现出变加速度 $\boldsymbol{a}(t)$ 特性时，载体的运动模型应为

$$\begin{bmatrix} \dot{x} \\ \ddot{x} \\ \dddot{x} \end{bmatrix} = \begin{bmatrix} \mathbf{0} & \mathbf{1} & \mathbf{0} \\ \mathbf{0} & \mathbf{0} & \mathbf{1} \\ \mathbf{0} & \mathbf{0} & \mathbf{0} \end{bmatrix} \begin{bmatrix} x \\ \dot{x} \\ \ddot{x} \end{bmatrix} + \begin{bmatrix} \mathbf{0} \\ \mathbf{0} \\ \mathbf{1} \end{bmatrix} \dot{\boldsymbol{a}}(t) + \begin{bmatrix} \mathbf{0} \\ \mathbf{0} \\ \mathbf{1} \end{bmatrix} \boldsymbol{w}(t) \tag{4-89}$$

4.2.2.2 一阶时间相关模型(Singer 模型)

对于观测系统来说，无法预知载体的机动，因此如何描述机动也是一个复杂的问题。目前通常采用 Singer 模型来描述载体机动，Singer 模型又称为一阶时间相关模型。仍以一维直线运动为例，考虑随机干扰情况。Singer 模型为

$$\begin{bmatrix} \dot{x}(t) \\ \ddot{x}(t) \\ \dddot{x}(t) \end{bmatrix} = \begin{bmatrix} \mathbf{0} & \mathbf{1} & \mathbf{0} \\ \mathbf{0} & \mathbf{0} & \mathbf{1} \\ \mathbf{0} & \mathbf{0} & -\alpha \end{bmatrix} \begin{bmatrix} x(t) \\ \dot{x}(t) \\ \ddot{x}(t) \end{bmatrix} + \begin{bmatrix} \mathbf{0} \\ \mathbf{0} \\ \mathbf{1} \end{bmatrix} \boldsymbol{w}(t) \tag{4-90}$$

式中：α 为相关时间系数。

对于处在一般机动情况下的运动载体，均可采用二阶系统一阶时间相关模型很好地描述载体的机动，即

$$\frac{\mathrm{d}^2 x(t)}{\mathrm{d}t^2} = \boldsymbol{a}(t) \tag{4-91}$$

$$\dot{\boldsymbol{a}}(t) - \alpha \boldsymbol{a}(t) = \boldsymbol{w}(t) = \sqrt{2\alpha}\,\sigma_a^2 \boldsymbol{u}(t) \tag{4-92}$$

式中：$\boldsymbol{u}(t)$ 为单位强度白噪声。

在此需要说明的是，在卡尔曼滤波过程中，系统噪声协方差矩阵对滤波性能的影响很大，它主要包括 α 、σ_a^2 和采样周期 T 这 3 个参数。其中除了参数 T 可适当选择以外，参数 α 与 σ_a^2 取决于载体的机动情况，属于未知参数，不同的载体运动状态会对应不同的取值。此外，用有色噪声而不是白噪声描述机动加速度将更为切合实际，这也正是 Singer 模型多年来较受青睐的原因所在。目前的 GPS 动态滤波模型中，载体运动模型主要采用 Singer 模型，此模型对等速和等加速范围的载体运动最适宜，但对于强烈机动，即超过等加速范围的载体运动，会引起较大的模型误差。

4.2.2.3 “当前”统计模型

实际情况下,载体的运动不完全属于等速或者等加速范围的运动,因此需要建立更合理、更准确的机动载体的运动模型。

理论表明,当载体正以某一加速度机动时,下一时刻加速度的取值是有限的,而且只能在“当前”加速度的邻域内。根据以上理论,Zhou 和 Kumar 提出了机动载体的“当前”统计模型[118]。该模型实质上是一种非零均值时间相关模型,其将机动加速的“当前”概率密度用某种适当的函数分布描述,机动加速度的均值为“当前”加速度预测值,随机机动加速度在时间轴上仍符合一阶时间相关过程:

$$\ddot{x}(t)=\bar{a}(t)+a(t) \tag{4-93}$$

$$\dot{a}(t)=-\alpha a(t)+\boldsymbol{w}(t) \tag{4-94}$$

式中:$\bar{a}(t)$ 为机动加速度“当前”均值,在每一采样周期内为常数。

若令

$$a_1(t)=\bar{a}(t)+a(t)=\ddot{x}(t) \tag{4-95}$$

则有

$$\dot{a}_1(t)=\dddot{x}(t)=\dot{\bar{a}}(t)+\dot{a}(t) \tag{4-96}$$

由于在一个采样周期内有 $\dot{\bar{a}}(t)=\mathbf{0}$,因此

$$\dot{a}_1(t)=\dot{a}(t) \tag{4-97}$$

又因为 $a(t)=a_1(t)-\bar{a}(t)$,将此式与式(4-13)一同代入式(4-16),得

$$\dot{a}_1(t)=-\alpha a_1(t)+\alpha\bar{a}(t)+\boldsymbol{w}(t) \tag{4-98}$$

即

$$\dddot{x}(t)=-\alpha\ddot{x}(t)+\alpha\bar{a}(t)+\boldsymbol{w}(t) \tag{4-99}$$

式(4-99)为状态方程,即为机动载体的“当前”统计模型。此时,一阶时间相关完整模型可整理为

$$\begin{cases}\dot{x}(t)=\dot{x}(t)\\ \ddot{x}(t)=\ddot{x}(t)\\ \dddot{x}(t)=-\alpha\ddot{x}(t)+\alpha\bar{a}(t)+\boldsymbol{w}(t)\end{cases} \tag{4-100}$$

即

$$\begin{bmatrix}\dot{x}(t)\\ \ddot{x}(t)\\ \dddot{x}(t)\end{bmatrix}=\begin{bmatrix}\mathbf{0}&\mathbf{1}&\mathbf{0}\\ \mathbf{0}&\mathbf{0}&\mathbf{1}\\ \mathbf{0}&\mathbf{0}&-\alpha\end{bmatrix}\begin{bmatrix}x(t)\\ \dot{x}(t)\\ \ddot{x}(t)\end{bmatrix}+\begin{bmatrix}\mathbf{0}\\ \mathbf{0}\\ \alpha\end{bmatrix}\bar{a}(t)+\begin{bmatrix}\mathbf{0}\\ \mathbf{0}\\ \mathbf{1}\end{bmatrix}\boldsymbol{w}(t) \tag{4-101}$$

与 Singer 模型相比,上述“当前”统计模型采用非零均值和较为合理的修正瑞利分布来表征机动加速度的特性,更真实地反映了载体的机动范围和机动强度的

变化，是目前较好的模型之一。

此外，对于随机误差模型，由于造成卫星导航系统定位随机误差的误差源很多，如果对各种误差源均建立各自的误差模型，如时钟偏差和时钟频漂是包含一阶马尔可夫过程的随机干扰，则使得系统数学模型复杂，通常状态变量达到十几维甚至几十维，而且模型呈非线性，导致计算量大、实时性降低，选取参数也较多，对滤波效果的改善很有限。因此，下面将直接从定位结果入手，将各种误差因素的影响等效为定位结果的一个总误差，利用卡尔曼滤波方法进行动态定位数据的滤波处理。从而大大简化了系统的数学模型，而且便于提高滤波器的滤波精度和动态性能。

4.2.3 基于卡尔曼滤波的GNSS动态定位

本小节将详细介绍基于卡尔曼滤波的GNSS动态定位滤波算法设计。在该算法中，机动载体的动态模型为“当前”统计模型；GNSS定位中卫星测量的各种误差分别等效为符合一阶马尔可夫过程的伪距误差，并将其扩充为状态变量，建立系统状态方程和量测方程，然后采用卡尔曼滤波进行GNSS动态定位滤波。

4.2.3.1 系统状态方程

以地球坐标系为载体运动的坐标系，基于“当前”统计模型的系统状态方程可写为

$$\dot{\boldsymbol{X}}(t)=\boldsymbol{A}\boldsymbol{X}(t)+\boldsymbol{U}(t)+\boldsymbol{W}(t) \tag{4-102}$$

式中：状态变量 $\boldsymbol{X}=[x \quad v_x \quad a_x \quad \varepsilon_x \quad y \quad v_y \quad a_y \quad \varepsilon_y \quad z \quad v_z \quad a_z \quad \varepsilon_z]^{\mathrm{T}}$，$x$、$v_x$、$a_x$、$\varepsilon_x$ 和 y、v_y、a_y、ε_y 及 z、v_z、a_z、ε_z 分别为载体在地球坐标系 x、y、z 坐标轴上的位置、速度、加速度分量和位置误差。在此，3个坐标轴上的位置误差为各种误差源造成的总的位置误差，将其视为有色噪声，并用一阶马尔可夫过程表示，具体表达式为

$$\begin{cases}\dot{\varepsilon}_x=-\dfrac{1}{\tau_x}\varepsilon_x+w_x\\[2mm]\dot{\varepsilon}_y=-\dfrac{1}{\tau_y}\varepsilon_y+w_y\\[2mm]\dot{\varepsilon}_z=-\dfrac{1}{\tau_z}\varepsilon_z+w_z\end{cases} \tag{4-103}$$

式中：τ_x、τ_y 和 τ_z 分别为相应的马尔可夫过程的相关时间常数；w_x、w_y 和 w_z 取为均值为0、方差为 $\delta_i^2(i=x,y,z)$ 的高斯白噪声。

式(4-102)中，系统状态转移矩阵 $\boldsymbol{A}$、输入量 $\boldsymbol{U}$ 和系统噪声分别为

$$\boldsymbol{A}=\begin{bmatrix}\boldsymbol{A}_x & \mathbf{0}_{4\times4} & \mathbf{0}_{4\times4}\\ \mathbf{0}_{4\times4} & \boldsymbol{A}_y & \mathbf{0}_{4\times4}\\ \mathbf{0}_{4\times4} & \mathbf{0}_{4\times4} & \boldsymbol{A}_z\end{bmatrix}$$

$$\boldsymbol{A}_i=\begin{bmatrix}0 & 1 & 0 & 0\\ 0 & 0 & 1 & 0\\ 0 & 0 & -\mathbf{1}/\tau_{a_i} & 0\\ 0 & 0 & 0 & -\mathbf{1}/\tau_i\end{bmatrix}\ (i=x,y,z)$$

$$\boldsymbol{U}(t)=\begin{bmatrix}0 & 0 & \dfrac{\bar{a}_x}{\tau_{a_x}} & 0 & 0 & 0 & \dfrac{\bar{a}_y}{\tau_{a_y}} & 0 & 0 & 0 & \dfrac{\bar{a}_z}{\tau_{a_z}} & 0\end{bmatrix}^{\mathrm{T}}$$

$$\boldsymbol{W}(t)=[0\quad 0\quad w_{a_x}\quad w_x\quad 0\quad 0\quad w_{a_y}\quad w_y\quad 0\quad 0\quad w_{a_z}\quad w_z]^{\mathrm{T}}$$

4.2.3.2 系统量测方程

观测量取为 GNSS 接收机输出的定位结果,包括真实状态变量和一阶马尔可夫过程误差以及量测误差,量测方程为

$$\boldsymbol{Z}=\boldsymbol{HX}+\boldsymbol{V} \tag{4-104}$$

式中:观测向量 $\boldsymbol{Z}=[L_x\quad L_y\quad L_z]^{\mathrm{T}}$、观测矩阵 $\boldsymbol{H}$ 和观测噪声 $\boldsymbol{V}$ 的具体表达式分别为

$$\boldsymbol{Z}=\begin{cases}L_x=x'=x+\varepsilon_x+w_{L_x}\\ L_y=y'=y+\varepsilon_y+w_{L_y},\\ L_z=z'=z+\varepsilon_z+w_{L_z}\end{cases}$$

$$\boldsymbol{H}=\begin{bmatrix}1&0&0&1&0&0&0&0&0&0&0&0\\ 0&0&0&0&1&0&0&1&0&0&0&0\\ 0&0&0&0&0&0&0&0&1&0&0&1\end{bmatrix}$$

$$\boldsymbol{V}=[w_{L_x}\quad w_{L_y}\quad w_{L_z}]^{\mathrm{T}}$$

式中:x、y 和 z 为三维位置状态变量;w_{L_i} 为量测误差,取为均值为 0、方差为 $R_i^2(i=x,y,z)$ 的高斯白噪声。

4.2.3.3 卡尔曼滤波方程的建立

根据以上建立的系统状态方程和量测方程,建立如下离散卡尔曼滤波方程:

状态一步预测方程:

$$\hat{\boldsymbol{X}}_{k+1/k}=\boldsymbol{\Phi}'_{k+1/k}\hat{\boldsymbol{X}}_k \tag{4-105}$$

状态估值计算方程:

$$\hat{\boldsymbol{X}}_{k+1}=\hat{\boldsymbol{X}}_{k+1/k}+\boldsymbol{K}_{k+1}(\boldsymbol{Z}_{k+1}-\boldsymbol{H}_{k+1}\hat{\boldsymbol{X}}_{k+1/k}) \tag{4-106}$$

滤波增益方程：

$$\boldsymbol{K}_{k+1}=\boldsymbol{P}_{k+1/k}\boldsymbol{H}_{k+1}^{\mathrm{T}}(\boldsymbol{H}_{k+1}\boldsymbol{P}_{k+1/k}\boldsymbol{H}_{k+1}^{\mathrm{T}}+\boldsymbol{R}_{k+1})^{-1} \tag{4-107}$$

一步预测均方差方程：

$$\boldsymbol{P}_{k+1/k}=\boldsymbol{\Phi}_{k+1/k}\boldsymbol{P}_{k}\boldsymbol{\Phi}_{k+1/k}^{\mathrm{T}}+\boldsymbol{Q}_{k} \tag{4-108}$$

估计均方差方程：

$$\boldsymbol{P}_{k+1}=(\boldsymbol{I}-\boldsymbol{K}_{k+1}\boldsymbol{H}_{k+1})\boldsymbol{P}_{k+1/k} \tag{4-109}$$

其中，

$$\boldsymbol{\Phi}'_{k+1/k}=\begin{bmatrix}\boldsymbol{\Phi}'^{x}_{k+1/k} & 0 & 0\\ 0 & \boldsymbol{\Phi}'^{y}_{k+1/k} & 0\\ 0 & 0 & \boldsymbol{\Phi}'^{z}_{k+1/k}\end{bmatrix},\boldsymbol{\Phi}'^{i}_{k+1/k}=\begin{bmatrix}1 & T & T^2/2 & 0\\ 0 & 1 & T & 0\\ 0 & 0 & 1 & 0\\ 0 & 0 & 0 & \mathrm{e}^{-T/\tau_i}\end{bmatrix}(i=x,y,z),$$

$$\boldsymbol{\Phi}_{k+1/k}=\begin{bmatrix}\boldsymbol{\Phi}^{x}_{k+1/k} & 0 & 0\\ 0 & \boldsymbol{\Phi}^{y}_{k+1/k} & 0\\ 0 & 0 & \boldsymbol{\Phi}^{z}_{k+1/k}\end{bmatrix},$$

$$\boldsymbol{\Phi}^{i}_{k+1/k}=\begin{bmatrix}1 & T & (T/\tau_{a_i}-1+\mathrm{e}^{-T/\tau_{a_i}})\tau_{a_i}^2 & 0\\ 0 & 1 & (1-\mathrm{e}^{-T/\tau_{a_i}})\tau_{a_i} & 0\\ 0 & 0 & \mathrm{e}^{-T/\tau_{a_i}} & 0\\ 0 & 0 & 0 & \mathrm{e}^{-T/\tau_i}\end{bmatrix}(i=x,y,z)。$$

式中，离散化系统噪声协方差阵 $\boldsymbol{Q}$ 和离散化观测噪声协方差阵 $\boldsymbol{R}$ 分别为 $\boldsymbol{Q}=\mathrm{diag}[0\ \ 0\ \ \delta_{a_x}^2\ \ \delta_x^2\ \ 0\ \ 0\ \ \delta_{a_y}^2\ \ \delta_y^2\ \ 0\ \ 0\ \ \delta_{a_z}^2\ \ \delta_z^2]$，$\boldsymbol{R}=\mathrm{diag}[R_x^2\ \ R_y^2\ \ R_z^2]$。

在上述卡尔曼滤波方程中，t_k 时刻的 3 个机动加速度均值 $\bar{a}_{x,k}$、$\bar{a}_{y,k}$、$\bar{a}_{z,k}$ 的自适应确定方法为

$$\bar{a}_{x,k}=\hat{\ddot{x}}_{k/k-1} \tag{4-110}$$

同理可得 $\bar{a}_{y,k}$ 和 $\bar{a}_{z,k}$。

t_k 时刻的 3 个机动加速度方差的自适应确定方法为

$$\begin{cases}\delta_{a_x}^2=\dfrac{4-\pi}{\pi}[a_{x\max}-\hat{\ddot{x}}_{k/k-1}]^2=\dfrac{4-\pi}{\pi}[a_{x\max}-\hat{\ddot{x}}_{k-1}]^2,\hat{\ddot{x}}_{k-1}>0\\ \delta_{a_x}^2=\dfrac{4-\pi}{\pi}[a_{x-\max}+\hat{\ddot{x}}_{k-1}]^2,\hat{\ddot{x}}_{k-1}<0\end{cases} \tag{4-111}$$

式中：$\hat{\ddot{x}}_{k-1}$ 为“当前”加速度，同理可得 $\delta_{a_y}^2$ 和 $\delta_{a_z}^2$。

加速度的正上限和负下限的具体确定方法如下：

以 $a_{x\max}$、$a_{x-\max}$ 为例，首先利用先验数据，设定加速度的最值统计值为参考门

限 $A_{x\max}$ 和 $A_{x-\max}$；然后计算过去 10s 内滤波得到的加速度的最大值 $a'_{x\max}$ 和最小值 $a'_{x-\max}$，若 $a'_{x\max} < A_{x\max}$，则 $a_{x\max} = a'_{x\max}$；反之，$a_{x\max} = A_{x\max}$。同理可得 $a_{x-\max}$ 的取值。

以上介绍的是基于经典卡尔曼滤波的 GNSS 动态定位滤波方法。在此基础上，若进一步增强滤波器的跟踪能力并提高滤波效果，可采用引入自适应遗忘因子的方法来限制卡尔曼滤波器的记忆长度，从而充分利用"当前"的测量数据，改善滤波器的动态性能[111]。此外，从上述建立的系统状态方程和量测方程可以看出，按坐标轴分成 3 组的状态变量互相独立，各自对应的外观测量也互相独立。因此，可以利用分散卡尔曼滤波技术将 3 个轴向的状态变量分别单独进行滤波估计，从而提高系统的运算速度。

4.3 卡尔曼滤波在天文导航系统中的应用

4.3.1 航天器天文导航的基本原理

由于天体在惯性空间中任意时刻的位置是可以确定的，因此利用航天器观测得到的天体方位信息，就可以确定航天器在该时刻姿态信息。例如，通过对三颗或三颗以上恒星的观测数据就可确定航天器在惯性空间中的姿态。但是要确定航天器在空间中的位置，还需要位置已知的近天体的观测数据。举例来说，在航天器上观测到的两颗恒星之间的夹角不会随航天器位置的改变而变化，而一颗恒星和一颗行星中心之间的夹角则会随航天器位置的改变而改变，该角度的变化才能够表示位置的变化。

用天体敏感器来测量某一颗恒星和某一颗行星光盘中心之间的夹角，航天器的位置就可由空间的一个圆锥面来确定。这个圆锥面的顶点为所观测的行星的质心，轴线指向观测的恒星，锥心角等于观测得到的恒星和行星光盘中心之间的夹角。根据这一观测数据可确定航天器必位于该圆锥面上。通过对第二颗恒星和同一颗行星进行第二次测量，便得到顶点也和行星的质心位置相重合的第二个圆锥。这两个圆锥相交便确定了两条位置线，如图 4-5 所示。航天器就位于这两条位置线的一条上，模糊度可以通过观测第三颗恒星来消除。但是，航天器位置的大概值一般已知，因此，航天器的实际位置线通常不需要第三颗恒星就可以确定。

通过第三个观测信息，比如说从航天器上观测到的该近天体与另一个位置已知的近天体之间的视角，就可以确定航天器在该位置线上的位置。

下面以从地球飞往火星的航天器为例，具体说明纯天文几何解析方法定位的原理。设某一时刻，得到三个量测信息：太阳—航天器—恒星 1 之间的视角 α_1，太

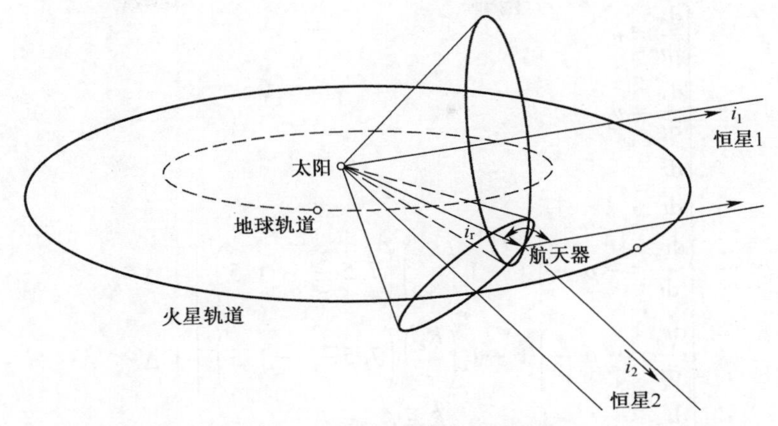

图 4-5 纯天文导航的基本原理

阳—航天器—恒星 2 之间的视角 α_2,太阳—航天器—地球之间的视角 α_3。前两个量测值确定了一个以太阳为顶点的圆锥面。第三个量测值确定了以太阳与地球的连线为轴线的超环面。上述信息可用以下三个非线性方程来描述:

$$\begin{cases} \boldsymbol{i}_r \cdot \boldsymbol{i}_1 = -\cos\alpha_1 \\ \boldsymbol{i}_r \cdot \boldsymbol{i}_2 = -\cos\alpha_2 \\ \boldsymbol{i}_r \cdot \boldsymbol{r}_\mathrm{p} = \boldsymbol{r} - |\boldsymbol{r}_\mathrm{p} - \boldsymbol{r}|\cos\alpha_3 \end{cases} \tag{4-112}$$

式中:$\boldsymbol{i}_1$, $\boldsymbol{i}_2$ 为太阳到恒星 1 和恒星 2 的单位向量;$\boldsymbol{r}$ 为航天器相对太阳的位置向量;$\boldsymbol{r}_\mathrm{p}$ 为地球相对太阳的位置向量。求解该方程组可得到航天器的位置,但满足该方程的解不是唯一的,从几何上看,即为两个圆锥面的交线有两条,且这两条交线与超环面的交点也不唯一。该模糊度可通过航天器位置的预估值或增加观测量来消除。

4.3.2 基于轨道动力学的航天器天文导航滤波方法

航天器自主天文导航系统模型存在确定性误差和随机误差,无法准确建立导航系统的状态模型,所以要获得高精度状态估值,需要用量测信息和先进的滤波方法对系统的状态量即位置、速度等导航信息进行实时估计。航天器的类型不同,所使用的天文量测量不同,其天文导航系统的数学模型也各不相同,本节将以星光角距作为观测量的地球卫星天文导航为例介绍基于轨道动力学的航天器天文导航滤波方法。

1. 系统的状态模型——卫星轨道运动学方程

航天器自主天文导航系统的状态方程通常由航天器轨道动力学方程建立,它的模型精度是影响天文导航系统性能的一项重要因素。模型的阶数小,则不能到达较高的精度;模型的阶数过大,则会大大增加滤波的计算时间,无法满足实时性的要求。目前通常选用二体考虑地球非球形引力 J_2 的模型作为地球卫星天文导航系统状态模型,选取历元(J2000.0)地心赤道坐标系,该模型可表示为

$$
\begin{cases}
\dfrac{\mathrm{d}x}{\mathrm{d}t}=v_x \\
\dfrac{\mathrm{d}y}{\mathrm{d}t}=v_y \\
\dfrac{\mathrm{d}z}{\mathrm{d}t}=v_z \\
\dfrac{\mathrm{d}v_x}{\mathrm{d}t}=-\mu\dfrac{x}{r^3}\left[1-\mathrm{J}_2\left(\dfrac{R_e}{r}\right)\left(7.5\dfrac{z^2}{r^2}-1.5\right)\right]+\Delta F_X \\
\dfrac{\mathrm{d}v_y}{\mathrm{d}t}=-\mu\dfrac{y}{r^3}\left[1-\mathrm{J}_2\left(\dfrac{R_e}{r}\right)\left(7.5\dfrac{z^2}{r^2}-1.5\right)\right]+\Delta F_y \\
\dfrac{\mathrm{d}v_z}{\mathrm{d}t}=-\mu\dfrac{z}{r^3}\left[1-\mathrm{J}_2\left(\dfrac{R_e}{r}\right)\left(7.5\dfrac{z^2}{r^2}-4.5\right)\right]+\Delta F_z
\end{cases}
\tag{4-113}
$$

$r=\sqrt{x^2+y^2+z^2}$ 简写为

$$
\dot{\boldsymbol{X}}(t)=f(\boldsymbol{X},t)+\boldsymbol{w}(t) \tag{4-114}
$$

式中:状态向量 $\boldsymbol{X}=[x\quad y\quad z\quad v_x\quad v_y\quad v_z]^{\mathrm{T}}$,x、y、z、v_x、v_y、v_z 分别为卫星在 X、Y、Z 三个方向的位置和速度;μ 为地心引力常数;r 为卫星位置参数向量;J_2 为地球非球形引力系数;ΔF_x、ΔF_y、ΔF_z 分别为地球非球形摄动的高阶摄动项和日、月摄动以及太阳光压摄动和大气摄动等摄动力的影响。

2. 以星光角距为观测量的量测模型

星光角距是天文导航中经常使用的一种观测量,星光角距指从卫星上观测到的导航恒星星光方向与地心方向之间的夹角。

由图 4-6 中所示的几何关系,可得到星光角距 α 的表达式和相应的量测方程分别为

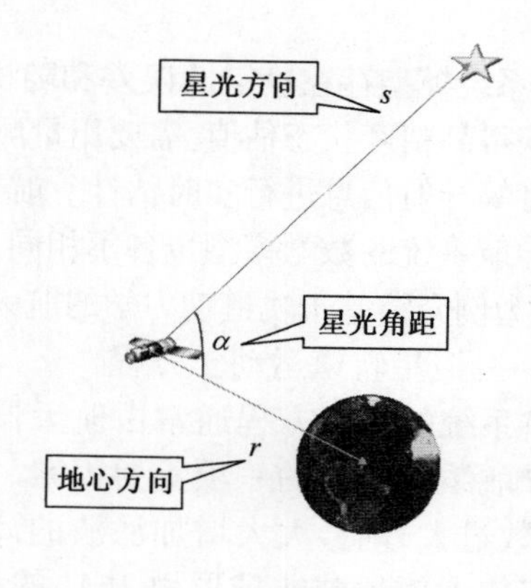

图 4-6　星光角距

$$\alpha = \arccos\left(-\frac{\boldsymbol{r}\cdot\boldsymbol{s}}{r}\right) \tag{4-115}$$

$$Z(k) = \alpha + v_{\alpha} = \arccos\left(-\frac{\boldsymbol{r}\cdot\boldsymbol{s}}{r}\right) + v_{\alpha} \tag{4-116}$$

式中：$\boldsymbol{r}$ 为卫星在地心惯性球坐标系中的位置向量，由地平敏感器获得；$\boldsymbol{s}$ 为导航星星光方向的单位向量，由星敏感器识别。

4.3.3 滤波方法在天文导航中的应用

由 4.3.2 节可知，航天器天文导航系统的状态模型和量测模型均为非线性模型，因此可利用 EKF、UKF 和 UPF 等滤波方法进行状态估计。由于滤波周期是决定非线性误差大小的重要因素，因此本小节对基于 EKF、UKF 和 UPF 的导航系统在不用滤波周期下的性能进行了分析比较，从中可以看出不同滤波方法的性能。

1. 仿真条件

仿真中使用的轨道数据为由 STK 生成的一颗低轨卫星的数据。在计算卫星时，考虑如下摄动因素：①地球非球形引力，地球模型采用 JGM-3（Joint Gravity Model），地球非球形摄动考虑前 21×21 阶带谐项与田谐项；②太阳引力；③月球引力；④太阳光压，其中 $C_r=1$，面质比 0.02000m^2/kg；⑤大气阻力，其中 $C_d=2$，面质比 0.02m^2/kg，大气密度模型采用 Harris-Priester 模型。坐标系为地心赤道惯性坐标系（J2000.0）。轨道半长轴 $a=7136.635\text{km}$，偏心率 $e=1.809\times10^{-3}$，轨道倾角 $i=65°$，升交点赤经 $\Omega=30°$，近升角距 $\omega=30°$。星敏感器的视场为 10°×10°，星敏感器精度 3″（1σ），红外地平仪的精度 0.02°（1σ），导航星表使用第谷星表。

2. 仿真结果

图 4-7 给出滤波周期为分别为 3s、30s 和 60s 时，在 600min（6 个轨道周期）内基于 EKF、UKF 和 UPF 的天文导航系统的精度比较结果。

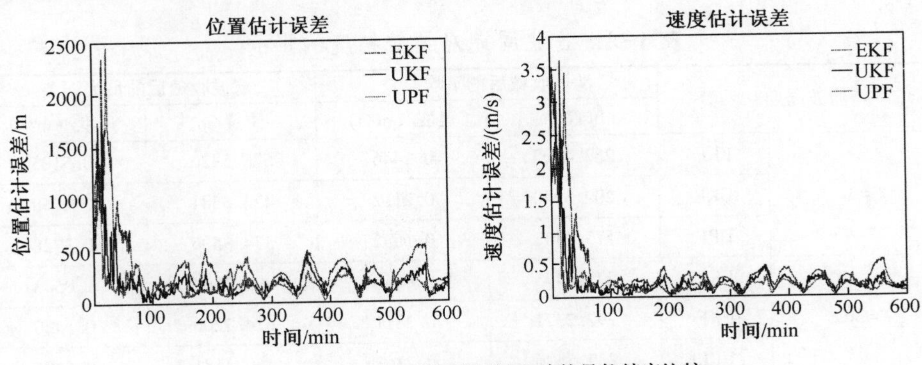

（a）T=3s时的3种滤波方法的导航精度比较

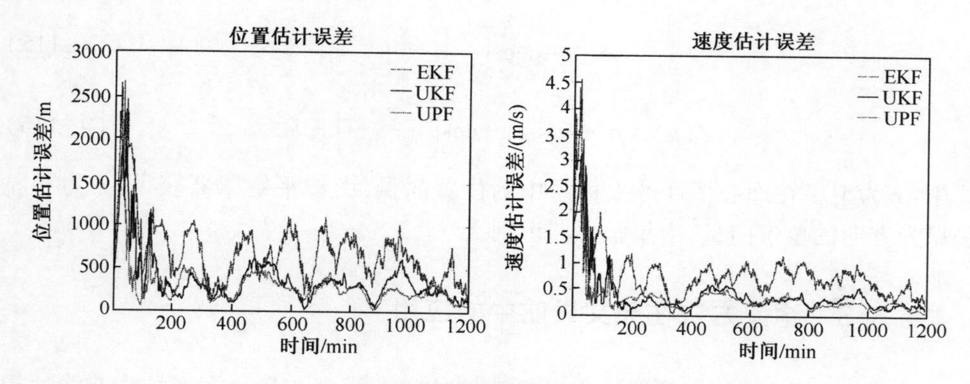

（b）T=30s时的3种滤波方法的导航精度比较

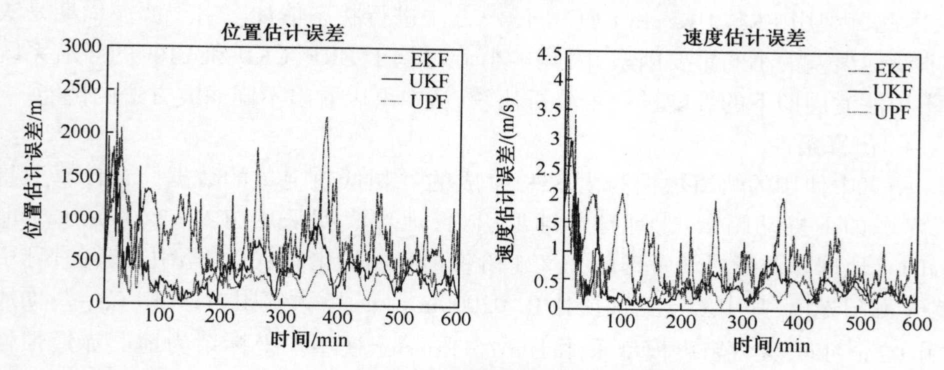

（c）T=60s时的3种滤波方法的导航精度比较

图 4-7　滤波周期对导航性能的影响

从图 4-7 和表 4-2 可以看出，随着滤波周期的延长，基于 EKF、UKF 和 UPF 三种滤波方法的自主天文导航系统的精度都会降低。通过比较可以看出，滤波周期对 EKF 导航系统的影响最为显著，这主要是由于非线性误差随滤波周期的延长迅速增大，而 EKF 对此最为敏感。滤波周期对 UKF 和 UPF 也有影响，但相比 EKF 要小。

表 4-2　滤波周期对导航精度的影响

滤波周期		滤波收敛后的平均误差		滤波收敛后的最大误差	
		位置/m	速度/(m/s)	位置/m	速度/(m/s)
T=3s	EKF	252.4393	0.2446	528.5326	0.5105
	UKF	209.3940	0.2112	473.3581	0.4758
	UPF	175.4438	0.1632	334.8506	0.3728
T=30s	EKF	575.6475	0.6340	999.2564	1.0543
	UKF	292.2321	0.2811	614.2206	0.5446
	UPF	237.5596	0.2363	460.4181	0.4695

(续)

滤波周期		滤波收敛后的平均误差		滤波收敛后的最大误差	
		位置/m	速度/(m/s)	位置/m	速度/(m/s)
$T=60$s	EKF	726.2078	0.6980	2205.6	2.0372
	UKF	435.5368	0.4118	948.9772	0.8348
	UPF	334.1866	0.3218	748.1854	0.6079

4.3.4 系统模型噪声方差阵对滤波性能的影响

无论是 EKF 还是 UKF,均要求系统状态模型和量测模型的噪声特性已知,本节以航天器天文导航中的 UKF 为例,分析状态模型噪声方差阵($\boldsymbol{Q}$)和量测模型噪声方差阵($\boldsymbol{R}$)的准确性对滤波性能的影响。

1. 参数 $\boldsymbol{Q}$ 的选择

根据 3.3.1 节给出的 UKF 时间更新算法,计算一步预测估计误差协方差阵时,会用到状态模型噪声的协方差矩阵 $\boldsymbol{Q}$。

$$\boldsymbol{P}_k^- = \sum_{i=0}^{2n} W_i [\boldsymbol{\chi}_{i,k|k-1} - \hat{\boldsymbol{x}}_k^-][\boldsymbol{\chi}_{i,k|k-1} - \hat{\boldsymbol{x}}_k^-]^{\mathrm{T}} + \boldsymbol{Q}_k \tag{4-117}$$

因此 $\boldsymbol{Q}$ 会影响一步预测估计误差协方差阵的大小,从而影响最终的估计误差协方差阵的大小,而最终的估计误差协方差阵决定了采样点分布范围的半径。为研究 $\boldsymbol{Q}$ 对导航系统精度的影响,取

$$\boldsymbol{Q} = \begin{bmatrix} q & 0 & 0 & 0 & 0 & 0 \\ 0 & q & 0 & 0 & 0 & 0 \\ 0 & 0 & q & 0 & 0 & 0 \\ 0 & 0 & 0 & q \times 10^{-3} & 0 & 0 \\ 0 & 0 & 0 & 0 & q \times 10^{-3} & 0 \\ 0 & 0 & 0 & 0 & 0 & q \times 10^{-3} \end{bmatrix} \tag{4-118}$$

从图 4-8 及表 4-3 中可以看出,q 的取值对导航精度的影响很大。q 值取得太大,系统就不能有效地利用状态模型对测量噪声进行修正,因此导航精度就较低;反之,q 值取得太小,系统就会过分地依赖状态模型的精度,以致量测信息无法对状态进行有效地修正,因此导致滤波发散;只有当 q 的取值恰好与所使用的状态模型的精度相吻合时,才能使状态模型和量测信息都能有效地发挥作用,互相补充,得到最高的导航精度。上述结论从仿真结果中也可以明显看出,如图 4-8(a)、(b)所示,由于 q 值取得太大,估计误差协方差高于实际的估计误差;图 4-8(d)中,由于 q 值取得太小,估计误差协方差低于实际的估计误差;只有 q 的取值恰好

与所使用的状态模型的精度相吻合时，如图 4-8(c)所示，此时估计误差协方差与实际估计误差基本吻合。

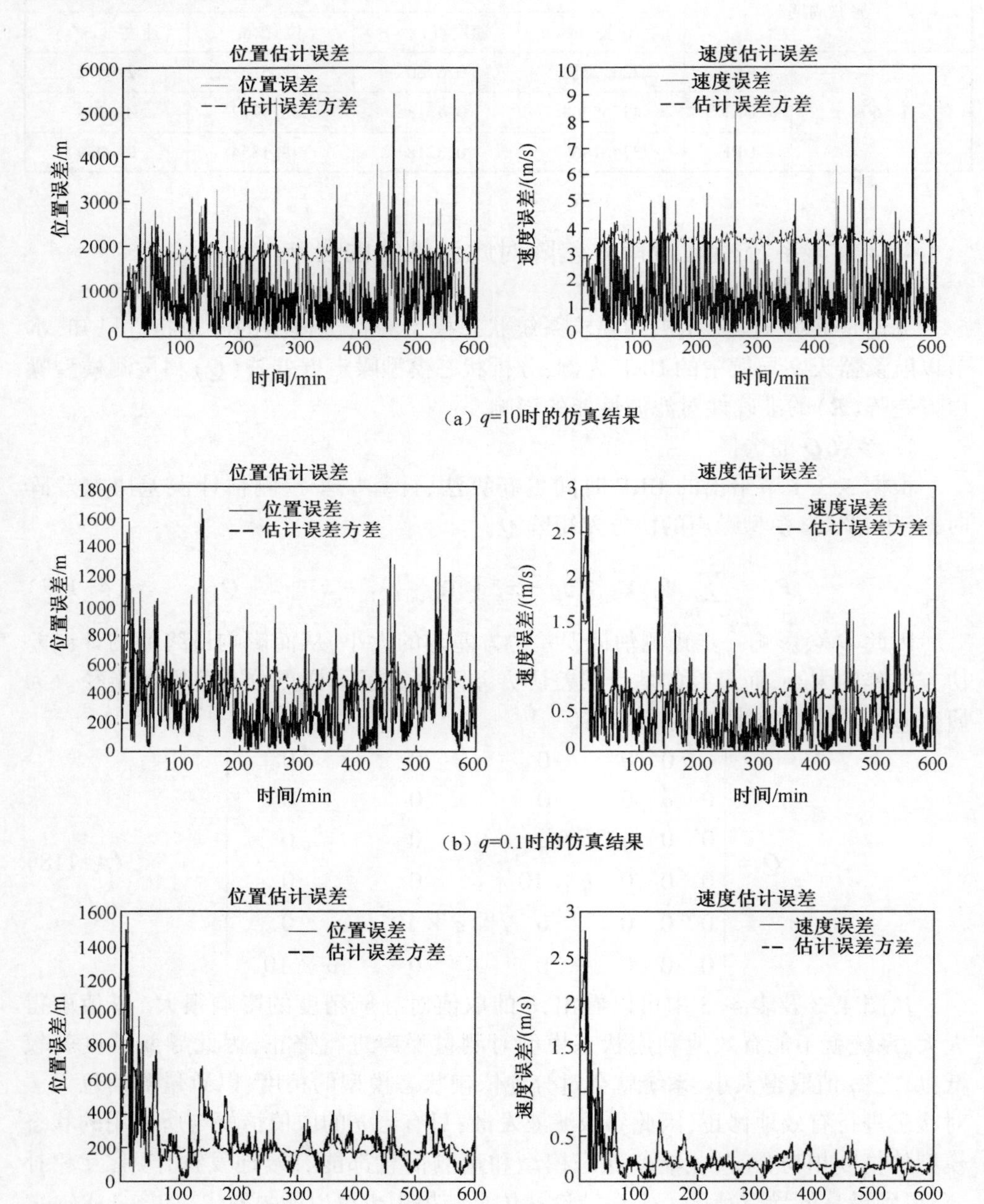

(a) q=10时的仿真结果

(b) q=0.1时的仿真结果

(c) q=0.001时的仿真结果

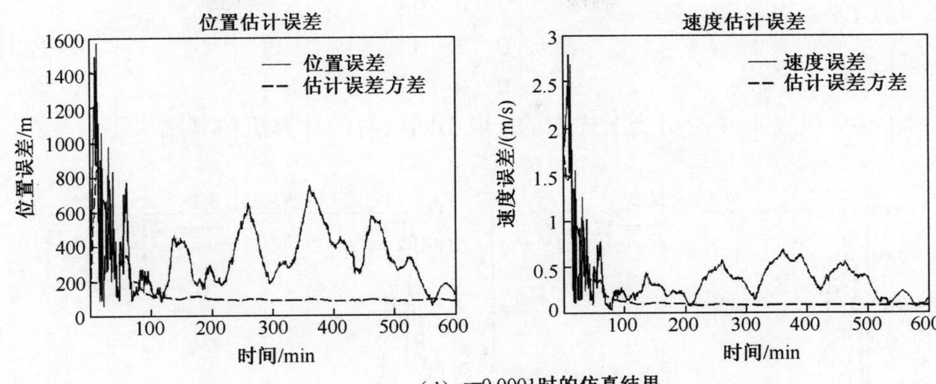

（d）q=0.0001时的仿真结果

图 4-8 参数 Q 对导航性能的影响

表 4-3 **Q** 的不同取值对导航精度的影响

q 的取值	滤波收敛平均误差		滤波收敛最大误差	
	位置/m	速度/(m/s)	位置/m	速度/(m/s)
100	1684. 9	2. 966	15001	24. 5883
10	812. 8844	1. 2845	5959. 6	9. 3274
1	470. 1843	0. 6464	2151. 2	3. 0175
0. 1	280. 7522	0. 3424	1323. 0	1. 6161
0. 01	168. 2890	0. 1836	790. 2195	0. 8624
0. 001	147. 2246	0. 1454	488. 0108	0. 4905
0. 0001	186. 9619	0. 1831	541. 1914	0. 4952
0. 00001	273. 3425	0. 2719	749. 5976	0. 6843
0. 000001	486. 4011	0. 5003	1083. 5	1. 0495
更小	发散	发散	发散	发散

2. 参数 **R** 的选择

根据 3. 2. 1 节给出的 UKF 测量更新算法，计算一步预测测量误差协方差阵时，会用到量测模型噪声的协方差矩阵 **R**。

$$\boldsymbol{P}_{\hat{z}_k\hat{z}_k} = \sum_{i=0}^{2n} W_i[\boldsymbol{Z}_{i,k|k-1} - \hat{z}_k^-][\boldsymbol{Z}_{i,k|k-1} - \hat{z}_k^-]^{\mathrm{T}} + \boldsymbol{R}_k \tag{4-119}$$

因此 **R** 会影响一步预测测量误差协方差阵的大小，从而也会影响最终的估计误差协方差阵的大小，而最终的估计误差协方差阵决定了采样点的分布范围的半径。为研究 **R** 对导航系统精度的影响，当观测的导航星个数为 3 时，**R** 可表示为

$$\boldsymbol{R}=\begin{bmatrix} r & 0 & 0 \\ 0 & r & 0 \\ 0 & 0 & r \end{bmatrix} \tag{4-120}$$

图 4-9 和表 4-4 给出当上式中的 r 取不同值时的计算机仿真结果。

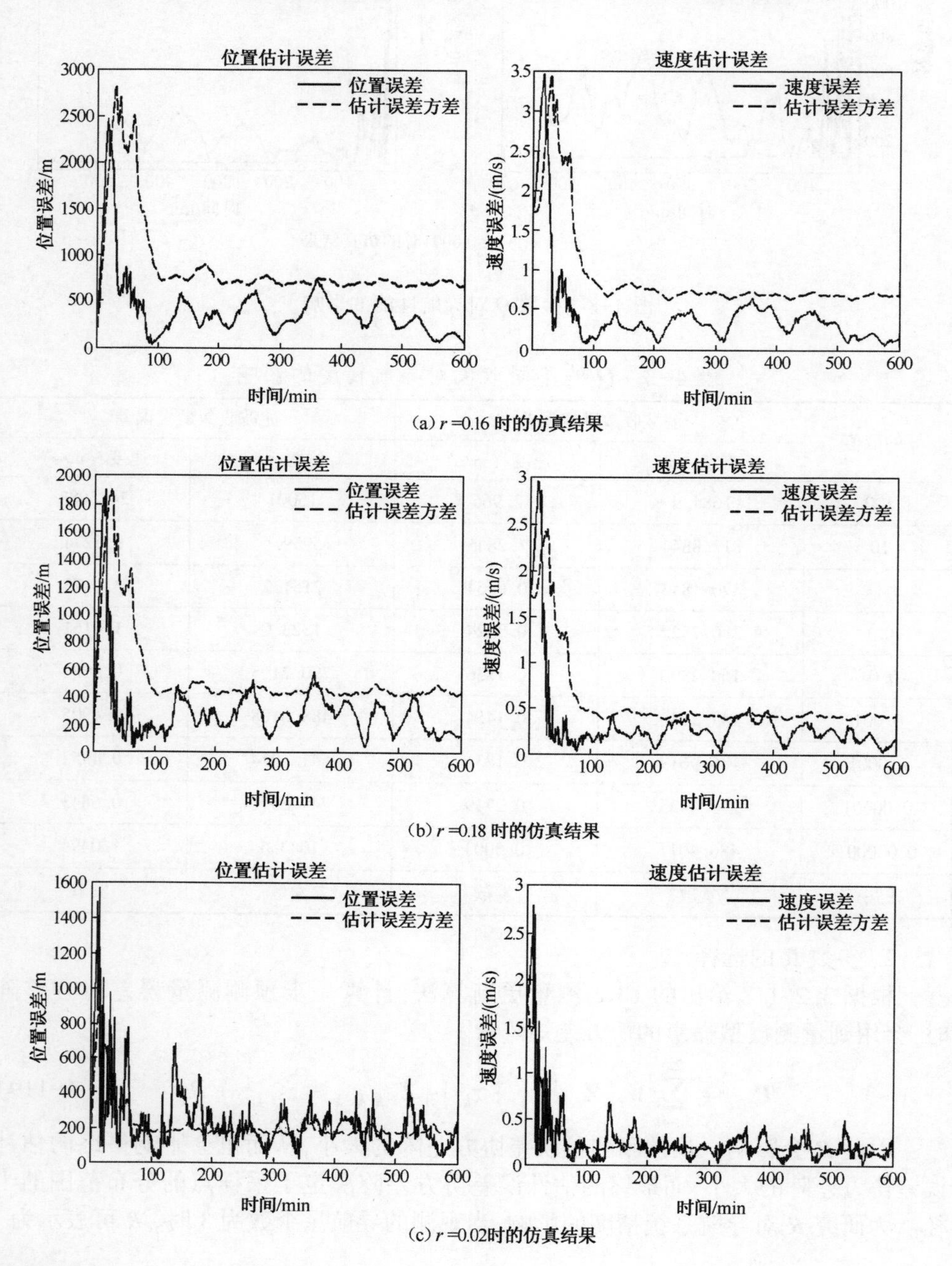

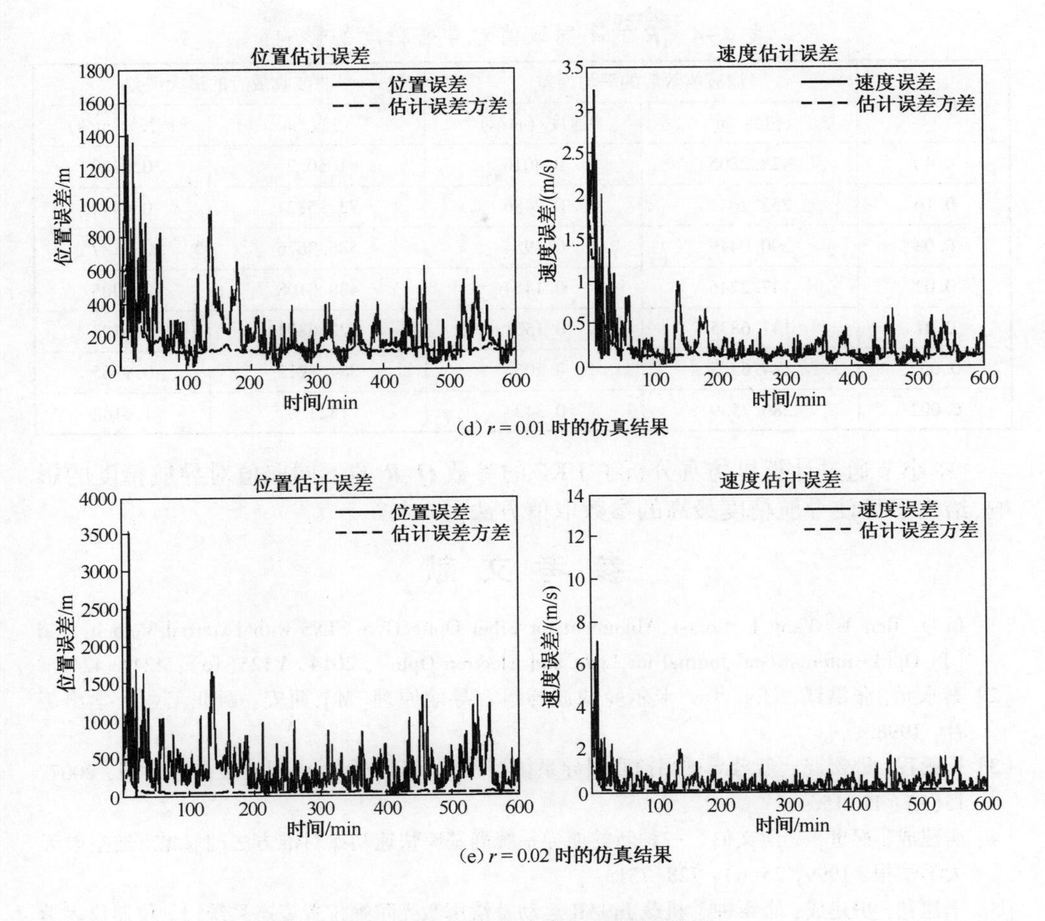

(d) $r=0.01$ 时的仿真结果

(e) $r=0.02$ 时的仿真结果

图 4-9　参数 R 对导航性能的影响

从图 4-9 及表 4-4 中可以看出，r 的取值对导航精度的影响与 q 类似。r 值取得太大，系统就不能有效地利用量测信息对状态进行修正，因此导航精度就较低；反之，r 值取得太小，系统就会过分的依赖量测信息，无法利用状态模型有效地去除有害的量测噪声，同样降低了导航的精度；只有当 r 的取值恰好与所使用的量测模型的精度相吻合时，才能使状态模型和量测信息都能有效的发挥作用，互相补充，得到最高的导航精度。上述结论从仿真结果中也可以明显看出，如图 4-9(a)、(b)所示，由于 r 值取得太大，估计误差协方差高于实际的估计误差；图4-9(d)、(e)中，由于 r 值取得太小，估计误差协方差低于实际的估计误差；只有 r 的取值恰好与所使用的量测模型的精度相吻合时，如图 4-9(c)所示，此时估计误差协方差与实际的估计误差基本吻合。

表 4-4　$\boldsymbol{R}$ 的不同取值对导航精度的影响

r 的取值	滤波收敛后的平均误差		滤波收敛后的最大误差	
	位置/m	速度/(m/s)	位置/m	速度/(m/s)
0. 40	428. 2805	0. 4016	1050. 7	0. 8989
0. 16	253. 7641	0. 2486	737. 5827	0. 6413
0. 08	200. 0449	0. 1954	586. 3676	0. 5187
0. 02	147. 2246	0. 1454	488. 0108	0. 4905
0. 01	147. 6835	0. 1531	622. 6894	0. 6698
0. 005	184. 6525	0. 2066	884. 8712	0. 9765
0. 002	280. 7539	0. 3424	1323. 0	1. 6162

本小节通过计算机仿真分析了 UKF 的参数 $\boldsymbol{Q}$、$\boldsymbol{R}$ 的不同取值对导航精度的影响,给出了可使导航精度最高的参数取值方法。

参 考 文 献

[1] Li Q, Ben Y, Yang J. Coarse Alignment for Fiber Optic Gyro SINS with External Velocity Aid [J].Optik-international Journal for Light and Electron Optics, 2014, V125(16): 4241-4245.

[2] 秦永元, 张洪钺, 汪叔华. 卡尔曼滤波与组合导航原理[M].西安: 西北工业大学出版社, 1998.

[3] 崔鹏程, 邱宏波. 舰载导弹用捷联惯导系统校准技术研究[J].中国惯性技术学报, 2007, 15(1): 12-15.

[4] 房建成, 祝世平, 俞文伯. 一种新的惯导系统静基座快速初始对准方法[J].北京航空航天大学学报, 1999, 25(6): 728-731.

[5] 李建利, 房建成, 康泰钟. 机载 InSAR 运动补偿用激光陀螺位置姿态系统[J].仪器仪表学报, 2012, 33(7): 1497-1504.

[6] Li Q, Ben Y, Yang J. Coarse Alignment for Fiber Optic Gyro SINS with External Velocity Aid [J].Optik-international Journal for Light and Electron Optics, 2014, V125(16): 4241-4245.

[7] 崔鹏程, 邱宏波. 舰载导弹用捷联惯导系统校准技术研究[J].中国惯性技术学报, 2007, 15(1): 12-15.

[8] 杨阳. 捷联惯导系统动基座初始对准[D].西安: 西北工业大学,2002.

[9] 程向红, 郑梅. 捷联惯导系统初始对准中 Kalman 参数优化方法[J].中国惯性技术学报, 2006, 14(4): 12-17.

[10] 程向红, 万德钧, 钟巡. 捷联惯导的可观测性和可观测度研究[J].东南大学学报, 1997, 27(6): 6-1196.

[11] Lu B, Wang Q, Yu C, et al. Optimal Parameter Design of Coarse Alignment for Fiber Optic Gyro Inertial Navigation System[J]. Sensors, 2015, V15(7): 15006-15032.

[12] 葛乎宁, 尹洪亮. 激光惯导系统凝固坐标系粗对准方法[J].舰船科学技术, 2014, 36(6): 121-124.

[13] 赵长山，秦永元，白亮．基于双向量定姿的摇摆基座粗对准算法分析与实验[J].中国惯性技术学报，2009，17(4)：436-440.

[14] 万德钧，房建成．惯性导航初始对准[M].南京：东南大学出版社，1998.

[15] 王新龙，申功勋．一种快速精确的惯导系统多位置初始对准方法研究[J].宇航学报，2002，23(4)：81-84.

[16] 于家成，陈家斌，徐学强，等．捷联惯导系统多位置可观性分析[J].北京理工大学学报，2004，24(2)：150-153.

[17] Liu B Q, Fang J C. Double Any-Position Alignment Without Rotable Device for SINS [A].6th International Symposium on Instrumentation and Control Technology[C].2006, 6357: 5H-1-5H-5.

[18] Bar-Itzhack I Y, Goshen-Meskin D. Identity Between INS Position and Velocity Error Equations in the True Frame[J].Journal of Guidance, Control, and Dynamics, 1988, 11(6): 590-592.

[19] Bar-Itzhack I Y, Bermant N. Control Theoretic Approach to Inertial Navigation Systems[J]. Journal of Guidance, Control, and Dynamics, 1988, 11(3): 237-245.

[20] 余杨，张洪钺．圆锥运动及其影响的3种描述方法[J].北京航空航天大学学报，2008，34(8)：956-960.

[21] 练军想，胡德文，胡小平，等．捷联惯导姿态算法中的圆锥误差与量化误差[J].航空学报，2006，27(1)：98-103.

[22] Mark J G, Tazartes D A. Tuning of Coning Algorithms to Gyro Data Frequency Response Characteristics[J].Journal of Guidance, Control, and Dynamics, 2001, 24(4): 641-647.

[23] 黄昊，邓正隆．旋转向量航姿算法的一种新的表达式[J].宇航学报，2001，22(3)：92-98.

[24] 魏晓虹，张春熹，朱奎宝．一种高精度角速率圆锥补偿算法[J].北京航空航天大学学报，2005，31(12)：1312-1316.

[25] Miller R B. A New Strapdown Attitude Algorithm[J].Journal of Guidance, Control, and Dynamics, 1983, 6(4): 287-291.

[26] Jiang Y F, Lin Y P. Error Estimation of INS Ground Alignment through Observability Analysis [J].IEEE Transactions on Aerospace and Electronic Systems, 1992, 28(1): 92-97.

[27] Fang J C, Wan D J. A Fast Initial Alignment Method for Strapdown Inertial Navigation System on Stationary Base[J].IEEE Transactions on Aerospace and Electronic Systems, 1996, 32(4): 1501-1505.

[28] 王新龙，申功勋．一种快速精确的捷联惯导系统初始对准方法研究[J].中国惯性技术学报，2003，11(6)：34-38.

[29] 周姜滨，袁建平，岳晓奎，等．一种快速精确的捷联惯性导航系统静基座自主对准新方法研究[J].宇航学报，2008，29(1)：133-138.

[30] Scherzinger B M. Inertial Navigator Error Models for Large Heading Uncertainty [A]. IEEE PLANS'96[C].1996: 477-484.

[31] Scherzinger B M, Reid D B. Modified Strapdown Inertial Navigator Error Models [A]. IEEE PLANS'94[C].1994: 426-430.

[32] Dmitriyev S P, Stepanov O A, Shepel S V. Nonlinear Filtering Methods Application in INS Alignment[J].IEEE Transactions on Aerospace and Electronic Systems, 1997, V33(1): 260-272.

[33] Yu M J, Lee J G, Park H W. Comparison of SDINS In-flight Alignment Using Equivalent Error Models[J].IEEE Transactions on Aerospace and Electronic Systems, 1999, V35(3): 1046-1054.

[34] Yu M J, Park H W, Jeon C B. Equivalent Nonlinear Error Models of Strapdown Inertial Navigation Systems[A].Proceedings of AIAA 97 GNC Conference[C].1997: 581-587.

[35] Ito K , Xiong K Q. Gaussian Filters for Nonlinear Filtering Problems[J].IEEE Transactions on Automatic Control, 2000, 45(5): 910-927.

[36] Lee D J. Nonlinear Bayesian Filtering with Applications to Estimation and Navigation[D]. Texas:A&M University, 2005.

[37] Simon J, Julier J K, Uhlmann H. A new Approach for Filtering Nonlinear Systems [C].Proceedings of the American Control Conference. Piscataway: IEEE, 1995: 1628-1632.

[38] Van der Merwe R, Wan E A. The Square-Root Unscented Kalman Filter for State And Parameter Estimation [C].IEEE International Conference on Acoustics, Speech, and Signal. Salt Lake: IEEE, 2001, 6 (7): 3461- 3464.

[39] 顾冬晴，秦永元．船用捷联惯导系统运动中对准的 UKF 设计[J].系统工程与电子技术，2006，28(8)：1218-1220.

[40] 丁杨斌，王新龙，王缜，等．Unscented 卡尔曼滤波在 SINS 静基座大航向失准角初始对准中的应用研究[J].宇航学报，2006，27(6)：1201-1204.

[41] Chen G, Chui C K. A Modified Adaptive Kalman Filter for Real Time Application[J].IEEE Transaction on Aerospace and Electronic Systems, 1991, 27(1): 149-154.

[42] Yu M J , Lee J G, Park H W. Nonlinear Robust Observer Design for Strapdown INS In-Flight Alignment [J].IEEE Transactions on Aerospace and Electronic Systems, 2004, 40(3): 797-807.

[43] Hecht N R. Theory of the Back Propagation Neutral Networks [C].IEEE proceeding of International Conference Neutral Networks. Piscataway: IEEE, 1989:593-605.

[44] 杨莉，汪叔华．采用 BP 神经网络的惯导初始对准系统[J].中国惯性技术学报，1996，28(4)：487-491.

[45] 王丹力，张洪钺．基于 RBF 网络的惯导系统初始对准[J].航天控制，1999，2(1)：44-50.

[46] 陈兵舫，张育林，杨乐．基于小波神经网络的惯导初始对准系统[J].系统工程与电子技术，2001，23(8)：55-57.

[47] Hao Yanling, Xiong Zhilan, Hu Zaigang. Particle Filter for INS In-Motion Alignment [C]. IEEE Conference on Industrial Electronics and Applications. Piscataway: IEEE, 2006: 1-6.

[48] Zhao Rui, Gu Qitai. Nonlinear filtering Algorithm With its Application in INS Alignment [C]. Proceedings of the Tenth IEEE Workshop on Statistical Signal and Array Processing.Piscataway: IEEE, 2000: 510-513.

[49] Crassidis J L, Markley F L. Predictive filtering for Nonlinear Systems [J].Journal of Guidance

Control and Dynamics, 1997, 20(3): 566-572.

[50] 杨静，张洪钺，李骥. 预测滤波理论在惯导非线性对准中的应用[J].中国惯性技术学报，2003, 11(6): 44-52.

[51] Goshen-Meskin D, Bar-Itzhack I Y. Observability Analysis of Piece-Wise Constant Systems, Part I: Theory[J].IEEE Transactions on Aerospace and Electronic System, 1992, 28(4): 1056-1067.

[52] Goshen-Meskin D, Bar-Itzhack I Y. Observability Analysis of Piece-Wise Constant Systems, Part II: Theory[J].IEEE Transactions on Aerospace and Electronic System,1992, 28(4): 1068-1075.

[53] Ham F M, Brown R G. Observability, Eigenvalues, and Kalman Filtering[J].IEEE Transactions on Aerospace and Electronic Systems, 1983, 19(2): 269-273.

[54] 程向红，万德钧，钟巡. 捷联惯导的可观测性和可观测度研究[J].东南大学学报，1997, 27(6): 6-11.

[55] 吴海仙，俞文伯，房建成. 高空长航时无人机 SINS/CNS 组合导航系统仿真研究[J].航空学报，2006, 27(2): 299-304.

[56] Jiang Y F. Error Analysis of Analytic Coarse Alignment Methods[J].IEEE Transactions on Aerospace and Electronics Systems, 1998, 34(1): 334-337.

[57] Schimelevich L, Naor R. New Approach to Coarse Alignment[A].PLANS'94[C].1994:324-327.

[58] 魏春岭，张洪钺. 捷联惯导系统粗对准方法比较[J].航天控制，2000(3): 16-21.

[59] El-Sheimy N, Nassar S, Noureldin A. Wavelet De-Noising for IMU Alignment[J].IEEE A&E Systems Magazine, 2004, 10: 32-39.

[60] Liu Xixiang, Zhao Yu, Liu Xianjun, et al. An Improved Self-alignment Method for Strapdown Inertial Navigation System based on Gravitational Apparent Motion and Dual-vector[J].Review of scientific instruments, 2014, V85(12): 1-11.

[61] Li Qian, Ben Yueyang, Sun Feng. A Novel Algorithm for Marine Strapdown Gyrocompass based on Digital Filter[J].Measurement, 2013, V46(1): 563-571.

[62] Savage P G. Strapdown Inertial Navigation Integration Algorithm Design Part 1: Attitude Algorithms[J].Journal of Guidance, Control, and Dynamics, 1998, V21(1): 19-28.

[63] Yan G M, Bai L, Weng J, et al. SINS Anti-rocking Disturbance Initial Alignment based on Frequency Domain Isolation Operator[J].Journal of Astronautics, 2011, V32(7): 1486-1490.

[64] Pittelkau M E. Kalman Filtering for Spacecraft System Alignment Calibration[J].Journal of guidance, control, and dynamics. 2001, V24(6): 1187-1195.

[65] Gu D, El-Sheimy N, Hassan T, et al. Coarse Alignment for Marine SINS Using Gravity in the Inertial Frame as a Reference[C]. Location and Navigation Symposium, 2008: 961-965.

[66] Wei G X, et al. Self-alignment Method for Strapdown Inertial Navigation System in Moorage [C].Intelligent Computing and Intelligent Systems (ICIS), 2010: 233-237.

[67] 孙枫，曹通. 基于重力信息的惯性系粗对准精度分析[J].仪器仪表学报，2011, 32(11): 2409-2415.

[68] 柴卫华，沈晓蓉，张树侠. 船用捷联惯导系统解析粗对准的误差分析[J].哈尔滨工程大

学学报，1999，20(4)：46-50.

[69] 高薪，卞鸿巍，王荣颖，等．捷联惯导惯性系对准误差分析[J].海军工程大学学报，2014(6)：42-46.

[70] 练军想．捷联惯导动基座对准新方法及导航误差抑制技术研究[D].国防科学技术大学，2007.

[71] 吴枫，秦永元，周琪．间接解析自对准算法误差分析[J].系统工程与电子技术，2013，35(3)：586-590.

[72] 缪玲娟，田海．车载激光捷联惯导系统的快速初始对准及误差分析[J].北京理工大学学报，2000，20(2)：205-208.

[73] 袁信，俞济祥，陈哲．导航系统[M].北京:航空工业出版社，1993.

[74] Bortz J E. A New Mathematical Formulation for Strapdown Inertial Navigation [J].IEEE Transactions on Aerospace and Electronic Systems，1971，7(1)：61-66.

[75] Liu B Q，Fang J C. Double Any-Position Alignment Without Rotable Device for SINS [A].6th International Symposium on Instrumentation and Control Technology[C].2006，6357：5H-1-5H-5.

[76] Lee J G. Multi-Position Alignment of Strapdown Inertial Navigation System[J].IEEE Transactions on Aerospace and Electronic Systems，1993，29(4)：1323-1328.

[77] Chung D，Lee J G，Park C G，et al. Strapdown INS Error Model for Multiposition Alignment [J].IEEE Transactions on Aerospace and Electronic Systems，1996，32(4)：1362-1366.

[78] Yu M J，Lee J G，Park H W. Comparison of SDINS In-Flight Alignment Using Equivalent Error Models[J].IEEE Transactions on Aerospace and Electronic Systems，1999，35(3)：1046-1054.

[79] 胡士强，敬忠良．粒子滤波算法综述[J].控制与决策，2005，20(4)：362-367.

[80] LU P. Optimal Predictive Control of Continuous Nonlinear Systems[J].International Journal of Control，1995，62(3)：633-649.

[81] 杨静，张洪钺，李骥．预测滤波理论在惯导非线性对准中的应用[J].中国惯性技术学报，2003，11(6)：44-52.

[82] Yu M J，Park H W，Jeon C B. Equivalent Nonlinear Error Models of Strapdown Inertial Navigation Systems[R].AIAA-97-3563，1997：581-587.

[83] 以光衢．惯性导航原理[M].北京：航空工业出版社，1987.

[84] Zhao L，Gao W Li P，et al. The Study on Transfer Alignment for SINS on Dynamic Base[A]. Prceedings of the IEEE International Conference on Mechatronics & Autom- ation[C].IEEE，2005：1318-1322.

[85] Ali J，Fang J. Alignment of strapdown inertial navigation system：a literature survey spanned over the last 14 years [J]. Beijing University of Aeronautics and Astronautics，Beijing，2006，100083.

[86] Zhang A，He Y，Liu Y，et al. Research for the Application of UKF in Moving-Based Alignment of SIMU[J].Procedia Engineering，2011，15：4397-4402.

[87] Scherzinger B M. Inertial navigator error models for large heading uncertainty[C].1996 Position Location and Navigation Symposium，IEEE 1996：477-484.

[88] 魏春岭，张洪钺，郝曙光．捷联惯导系统大方位失准角下的非线性对准[J].航天控制，2003，21(4)：25-35.

[89] NØrgaard M，Poulsen N K，Ravn O. New developments in state estimation for nonlinear systems [J].Automatica，2000，36(11)：1627-1638.

[90] Ali J，Ullah-Baig-Mirza M R. Initial orientation of inertial navigation system realized through nonlinear modeling and Filtering[J]. Measurement，2011，44(5)：793-801.

[91] Peyman S，Alireza K，Ebrahim F. Attitude estimation by divided difference Filter-based sensor fusion[J].Journal of Navigation，2007，60(1)：119-128.

[92] 钟麟，佟明安，钟卫，等．DD2 滤波在导弹被动制导中的应用[J].弹箭与制导学报，2005，25(4)：860-862.

[93] 林玉荣，邓正隆．无陀螺卫星姿态的二阶插值非线性滤波估计[J].宇航学报，2003，24(2)：173-179.

[94] 吴顺华，辛勤，万建伟．简化 DDF 算法及其在单星对星无源定轨跟踪中的应用[J].宇航学报，2009，30(4)：1557-1563.

[95] NØrgaard M，Poulsen N K，Ravn O. New developments in state estimation for nonlinear systems [J].Automatica，2000，36(11)：1627-1638.

[96] Loebis D，Sutton R，Chudley J，et al. Adaptive Tuning of a Kalman Filter via Fuzzy Logic for an Intelligent AUV Navigation System[J].Control Engeering Practice，2004，12(12)：1531-1539.

[97] Shademan A，Janabi-Sharifi F. Sensitivity analysis of EKF and iterated EKF pose estimation for position-based visual servoing[C].CCA 2005 Proceedings of IEEE Conference on Control Applications，2005：755-760.

[98] Park C G，Kim K，Kang W Y. UKF based in-flight alignment using low cost IMU[C].Proceedings of the AIAA Guidance，Navigation，and Control Conference and Exhibit，2006：21-24.

[99] Wang J. Stochastic Modelling for RTK GPS/GLONASS positioning[J]. Journal of the US Institute of Navigation，2000，46(4)：297-305.

[100] Wang J，Stewart M，Tsakiri M. Adaptive Kalman Filtering for integration of GPS with GLONASS and INS[J].International Association of Geodesy Symposia，2000，121：325-330.

[101] 房建成，周锐，祝世平．捷联惯导系统动基座对准的可观测性分析[J].北京航空航天大学学报，1999，25(6)：714-719.

[102] Meskin G，Itzhack B. Observability Analysis of Piece-Wise Constant Systems，Part I：Theory [J].IEEE Trans. on Aerospace and Electronic System，1992，28(4)：1056-1067.

[103] Meskin G，Itzhack B. Observability Analysis of Piece-Wise Constant Systems，Part II：Theory [J].IEEE Trans. on Aerospace and Electronic System，1992，28(4)：1068-1075.

[104] Goshen-Meskin D，Bar-Itzhack I Y. Observability Analysis of Piece-Wise Constant System-Part I：Theroy . IEEE Transactions on Aerospace and Electronics Systems，1992，Vol 28，No. 4：1056-1067.

[105] 帅平，陈定昌，江涌．SINS/GPS 组合导航系统的可观测度分析方法[J].中国空间科学技术，2004，2(1)：12:19.

[106] 谢钢．全球导航卫星系统原理：GPS、格洛纳斯和伽利略系统[M].北京：电子工业出版

社,2013.

[107] 宁津生，姚宜斌，张小红．全球导航卫星系统发展综述[J].导航定位学报，2013,1(1)：3-8.

[108] Quan Wei, Li Jianli, Gong Xiaolin, et al. INS/CNS/GNSS integrated navigation technology [M].Heidelberg:Springer.

[109] 张福荣，田倩．GPS 测量技术与应用[M].成都：西南交通大学出版社,2013.

[110] 徐绍铨，张华海，杨志强，等．GPS 测量原理及应用[M].武汉：武汉大学出版社,2017.

[111] 万德钧，房建成，王庆．GPS 动态滤波的理论、方法及其应用[M].江苏：江苏科学技术出版社，2000.

[112] 郑加柱．GPS 测量原理及应用[M].北京：科学出版社，2014.

[113] 鲍建宽，范兴旺，高成发．4 种全球定位系统的现代化及其坐标转化[J].黑龙江工程学院学报,2013,27(1)：36-40.

[114] 王惠南．GPS 导航原理与应用[M].北京：科学出版社，2003.

[115] 全伟，刘百奇，宫晓琳，等．惯性/天文/卫星组合导航技术[M].北京：国防工业出版社,2011.

[116] 杨琰．北斗卫星导航系统与 GPS 全球定位系统简要对比分析[J].无线互联科技,2013(4):114-114.

[117] Frieldland B. Optimum steady-state position and velocity estimation using noisy sampled position data [J]. IEEE Transactions on Aerospace and Electronic Systems, 1973, 9(6): 906-911.

[118] Zhou Hongren, Kumar K S P. A current statistical model and adaptive algorithm for estimating maneuveringtargets[J]. AIAA. Journal of Guidance Control and Dynamics, 1984, 7(5): 596-602.

第5章 卡尔曼滤波在组合导航系统中的应用

目前，导航技术主要有天文导航，推算导航，惯性导航，地形、景象匹配导航，卫星导航，物理场匹配导航等。各种导航系统各有优、缺点，且均有随机误差。不论哪种导航系统在单独使用时往往难以满足导航性能的要求。组合导航技术应运而生，将两种或两种以上的导航系统组合起来，对同一导航信息作测量并解算以形成量测量，即从这些量测量中计算出各导航系统的误差并校正之。组合导航技术是提高导航系统整体性能的有效途径。

组合导航系统优点[1-3]：

(1) 互补、超越。组合导航系统融合了各导航子系统的导航信息，相互取长补短，超越了单个子系统的性能和精度，同时提高了系统的环境适应性。

(2) 冗余、可靠。同一导航信息可通过多个导航子系统测量，获得冗余的测量信息，增强了系统的冗余度，提高了系统的可靠性。

(3) 降低成本。组合导航技术在保证导航系统精度的同时，可降低导航子系统对器件的要求，尤其是对惯性器件的要求，从而降低了组合导航系统的成本。

实现组合导航有两种基本方法[4,5]：

(1) 回路反馈法。该方法采用经典的回路控制方法，控制系统误差，以实现各导航系统间的性能互补。

(2) 最优估计法。即采用现代控制理论中的最优估计法(卡尔曼滤波等)，从概率统计最优的角度估计出导航系统的误差并消除之。

上述两种方法都能使各单系统间的信息互相渗透，达到性能互补的效果。但由于各单系统的误差源和量测误差都是随机的，因此第二种方法要优于第一种方法[4]。设计组合导航系统时一般均采用卡尔曼滤波。本章将详细介绍卡尔曼滤波在捷联惯性/卫星组合导航系统、惯性/天文/卫星组合导航系统中的应用。

5.1 捷联惯性/卫星组合导航技术

捷联式惯性导航系统(SINS)是将惯性敏感元件(陀螺仪和加速度计)直接固连在载体上的惯性导航系统[6-8]。惯性导航系统可以不依赖任何外界信息,完全依靠自身的惯性敏感元件进行导航参数测量。因此,它不受外界环境干扰的影响,无信号丢失等问题,具有很好的隐蔽性,是一种完全自主式、全天候且输出频率高的导航系统。但是惯性导航系统有其固有的缺点:导航误差随时间而积累,即长期稳定性差。卫星导航系统(Global Navigation Satellite System,GNSS)每一次导航定位具有独立性,误差不随时间积累,而且定位精度和测速精度较高,但卫星导航系统输出的信息不连续(数据输出频率低)且易受干扰[9,10]。综上,SINS 和 GNSS 在使用时各有优缺点,具有很强的互补性,将二者组合起来实现优势互补,可显著提高导航系统的综合性能。目前,SINS/GNSS 组合导航系统已广泛应用于航空、航天、航海等领域,是一种较为理想的组合导航系统。

本小节将系统地介绍 SINS/GNSS 组合导航系统的原理、方法及其工程应用。首先简要论述 SINS/GNSS 组合导航系统基本原理及组合模式,在此基础上介绍 SINS/GNSS 组合导航系统的线性和非线性建模方法;然后分别介绍线性估计方法和非线性估计方法在 SINS/GNSS 组合导航系统中的应用,包括仿真和试验。

5.1.1 惯性/卫星组合导航原理

将 SINS 和 GNSS 进行组合导航的目的是利用 GNSS 的无累积误差的位置和速度信息来修正 SINS 中陀螺漂移、加速度计偏置和初始失准角等引起的 SINS 捷联解算结果(位置、速度和姿态)的误差,从而获得高精度、高输出频率的导航信息。

5.1.1.1 惯性/卫星组合导航基本原理

SINS/GNSS 组合导航的基本原理可以概括为:以 SINS 和 GNSS 的误差方程作为系统状态方程,以 SINS 和 GNSS 各自输出的导航信息之差作为系统量测量,建立量测方程;然后采用最优估计方法估计出导航系统的误差并消除之,从而实现高精度的组合导航[11,12]。

在运用卡尔曼滤波器进行 SINS/GNSS 组合导航时,首先需要建立系统状态方程和量测方程。根据状态变量选取的不同,分为直接法滤波和间接法滤波。前者是指直接以各导航系统的导航参数作为状态,即直接以各导航系统的导航参数作为估计对象;后者指以各导航系统的导航误差作为状态,即以导航误差作为估计对象[4,13]。这两种方法的示意图如图 5-1 和图 5-2 所示。

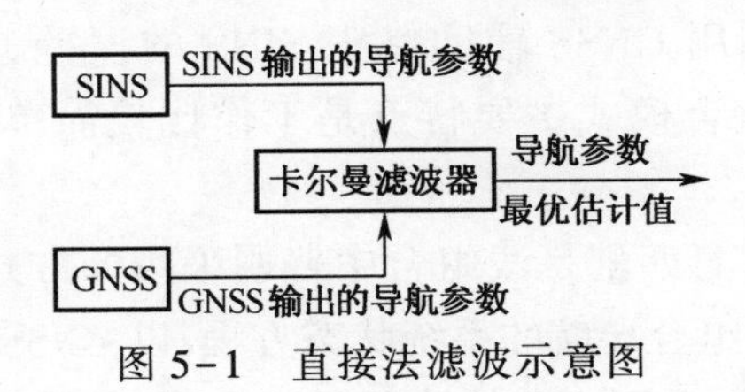

图 5-1　直接法滤波示意图

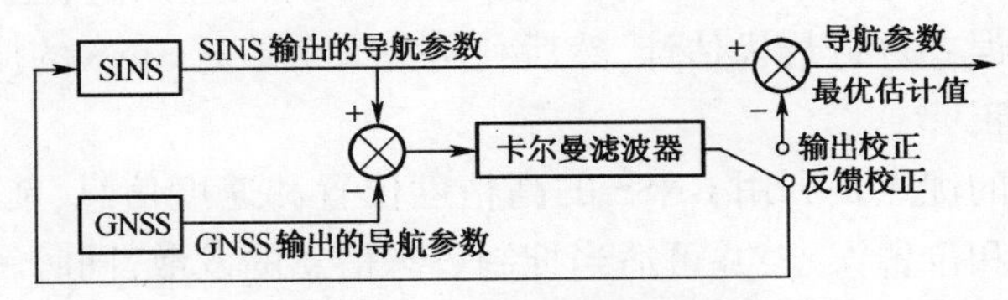

图 5-2　间接滤波示意图

在直接法滤波中,状态变量的量值大、变化快,如速度、位置和姿态角等;在实际中其状态方程往往呈非线性。而间接法滤波采用导航误差作为状态变量,与导航参数本身相比,其量值要小很多,而且变化缓慢;采用线性状态方程即可较为准确地描述导航误差的传递规律,因此状态变量的估计精度容易得到保证。间接法滤波是工程应用中普遍采用的方法。

在滤波器估计出状态变量后,如导航误差,校正导航参数的方法分为输出校正和反馈校正两种。直接用状态估计值校正 SINS 的捷联解算输出值来获得更加准确的导航参数,这种方法称为输出校正法;也可以把这些状态估计值反馈到子系统(SINS 和 GNSS)的解算流程中,周期地修正子系统导航参数,保证子系统不再产生积累误差,这种方法称为反馈校正法。本文仿真中采用输出校正组合模型。这两种校正方法的原理图如图 5-2 所示[4]。直接法滤波和间接法滤波得到的状态估计都可以采用输出校正法或反馈校正法进行校正。

如果能够准确地建立系统状态方程和量测方程,那么输出校正法和反馈校正法的估计效果一样;反之,由于输出校正不能修正子系统内部的导航误差,长时间工作时滤波容易发散;而反馈校正由于能够修正子系统内部的导航误差,所以长时间工作时也能保证滤波的稳定性。

5.1.1.2 惯性/卫星组合导航组合模式

按照 SINS 与 GNSS 组合深度的不同，可以将 SINS/GNSS 组合导航系统的组合模式大致分为浅组合、深组合以及超深组合三类[14-16]。

1. 浅组合

浅组合是一种仅利用 GNSS 辅助修正 SINS 的误差，SINS 和 GNSS 可独立工作的组合模式。该组合模式主要特点是工作比较简单，便于工程实现，使导航系统有一定余度[17]。

目前，位置和速度信息匹配是浅组合中普遍采用的方式，即将 SINS 的误差传播方程作为 SINS/GNSS 组合导航的系统状态方程；以 GNSS 和 SINS 各自输出的位置、速度之差作为量测量；采用滤波估计器对 SINS 的位置误差、速度误差、姿态误差以及惯性器件误差进行最优估计，然后利用估计结果对 SINS 的捷联解算结果进行输出或反馈校正[18]。

浅组合模式的优点是利用 GNSS 的高精度位置和速度信息，能够估计出 SINS 解算的速度误差和位置误差，并可适当抑制姿态信息的发散，同时解决了惯性器件误差的在线估计和校正问题；通过定期的校正补偿能很大程度地提高 SINS 系统的导航精度，从而实现长时间的高精度导航；缺点是仅利用 GNSS 辅助 SINS，而 SINS 没有辅助 GNSS 来增强卫星信号的跟踪。

2. 深组合

深组合是一种 SINS 和 GNSS 彼此辅助的组合模式。在这种模式中，GNSS 可辅助修正 SINS 的导航误差，同时 SINS 也可以辅助修正 GNSS 的误差，从而实现 SINS 和 GNSS 导航精度的共同提高。深组合的基本模式为伪距、伪距率组合[19,20]。具体是：以 GNSS 输出的伪距、伪距率，与由 SINS 解算的位置和速度换算得到的伪距和伪距率的差值为量测量，通过最优滤波估计出 SINS 和 GNSS 的误差，然后分别对两个系统进行误差校正。由上可以看出，该组合模式要求 GNSS 接收机具有内部参数实时可调的能力。

深组合的优点是组合导航精度、动态性能和鲁棒性均较高，整体性能优于浅组合；但缺点是 GNSS 接收机结构复杂。

3. 超深组合

超深组合是一种将 GNSS 跟踪信号同 SINS/GNSS 组合导航系统连接在一个最优滤波器中，以提高 GNSS 跟踪卫星信号的能力，解决动态条件下 GNSS 接收机跟踪精度和稳定性的问题[21,22]。该组合模式的基本原理是通过 SINS 的惯性传感器感知 GNSS 接收机动态，把估计的动态信息提供给接收机，确保接收机工作在一种准静态条件下[23,24]。因此，超深组合的跟踪环参数可按照准静态环境设定，环路带宽可以降低、相干积分时间可以加长，进而提高环路动态跟踪精度和动态跟踪稳定性。

超深组合模式的优点是能够提高 GNSS 跟踪信号的信噪比、降低多路径效应的影响，而且当信号受遮挡或中断时可快速实现信号的重新捕获。但该组合模式同样存在结构复杂、计算量大以及时间同步要求严格等缺点。

目前，基于此组合模式的 SINS/GNSS 组合导航系统，国外已研制出产品；国内起步晚，初步研制出原理样机，研究工作还在不断地深入[23]。

5.1.2 惯性/卫星组合导航的建模方法

对于 SINS/GNSS 组合导航系统，建立准确的数学模型是采用滤波技术进行组合导航的基础，数学模型准确与否直接影响状态及参数的估计精度和估计时间。而惯性导航系统误差模型是组成 SINS/GNSS 组合导航系统数学模型的核心部分，它由一组描述系统误差传播特性的微分方程所表示。

惯性导航系统误差方程的推导方法有 Φ 角法和 Ψ 角法[6]。Φ 角误差描述的是平台坐标系与真实导航坐标系之间的误差角，而 Ψ 角误差描述的是平台坐标系与计算导航坐标系之间的误差角。对于平台惯性导航系统和捷联惯性导航系统，其平台坐标系分别为物理平台和数学平台。理论证明上述两种误差模型可以相互转化[25]。

根据姿态误差(失准角)估计值的大小，可将 SINS/GNSS 组合导航系统的数学模型分为线性模型和非线性模型两类。如果数学平台的 3 个失准角均为小量，则可建立线性模型；反之，则需要建立非线性模型[7]。当姿态误差较大时，线性误差模型不能准确描述误差传播的特性。此时，如果仍采用传统的线性误差方程就会使滤波精度大大降低，甚至造成滤波发散。因此需要根据系统的实际情况，建立与之相适应的数学模型。

当采用两个水平姿态误差角和一个方位姿态误差角来描述角误差，并假设误差角均为小量时，可以推导出一般的惯性导航线性角误差模型。采用欧拉角描述 Φ 角误差，可以得到适用于 3 个姿态误差角均为大失准角的惯性导航系统非线性误差方程[26]，经过简化后可以得出适用于方位姿态误差角较大，而水平姿态误差角为小量时的惯性导航系统非线性误差方程[27]。与方向余弦阵形式的姿态阵相比，四元数形式具有形式简单、计算精度高又不存在歪斜误差等优点[28]。因此，有学者从加性四元数误差模型出发，提出了旋转向量误差模型及乘性四元数误差模型，并给出了捷联惯性导航系统的加性四元数误差模型、乘性四元数误差模型和旋转向量误差模型的非线性形式及其相互关系，从而证明了非线性误差模型之间是等效的。同时还指出在小误差角的情况下，旋转向量误差模型可以退化为相应的等效倾角误差模型[29]。四元数误差模型可以适用于 3 个姿态误差角都为大失准角的情况[30]，且不存在奇异问题，可全姿态工作，其中加性四元数误差模型的姿态误差方程是线性的。

综上所述，惯性导航系统的误差模型主要取决于 3 个方面：导航坐标系的选取、误差参考坐标系的选取和误差变量的选取。其中，导航坐标系可以选择惯性坐标系和当地水平坐标系等。对于捷联惯性导航系统，通常采用当地水平坐标系作为导航坐标系。因此，相应的误差参考坐标系为真实导航坐标系和计算导航坐标系。根据不同的误差变量定义，可以得到传统角误差模型、等效倾角误差模型、旋转向量误差模型、加性四元数误差模型和乘性四元数误差模型等不同的误差模型，且模型间具有关联性，可以相互推演。

本节将分别介绍 SINS/GNSS 组合导航系统典型的线性和非线性建模方法。首先，采用数学平台坐标系与真实地理坐标系之间的误差角（Φ 角）来表示 SINS 的姿态误差来建立 SINS/GNSS 组合导航系统的线性数学模型；然后，介绍基于角误差的 SINS/GNSS 组合导航系统的非线性数学模型；最后，采用四元数的计算误差来描述 SINS 的失准角建立基于加性四元数误差的 SINS/GNSS 组合导航系统的非线性数学模型。

5.1.2.1 基于 Φ 角的惯性/卫星组合导航系统线性建模方法

1. 惯性导航系统误差方程

选取东北天地理坐标系为导航坐标系。考虑飞行高度 H 并将地球视为旋转椭球体。惯性导航系统误差方程包括姿态误差方程、速度误差方程和位置误差方程[4]。

1）姿态误差方程

$$\begin{cases}\dot{\phi}_{\mathrm{E}}=-\dfrac{\delta V_{\mathrm{N}}}{R_{\mathrm{M}}+H}+\left(\omega_{\mathrm{ie}}\sin L+\dfrac{V_{\mathrm{E}}\tan L}{R_{\mathrm{N}}+H}\right)\phi_{\mathrm{N}}-\left(\omega_{\mathrm{ie}}\cos L+\dfrac{V_{\mathrm{E}}}{R_{\mathrm{N}}+H}\right)\phi_{\mathrm{U}}+\dfrac{V_{\mathrm{N}}}{(R_{\mathrm{M}}+H)^{2}}\delta H+\varepsilon_{\mathrm{E}}\\ \dot{\phi}_{\mathrm{N}}=\dfrac{\delta V_{\mathrm{E}}}{R_{\mathrm{N}}+H}-\omega_{\mathrm{ie}}\sin L\delta L-\left(\omega_{\mathrm{ie}}\sin L+\dfrac{V_{\mathrm{E}}\tan L}{R_{\mathrm{N}}+H}\right)\phi_{\mathrm{E}}-\dfrac{V_{\mathrm{N}}}{R_{\mathrm{M}}+H}\phi_{\mathrm{U}}-\dfrac{V_{\mathrm{E}}}{(R_{\mathrm{N}}+H)^{2}}\delta H+\varepsilon_{\mathrm{N}}\\ \dot{\phi}_{\mathrm{U}}=\dfrac{\tan L\delta V_{\mathrm{E}}}{R_{\mathrm{N}}+H}+\left(\omega_{\mathrm{ie}}\cos L+\dfrac{V_{\mathrm{E}}\sec^{2}L}{R_{\mathrm{N}}+H}\right)\delta L+\left(\omega_{\mathrm{ie}}\cos L+\dfrac{V_{\mathrm{E}}}{R_{\mathrm{N}}+H}\right)\phi_{\mathrm{E}}+\dfrac{V_{\mathrm{N}}\phi_{\mathrm{N}}}{R_{\mathrm{M}}+H}-\dfrac{V_{\mathrm{E}}\tan L\delta H}{(R_{\mathrm{N}}+H)^{2}}+\varepsilon_{\mathrm{U}}\end{cases}\tag{5-1}$$

式中：ϕ_{E}、ϕ_{N} 和 ϕ_{U} 分别为东向、北向和天向数学平台失准角，下标 E、N 和 U 分别表示东向、北向和天向；L 为当地纬度；H 为高度；V_{E}、V_{N} 和 V_{U} 分别为东向、北向和天向速度；δV_{E}、δV_{N} 和 δV_{U} 分别为东向、北向和天向速度误差；δL、$\delta\lambda$ 和 δH 分别为纬度误差、经度误差和高度误差；ω_{ie} 为地球自转角速率；R_{M} 和 R_{N} 分别为沿子午圈和卯酉圈的主曲率半径，$R_{\mathrm{M}}=R_{\mathrm{e}}(1-2e+3e\sin^{2}L)$，$R_{\mathrm{N}}=R_{\mathrm{e}}(1+e$

$\sin^2 L$)，其中椭圆度 $e=1/298.257$，地球椭球长半轴 $R_e=6378137$ m；ε_E、ε_N 和 ε_U 分别为东向、北向、天向陀螺漂移。

2）速度误差方程

$$
\begin{cases}
\delta\dot{V}_E = f_N\phi_U - f_U\phi_N + \left(\dfrac{V_N\tan L - V_U}{R_N+H}\right)\delta V_E + \left(2\omega_{ie}\sin L + \dfrac{V_E\tan L}{R_N+H}\right)\delta V_N + \left(2\omega_{ie}V_N\cos L + \right. \\
\qquad \left.\dfrac{V_E V_N\sec^2 L}{R_N+H} + 2\omega_{ie}V_U\sin L\right)\delta L - \left(2\omega_{ie}\cos L + \dfrac{V_E}{R_N+H}\right)\delta V_U + \dfrac{V_E V_U - V_E V_N\tan L}{(R_N+H)^2}\delta H + \nabla_E \\
\delta\dot{V}_N = f_U\phi_E - f_E\phi_U - 2\left(\omega_{ie}\sin L + \dfrac{V_E\tan L}{R_N+H}\right)\delta V_E - \dfrac{V_U\delta V_N}{R_M+H} - \dfrac{V_N\delta V_U}{R_M+H} - \\
\qquad \left(2\omega_{ie}\cos L + \dfrac{V_E\sec^2 L}{R_N+H}\right)V_E\delta L + \dfrac{V_N V_U + V_E V_E\tan L}{(R_N+H)^2}\delta H + \nabla_N \\
\delta\dot{V}_U = -f_N\phi_E + f_E\phi_N + 2\left(\omega_{ie}\cos L + \dfrac{V_E}{R_N+H}\right)\delta V_E + 2\dfrac{V_N\delta V_N}{R_M+H} - 2\omega_{ie}V_E\sin L\delta L - \\
\qquad \dfrac{V_E V_E + V_N V_N}{(R_N+H)^2}\delta H + \nabla_U
\end{cases}
\tag{5-2}
$$

式中：f_E、f_N 和 f_U 分别为东向、北向和天向比力；∇_E、∇_N 和 ∇_U 分别为东向、北向和天向的加速度计偏置。

3）位置误差方程

$$
\begin{cases}
\delta\dot{L} = \dfrac{\delta V_N}{R_M+H} - \dfrac{V_N}{(R_M+H)^2}\delta H \\
\delta\dot{\lambda} = \dfrac{\sec L}{R_N+H}\delta V_E + \dfrac{V_E\sec L\tan L}{R_N+H}\delta L - \dfrac{V_E\sec L}{(R_N+H)^2}\delta H \\
\delta\dot{H} = \delta V_U
\end{cases}
\tag{5-3}
$$

2. 惯性仪表误差方程

通常将经过标定补偿后的惯性仪表误差近似为随机常值和高斯白噪声[31,32]。随机常值部分可由以下微分方程描述：

$$\dot{\varepsilon}_x=0,\dot{\varepsilon}_y=0,\dot{\varepsilon}_z=0 \tag{5-4}$$

$$\dot{\nabla}_x=0,\ \dot{\nabla}_y=0,\ \dot{\nabla}_z=0 \tag{5-5}$$

式中：ε_x、ε_y、ε_z 和 ∇_x、∇_y、∇_z 分别为载体坐标系(b 系)3 个坐标轴上陀螺的常值漂移和加速度计的常值偏置。

3. 惯性/卫星组合导航滤波数学模型

由式(5-1)~式(5-5)所示的惯性导航系统误差方程和惯性仪表误差方程，以及捷联解算与 GPS 的位置、速度之差，可列写 SINS/GPS 组合导航系统滤波状态方程和量测方程。

1）状态方程

$$\dot{\boldsymbol{X}}(t)=\boldsymbol{F}(t)\boldsymbol{X}(t)+\boldsymbol{G}(t)\boldsymbol{W}(t) \tag{5-6}$$

式中：$\boldsymbol{X}=[\phi_E \quad \phi_N \quad \phi_U \quad \delta V_E \quad \delta V_N \quad \delta V_U \quad \delta L \quad \delta\lambda \quad \delta H \quad \varepsilon_x \quad \varepsilon_y \quad \varepsilon_z \quad \nabla_x \quad \nabla_y \quad \nabla_z]^T$，

系统噪声矩阵为

$$\boldsymbol{G}(t)=\begin{bmatrix} \boldsymbol{C}_b^n & \boldsymbol{0}_{3\times3} \\ \boldsymbol{0}_{3\times3} & \boldsymbol{C}_b^n \\ \boldsymbol{0}_{9\times3} & \boldsymbol{0}_{9\times3} \end{bmatrix}_{15\times6}$$

式中：$\boldsymbol{C}_b^n$ 为 b 系到导航坐标系（n 系）的方向余弦矩阵（也称为姿态矩阵）。

系统噪声 $\boldsymbol{w}$ 由陀螺仪和加速度计的随机误差组成（不包括随机常值误差）；系统噪声方差阵 $E[\boldsymbol{w}\boldsymbol{w}^T]=\boldsymbol{Q}$，根据 SINS 的惯性器件随机噪声水平选取。$\boldsymbol{w}$ 的表达式为

$$\boldsymbol{w}=[w_{\varepsilon_x} \quad w_{\varepsilon_y} \quad w_{\varepsilon_z} \quad w_{\nabla_x} \quad w_{\nabla_y} \quad w_{\nabla_z}]^T$$

系统状态转移矩阵为

$$F(t)=\begin{bmatrix} F_N & F_S \\ 0_{6\times9} & F_M \end{bmatrix}$$

式中：$F(t)$ 的非零元素可由建立的惯性导航系统误差方程获得。F_N 为对应的 9 维基本导航参数系统阵，具体为

$$F(1,2)=\omega_{ie}\sin L+\frac{V_E}{R_N+H}\tan L; \qquad F(1,3)=-\left(\omega_{ie}\cos L+\frac{V_E}{R_N+H}\right)$$

$$F(1,5)=-\frac{1}{R_M+H}; \qquad F(2,1)=-\omega_{ie}\sin L-\frac{V_E}{R_N+H}\tan L$$

$$F(2,3)=-\frac{V_N}{R_M+H}; \qquad F(2,4)=\frac{1}{R_N+H}$$

$$F(2,7)=-\omega_{ie}\sin L; \qquad F(3,1)=\omega_{ie}\cos L+\frac{V_E}{R_N+H}$$

$$F(3,2)=\frac{V_N}{R_M+H}; \qquad F(3,4)=\frac{1}{R_N+H}\tan L$$

$$F(3,7)=\omega_{ie}\cos L+\frac{v_E}{R_N+H}\sec^2 L; \qquad F(4,2)=-f_U$$

$$F(4,3)=f_N; \qquad F(4,4)=\frac{V_N}{R_M+H}\tan L-\frac{V_U}{R_M+H}$$

$$F(4,5)=2\omega_{ie}\sin L+\frac{V_E}{R_N+H}\tan L; \qquad F(4,6)=-\left(2\omega_{ie}\cos L+\frac{V_E}{R_N+H}\right)$$

$F(4,7) = 2\omega_{ie}\cos L \cdot V_N + \dfrac{V_E V_N}{R_N + H}\sec^2 L + 2\omega_{ie}\sin L \cdot V_U$

$F(5,1) = f_U$ ；　　　　$F(5,3) = -f_E$

$F(5,4) = -\left(2\omega_{ie}\sin L + \dfrac{V_E}{R_N + H}\tan L\right)$ ；$F(5,5) = -\dfrac{V_U}{R_M + H}$

$F(5,6) = -\dfrac{V_N}{R_M + H}$ ；　　　　$F(5,7) = -\left(2\omega_{ie}\cos L + \dfrac{V_E}{R_N + H}\sec^2 L\right)V_E$

$F(6,1) = -f_N$ ；　　　　$F(6,2) = f_E$

$F(6,4) = 2\left(\omega_{ie}\cos L + \dfrac{V_E}{R_N + H}\right)$ ；　　　　$F(6,5) = \dfrac{2V_N}{R_M + H}$

$F(6,7) = -2v_E\omega_{ie}\sin L$ ；　　　　$F(7,5) = \dfrac{1}{R_M + H}$

$F(8,4) = \dfrac{\sec L}{R_N + H}$ ；　　　　$F(8,7) = \dfrac{V_E}{R_N + \mathrm{H}}\sec L\tan L$

$F(9,6) = 1$

F_S 和 F_M 分别为

$$\boldsymbol{F}_S = \begin{bmatrix} \boldsymbol{C}_b^n & \boldsymbol{0}_{3\times3} \\ \boldsymbol{0}_{3\times3} & \boldsymbol{C}_b^n \\ \boldsymbol{0}_{3\times3} & \boldsymbol{0}_{3\times3} \end{bmatrix}, \boldsymbol{F}_M = [\boldsymbol{0}_{6\times6}]$$

2）量测方程

量测变量取为 SINS 与 GNSS 输出的位置和速度之差。量测方程如下：

$$\boldsymbol{Z}(t) = \boldsymbol{HX}(t) + \boldsymbol{V}(t) \tag{5-7}$$

式中：$\boldsymbol{Z} = \begin{bmatrix}\delta V_E' & \delta V_N' & \delta V_U' & \delta L' & \delta\lambda' & \delta H'\end{bmatrix}^T$，$\delta V_E'$、$\delta V_N'$、$\delta V_U'$、$\delta L'$、$\delta\lambda'$ 和 $\delta H'$ 分别为 SINS 捷联解算与 GNSS 的东向速度、北向速度、天向速度、纬度、经度和高度之差；量测矩阵 $\boldsymbol{H} = [\boldsymbol{H}_V \quad \boldsymbol{H}_P]^T$，$\boldsymbol{V} = [v_{\delta V_E'} \quad v_{\delta V_N'} \quad v_{\delta V_U'} \quad v_{\delta L'} \quad v_{\delta\lambda'} \quad v_{\delta H'}]^T$ 为量测噪声，量测噪声方差阵 $\boldsymbol{R}$ 根据 GNSS 的位置、速度噪声水平选取。$\boldsymbol{H}_V$ 和 $\boldsymbol{H}_P$ 的具体表达式为

$$\boldsymbol{H}_V = [\boldsymbol{0}_{3\times3} \quad \mathrm{diag}(1 \quad 1 \quad 1) \quad \boldsymbol{0}_{3\times9}] \tag{5-8}$$

$$\boldsymbol{H}_P = [\boldsymbol{0}_{3\times6} \quad \mathrm{diag}(R_M + H, (R_N + H)\cos L, 1) \quad \boldsymbol{0}_{3\times6}] \tag{5-9}$$

5.1.2.2 基于 $\boldsymbol{\Phi}$ 角的惯性/卫星组合导航系统非线性建模方法

1. 惯性导航系统误差方程

姿态误差微分方程的推导过程如下[26,33]：

SINS 用于姿态更新的矩阵微分方程为

$$\dot{\boldsymbol{C}}_b^n = \boldsymbol{C}_b^n[\boldsymbol{\omega}_{ib}^b \times] - [\boldsymbol{\omega}_{in}^n \times]\boldsymbol{C}_b^n \tag{5-10}$$

式中：$[\boldsymbol{\omega}_{ib}^{b}\times]$、$[\boldsymbol{\omega}_{in}^{n}\times]$ 分别表示由 $\boldsymbol{\omega}_{ib}^{b}$、$\boldsymbol{\omega}_{in}^{n}$ 构成的反对称阵。

实际上，SINS 用于姿态更新的矩阵微分方程为

$$\dot{\boldsymbol{C}}_{b}^{p}=\boldsymbol{C}_{b}^{p}[\hat{\boldsymbol{\omega}}_{ib}^{b}\times]-[\hat{\boldsymbol{\omega}}_{in}^{n}\times]\boldsymbol{C}_{b}^{p} \tag{5-11}$$

式中：$\boldsymbol{C}_{b}^{p}$ 为与载体坐标系（b 系）到数学平台坐标系（p 系）的方向余弦矩阵，有 $\boldsymbol{C}_{b}^{p}=\hat{\boldsymbol{C}}_{b}^{n}$，即 $\boldsymbol{C}_{b}^{p}$ 是姿态矩阵 $\boldsymbol{C}_{b}^{n}$ 的计算值；$\hat{\boldsymbol{\omega}}_{ib}^{b}=\boldsymbol{\omega}_{ib}^{b}+\delta\boldsymbol{\omega}_{ib}^{b}$ 为陀螺仪的测量值，$\delta\boldsymbol{\omega}_{ib}^{b}$ 表示陀螺仪的测量误差；$\hat{\boldsymbol{\omega}}_{in}^{n}=\boldsymbol{\omega}_{in}^{n}+\delta\boldsymbol{\omega}_{in}^{n}$ 为利用位置和速度计算值得到的 n 系相对 i 系的角速度，$\delta\boldsymbol{\omega}_{in}^{n}$ 为计算误差。

姿态阵的计算误差为

$$\Delta\boldsymbol{C}=\hat{\boldsymbol{C}}_{b}^{n}-\boldsymbol{C}_{b}^{n}=\boldsymbol{C}_{b}^{p}-\boldsymbol{C}_{b}^{n} \tag{5-12}$$

用 $\boldsymbol{C}_{p}^{n}$ 表示 p 系到 n 系的坐标转换关系，有

$$\Delta\boldsymbol{C}=(\boldsymbol{I}-\boldsymbol{C}_{p}^{n})\boldsymbol{C}_{b}^{p} \tag{5-13}$$

对式（5-13）进行微分，并将式（5-11）代入式（5-13），有

$$\begin{aligned}\Delta\dot{\boldsymbol{C}}&=(\boldsymbol{I}-\boldsymbol{C}_{p}^{n})\dot{\boldsymbol{C}}_{b}^{p}-\dot{\boldsymbol{C}}_{p}^{n}\boldsymbol{C}_{b}^{p}\\&=\boldsymbol{C}_{b}^{p}[\hat{\boldsymbol{\omega}}_{ib}^{b}\times]-[\hat{\boldsymbol{\omega}}_{in}^{n}\times]\boldsymbol{C}_{b}^{p}-\boldsymbol{C}_{p}^{n}\boldsymbol{C}_{b}^{p}[\hat{\boldsymbol{\omega}}_{ib}^{b}\times]+\boldsymbol{C}_{p}^{n}[\hat{\boldsymbol{\omega}}_{in}^{n}\times]\boldsymbol{C}_{b}^{p}-\dot{\boldsymbol{C}}_{p}^{n}\boldsymbol{C}_{b}^{p}\end{aligned} \tag{5-14}$$

对式（5-12）进行微分，并将式（5-10）和式（5-11）代入式（5-14），有

$$\begin{aligned}\Delta\dot{\boldsymbol{C}}&=\dot{\boldsymbol{C}}_{b}^{p}-\dot{\boldsymbol{C}}_{b}^{n}\\&=\boldsymbol{C}_{b}^{p}[\hat{\boldsymbol{\omega}}_{ib}^{b}\times]-[\hat{\boldsymbol{\omega}}_{in}^{n}\times]\boldsymbol{C}_{b}^{p}-\boldsymbol{C}_{b}^{n}[\boldsymbol{\omega}_{ib}^{b}\times]+[\boldsymbol{\omega}_{in}^{n}\times]\boldsymbol{C}_{b}^{n}\\&=\boldsymbol{C}_{b}^{p}[\hat{\boldsymbol{\omega}}_{ib}^{b}\times]-[\hat{\boldsymbol{\omega}}_{in}^{n}\times]\boldsymbol{C}_{b}^{p}-\boldsymbol{C}_{p}^{n}\boldsymbol{C}_{b}^{p}[\boldsymbol{\omega}_{ib}^{b}\times]+[\boldsymbol{\omega}_{in}^{n}\times]\boldsymbol{C}_{p}^{n}\boldsymbol{C}_{b}^{p}\end{aligned} \tag{5-15}$$

比较式（5-14）和式（5-15）右端，可以得到

$$\boldsymbol{C}_{p}^{n}\boldsymbol{C}_{b}^{p}[\delta\boldsymbol{\omega}_{ib}^{b}\times]-\boldsymbol{C}_{p}^{n}[\hat{\boldsymbol{\omega}}_{in}^{n}\times]\boldsymbol{C}_{b}^{p}+\dot{\boldsymbol{C}}_{p}^{n}\boldsymbol{C}_{b}^{p}+[\boldsymbol{\omega}_{in}^{n}\times]\boldsymbol{C}_{p}^{n}\boldsymbol{C}_{b}^{p}=\boldsymbol{0} \tag{5-16}$$

式（5-16）两端右乘 $\boldsymbol{C}_{p}^{b}$，可以得到

$$\boldsymbol{C}_{p}^{n}\boldsymbol{C}_{b}^{p}[\delta\boldsymbol{\omega}_{ib}^{b}\times]\boldsymbol{C}_{p}^{b}-\boldsymbol{C}_{p}^{n}[\hat{\boldsymbol{\omega}}_{in}^{n}\times]+\dot{\boldsymbol{C}}_{p}^{n}+[\boldsymbol{\omega}_{in}^{n}\times]\boldsymbol{C}_{p}^{n}=\boldsymbol{0} \tag{5-17}$$

根据矩阵的相似变换法则，有

$$[\delta\boldsymbol{\omega}_{ib}^{p}\times]=\boldsymbol{C}_{b}^{p}[\delta\boldsymbol{\omega}_{ib}^{b}\times]\boldsymbol{C}_{p}^{b}=\boldsymbol{C}_{n}^{p}[\delta\boldsymbol{\omega}_{ib}^{n}\times]\boldsymbol{C}_{p}^{n} \tag{5-18}$$

因此，可以得到

$$\boldsymbol{C}_{p}^{n}[\delta\boldsymbol{\omega}_{ib}^{p}\times]=[\delta\boldsymbol{\omega}_{ib}^{n}\times]\boldsymbol{C}_{p}^{n} \tag{5-19}$$

那么，式（5-18）可以化简为

$$[\delta\boldsymbol{\omega}_{ib}^{n}\times]\boldsymbol{C}_{p}^{n}-\boldsymbol{C}_{p}^{n}[\hat{\boldsymbol{\omega}}_{in}^{n}\times]+\dot{\boldsymbol{C}}_{p}^{n}+[\boldsymbol{\omega}_{in}^{n}\times]\boldsymbol{C}_{p}^{n}=\boldsymbol{0} \tag{5-20}$$

已知

$$\dot{\boldsymbol{C}}_{p}^{n}=\boldsymbol{C}_{p}^{n}[\boldsymbol{\omega}_{np}^{p}\times] \tag{5-21}$$

将其代入式（5-20），有

$$[\delta\boldsymbol{\omega}_{ib}^{n}\times]\boldsymbol{C}_{p}^{n}-\boldsymbol{C}_{p}^{n}[\hat{\boldsymbol{\omega}}_{in}^{n}\times]+\boldsymbol{C}_{p}^{n}[\boldsymbol{\omega}_{np}^{p}\times]+[\boldsymbol{\omega}_{in}^{n}\times]\boldsymbol{C}_{p}^{n}=\boldsymbol{0} \tag{5-22}$$

式(5-22)两端左乘 $\boldsymbol{C}_{n}^{p}$,并利用矩阵相似变换法则,有

$$[\delta\boldsymbol{\omega}_{ib}^{p}\times]-[\hat{\boldsymbol{\omega}}_{in}^{n}\times]+[\boldsymbol{\omega}_{np}^{p}\times]+[\boldsymbol{\omega}_{in}^{p}\times]=\boldsymbol{0} \tag{5-23}$$

即可以得到

$$\delta\boldsymbol{\omega}_{ib}^{p}-\hat{\boldsymbol{\omega}}_{in}^{n}+\boldsymbol{\omega}_{np}^{p}+\boldsymbol{\omega}_{in}^{p}=\boldsymbol{0} \tag{5-24}$$

则 p 系相对 n 系的角速度在 p 系中的投影为

$$\begin{aligned}\boldsymbol{\omega}_{np}^{p}&=\hat{\boldsymbol{\omega}}_{in}^{n}-\boldsymbol{\omega}_{in}^{p}-\delta\boldsymbol{\omega}_{ib}^{p}\\&=(\boldsymbol{\omega}_{in}^{n}+\delta\boldsymbol{\omega}_{in}^{n})-\boldsymbol{C}_{n}^{p}\boldsymbol{\omega}_{in}^{n}-\boldsymbol{C}_{b}^{p}\delta\boldsymbol{\omega}_{ib}^{b}\\&=(\boldsymbol{I}-\boldsymbol{C}_{n}^{p})\boldsymbol{\omega}_{in}^{n}+\delta\boldsymbol{\omega}_{in}^{n}-\boldsymbol{C}_{b}^{p}\delta\boldsymbol{\omega}_{ib}^{b}\end{aligned} \tag{5-25}$$

定义欧拉角 $\boldsymbol{\phi}=[\phi_E\quad\phi_N\quad\phi_U]^T$,将其用来描述 SINS 系统 p 系与 n 系之间的失准角,则

$$\boldsymbol{C}_{n}^{p}=\begin{bmatrix}\cos\phi_N\cos\phi_U-\sin\phi_N\sin\phi_E\sin\phi_U & \cos\phi_N\sin\phi_U+\sin\phi_N\sin\phi_E\cos\phi_U & -\cos\phi_N\sin\phi_E\\ -\cos\phi_E\sin\phi_U & \cos\phi_E\cos\phi_U & \sin\phi_E\\ \sin\phi_N\cos\phi_U+\sin\phi_N\cos\phi_E\sin\phi_U & \sin\phi_N\sin\phi_U-\sin\phi_N\cos\phi_E\cos\phi_U & \cos\phi_N\cos\phi_E\end{bmatrix} \tag{5-26}$$

设欧拉角的变化率为 $\dot{\boldsymbol{\phi}}$,$\dot{\boldsymbol{\phi}}$ 与 $\boldsymbol{\omega}_{np}^{p}$ 的关系为

$$\begin{aligned}\boldsymbol{\omega}_{np}^{p}&=\begin{bmatrix}\cos\phi_N&0&-\sin\phi_N\\0&1&0\\\sin\phi_N&0&\cos\phi_N\end{bmatrix}\begin{bmatrix}1&0&0\\0&\cos\phi_E&\sin\phi_E\\0&-\sin\phi_E&\cos\phi_E\end{bmatrix}\begin{bmatrix}0\\0\\\dot{\phi}_U\end{bmatrix}+\begin{bmatrix}\cos\phi_N&0&-\sin\phi_N\\0&1&0\\\sin\phi_N&0&\cos\phi_N\end{bmatrix}\\&\quad\begin{bmatrix}\dot{\phi}_E\\0\\0\end{bmatrix}+\begin{bmatrix}0\\\dot{\phi}_N\\0\end{bmatrix}=\begin{bmatrix}\cos\phi_N&0&-\sin\phi_N\cos\phi_E\\0&1&\sin\phi_E\\\sin\phi_N&0&\cos\phi_N\cos\phi_E\end{bmatrix}\begin{bmatrix}\dot{\phi}_E\\\dot{\phi}_N\\\dot{\phi}_U\end{bmatrix}=\boldsymbol{C}_{\omega}\begin{bmatrix}\dot{\phi}_E\\\dot{\phi}_N\\\dot{\phi}_U\end{bmatrix}\end{aligned} \tag{5-27}$$

故有

$$\dot{\boldsymbol{\phi}}=\boldsymbol{C}_{\omega}^{-1}\boldsymbol{\omega}_{np}^{p} \tag{5-28}$$

式中:$\boldsymbol{C}_{\omega}^{-1}=\dfrac{1}{\cos\phi_E}\begin{bmatrix}\cos\phi_N\cos\phi_E&0&\sin\phi_N\cos\phi_E\\\sin\phi_N\sin\phi_E&\cos\phi_E&-\cos\phi_N\sin\phi_E\\-\sin\phi_N&0&\cos\phi_N\end{bmatrix}$。

假设陀螺的测量误差仅由漂移误差 $\boldsymbol{\varepsilon}^b$ 引起,即 $\delta\boldsymbol{\omega}_{ib}^{b}=\boldsymbol{\varepsilon}^b$,将式(5-25)代入式(5-28),可得姿态误差微分方程:

$$\dot{\boldsymbol{\phi}}=\boldsymbol{C}_{\omega}^{-1}[(\boldsymbol{I}-\boldsymbol{C}_{n}^{p})\boldsymbol{\omega}_{in}^{n}+\delta\boldsymbol{\omega}_{in}^{n}-\boldsymbol{C}_{b}^{p}\boldsymbol{\varepsilon}^{b}] \tag{5-29}$$

式中:$\boldsymbol{\varepsilon}^b=[\varepsilon_x^b\quad\varepsilon_y^b\quad\varepsilon_z^b]^T$ 为陀螺漂移在载体坐标系的投影。

当方位姿态误差角较大，而水平姿态误差角为小量时，易知 C_{ω}^{-1} 可近似为单位阵，则姿态误差微分方程为

$$\dot{\boldsymbol{\phi}} = (\boldsymbol{I} - \boldsymbol{C}_{\mathrm{n}}^{\mathrm{p}})\boldsymbol{\omega}_{\mathrm{in}}^{\mathrm{n}} + \delta\boldsymbol{\omega}_{\mathrm{in}}^{\mathrm{n}} - \boldsymbol{C}_{\mathrm{b}}^{\mathrm{p}}\boldsymbol{\varepsilon}^{\mathrm{b}} \tag{5-30}$$

速度误差微分方程为

$$\delta\dot{\boldsymbol{V}} = (\boldsymbol{I} - \boldsymbol{C}_{\mathrm{p}}^{\mathrm{n}})\boldsymbol{C}_{\mathrm{b}}^{\mathrm{p}}\boldsymbol{f}^{\mathrm{b}} - (2\delta\boldsymbol{\omega}_{\mathrm{ie}}^{\mathrm{n}} + \delta\boldsymbol{\omega}_{\mathrm{en}}^{\mathrm{n}}) \times \boldsymbol{V} - (2\delta\boldsymbol{\omega}_{\mathrm{ie}}^{\mathrm{n}} + \delta\boldsymbol{\omega}_{\mathrm{en}}^{\mathrm{n}}) \times \delta\boldsymbol{V} + \boldsymbol{C}_{\mathrm{p}}^{\mathrm{n}}\boldsymbol{C}_{\mathrm{b}}^{\mathrm{p}}\nabla^{\mathrm{b}} \tag{5-31}$$

式中：$\boldsymbol{V}=[V_{\mathrm{E}} \quad V_{\mathrm{N}} \quad V_{\mathrm{U}}]^{\mathrm{T}}$ 为b系相对于e系在n系下的速度，$\delta\boldsymbol{V}$ 为 $\boldsymbol{V}$ 的误差；$\boldsymbol{f}^{\mathrm{b}}$ 为加速度计所测比力在b系上的投影；$\delta\boldsymbol{\omega}_{\mathrm{ie}}^{\mathrm{n}}$ 为e系相对于i系在n系下的角度率误差，$\delta\boldsymbol{\omega}_{\mathrm{en}}^{\mathrm{n}}$ 为n系相对于e系在n系下的角度率误差；$\nabla^{\mathrm{b}}=[\nabla_x^{\mathrm{b}} \quad \nabla_y^{\mathrm{b}} \quad \nabla_z^{\mathrm{b}}]^{\mathrm{T}}$ 为加速度计偏置在载体坐标系的投影。

位置误差微分方程为

$$\begin{cases} \delta\dot{L} = -\dfrac{V_{\mathrm{N}}}{(R_{\mathrm{M}}+H)^2}\delta H + \dfrac{1}{R_{\mathrm{M}}+H}\delta V_{\mathrm{N}} \\ \delta\dot{\lambda} = -\dfrac{V_{\mathrm{E}}\sin L}{(R_{\mathrm{N}}+H)\cos^2 L}\delta L - \dfrac{V_{\mathrm{E}}}{(R_{\mathrm{N}}+H)^2\cos L}\delta H + \dfrac{1}{(R_{\mathrm{N}}+H)\cos L}\delta V_{\mathrm{E}} \\ \delta\dot{H} = \delta V_{\mathrm{U}} \end{cases} \tag{5-32}$$

2. 惯性仪表误差方程

参见5.1.2.1小节。

3. 惯性/卫星组合导航滤波数学模型

1）状态方程

$$\dot{\boldsymbol{x}}(t) = \boldsymbol{f}(\boldsymbol{x},t) + \boldsymbol{G}(t)\boldsymbol{w}(t) \tag{5-33}$$

式中：$\boldsymbol{f}(\boldsymbol{x},t)$ 非线性系统状态转移矩阵；状态变量 $\boldsymbol{x}$、系统噪声向量 $\boldsymbol{w}$ 和系统噪声矩阵 $\boldsymbol{G}$ 的具体表达式参见5.1.2.1小节。过程噪声方差阵 $E[\boldsymbol{w}\boldsymbol{w}^{\mathrm{T}}]=\boldsymbol{Q}$，根据SINS的惯性器件噪声水平选取。

2）量测方程

量测变量取为SINS与GNSS输出的位置和速度之差。该量测方程为线性方程：

$$\boldsymbol{Z}(t) = \boldsymbol{H}\boldsymbol{X}(t) + \boldsymbol{V}(t) \tag{5-34}$$

式中：$\boldsymbol{Z}=[\delta V_{\mathrm{E}}' \quad \delta V_{\mathrm{N}}' \quad \delta V_{\mathrm{U}}' \quad \delta L' \quad \delta\lambda' \quad \delta H']^{\mathrm{T}}$，$\delta V_{\mathrm{E}}'$、$\delta V_{\mathrm{N}}'$、$\delta V_{\mathrm{U}}'$、$\delta L'$、$\delta\lambda'$ 和 $\delta H'$ 分别为SINS捷联解算与GNSS的东向速度、北向速度、天向速度、纬度、经度和高度之差；量测矩阵 $\boldsymbol{H}=[\boldsymbol{H}_{\mathrm{V}} \quad \boldsymbol{H}_{\mathrm{P}}]^{\mathrm{T}}$，$\boldsymbol{V}=[v_{\delta V_{\mathrm{E}}'} \quad v_{\delta V_{\mathrm{N}}'} \quad v_{\delta V_{\mathrm{U}}'} \quad v_{\delta L'} \quad v_{\delta\lambda'} \quad v_{\delta H'}]^{\mathrm{T}}$ 为量测噪声，量测噪声方差阵 $E[\boldsymbol{v}\boldsymbol{v}^{\mathrm{T}}]=\boldsymbol{R}$ 根据GNSS的位置、速度噪声水平选取。

$\boldsymbol{H}_v$ 和 $\boldsymbol{H}_p$ 的具体表达式参见 5.1.2.1 小节。

5.1.2.3 基于加性四元数误差的惯性/卫星组合导航系统非线性建模方法

本小节以加性四元数为例，简要介绍 SINS/GNSS 组合导航系统非线性建模方法[34,35]。

加性四元数误差的定义为计算四元数与真实四元数的差：

$$\delta Q = \hat{Q}_b^n - Q_b^n = [\delta q_0 \quad \delta q_1 \quad \delta q_2 \quad \delta q_3]^T \tag{5-35}$$

式中：Q_b^n 为载体坐标系到导航坐标系的真实四元数，$\hat{Q}_b^n = Q_b^p$ 为计算四元数。

1. 基于四元数误差的 SINS 误差方程

在 SINS 中，陀螺仪和加速度计直接安装在载体上，它以数学平台代替物理平台[36]。在 SINS 的姿态计算过程中，四元数法以其计算简单，精度高而被广泛采用。利用四元数的计算误差来描述 SINS 的姿态误差角，可以得到适用于姿态误差角较大时的非线性误差方程[30,37]。

1）姿态误差方程

SINS 载体坐标系（b 系）绕导航坐标系（n 系）转动时，四元数 Q_b^n 的微分方程可写为

$$\begin{aligned}\dot{Q}_b^n &= \frac{1}{2}[Q_b^n]\omega_{nb}^b = \frac{1}{2}[Q_b^n](\omega_{ib}^b - \omega_{in}^b) = \frac{1}{2}[Q_b^n]\omega_{ib}^b - \frac{1}{2}[Q_b^n]\omega_{in}^b \\ &= \frac{1}{2}\langle\omega_{ib}^b\rangle Q_b^n - \frac{1}{2}[Q_b^n]([Q_b^n]^{-1}\omega_{in}^n[Q_b^n]) \\ &= \frac{1}{2}\langle\omega_{ib}^b\rangle Q_b^n - \frac{1}{2}[\omega_{in}^n]Q_b^n\end{aligned} \tag{5-36}$$

式中：$[Q_b^n] = \begin{bmatrix} q_0 & -q_1 & -q_2 & -q_3 \\ q_1 & q_0 & -q_3 & q_2 \\ q_2 & q_3 & q_0 & -q_1 \\ q_3 & -q_2 & q_1 & q_0 \end{bmatrix}$；$\omega_{ib}^b$ 为 b 系相对地心惯性系（i 系）的角速度在 b 系上的投影；ω_{in}^n 为 n 系相对 i 系的角速度在 n 系上的投影。$\langle\omega_{ib}^b\rangle$ 和 $[\omega_{in}^n]$ 的具体表达式为

$$\langle\omega_{ib}^b\rangle = \begin{bmatrix} 0 & -\omega_x & -\omega_y & -\omega_z \\ \omega_x & 0 & \omega_z & -\omega_y \\ \omega_y & -\omega_z & 0 & \omega_x \\ \omega_z & \omega_y & -\omega_x & 0 \end{bmatrix} \tag{5-37}$$

$$
[\omega_{in}^{n}]=\left[\begin{array}{c:ccc} 0 & -\omega_E & -\omega_N & -\omega_U \\ \hdashline \omega_E & 0 & -\omega_U & \omega_N \\ \omega_N & \omega_U & 0 & -\omega_E \\ \omega_U & -\omega_N & \omega_E & 0 \end{array}\right] \tag{5-38}
$$

四元数更新微分方程为

$$
\dot{\hat{Q}}_b^n=\frac{1}{2}\langle\hat{\omega}_{ib}^b\rangle\hat{Q}_b^n-\frac{1}{2}[\hat{\omega}_{in}^n]\hat{Q}_b^n \tag{5-39}
$$

式中：$\hat{\omega}_{ib}^b=\omega_{ib}^b+\delta\omega_{ib}^b$ 为陀螺仪测量值，$\delta\omega_{ib}^b$ 为陀螺仪测量误差；$\hat{\omega}_{in}^n=\omega_{in}^n+\delta\omega_{in}^n$ 为利用位置和速度计算值得到的 n 系相对 i 系的角速度。

式(5-39)减去式(5-36)，即可得到用加性四元数表示的 SINS 姿态误差方程[38,39]：

$$
\begin{aligned}
\delta\dot{Q}&=\frac{1}{2}\langle\hat{\omega}_{ib}^b\rangle\hat{Q}_b^n-\frac{1}{2}[\hat{\omega}_{in}^n]\hat{Q}_b^n-\frac{1}{2}\langle\omega_{ib}^b\rangle Q_b^n+\frac{1}{2}[\omega_{in}^n]Q_b^n\\
&=\frac{1}{2}\langle\omega_{ib}^b\rangle Q_b^n+\frac{1}{2}\langle\omega_{ib}^b\rangle\delta Q_b^n+\frac{1}{2}\langle\delta\omega_{ib}^b\rangle\hat{Q}_b^n\\
&\quad-\frac{1}{2}[\omega_{in}^n]Q_b^n-\frac{1}{2}[\omega_{in}^n]\delta Q_b^n-\frac{1}{2}[\delta\omega_{in}^n]\hat{Q}_b^n-\frac{1}{2}\langle\omega_{ib}^b\rangle Q_b^n+\frac{1}{2}[\omega_{in}^n]Q_b^n\\
&=\frac{1}{2}\langle\omega_{ib}^b\rangle\delta Q_b^n-\frac{1}{2}[\omega_{in}^n]\delta Q_b^n+\frac{1}{2}\langle\delta\omega_{ib}^b\rangle\hat{Q}_b^n-\frac{1}{2}[\delta\omega_{in}^n]\hat{Q}_b^n
\end{aligned} \tag{5-40}
$$

已知：

$$
\langle\delta\omega_{ib}^b\rangle\hat{Q}_b^n=U(\hat{Q}_b^n)\delta\omega_{ib}^b,\ [\delta\omega_{in}^n]\hat{Q}_b^n=Y(\hat{Q}_b^n)\delta\omega_{in}^n \tag{5-41}
$$

其中，$\boldsymbol{U}(\hat{Q}_b^n)=\boldsymbol{U}=\left[\begin{array}{ccc} -\hat{q}_1 & -\hat{q}_2 & -\hat{q}_3 \\ \hdashline \hat{q}_0 & -\hat{q}_3 & \hat{q}_2 \\ \hat{q}_3 & \hat{q}_0 & -\hat{q}_1 \\ -\hat{q}_2 & \hat{q}_1 & \hat{q}_0 \end{array}\right]$。

由

$$
\boldsymbol{U}^{\mathrm{T}}\boldsymbol{U}=\boldsymbol{I}_{3\times3},\quad \boldsymbol{Y}^{\mathrm{T}}\boldsymbol{U}=\hat{\boldsymbol{C}}_b^n \tag{5-42}
$$

则可得

$$
\delta\dot{Q}=M\delta Q+\frac{1}{2}(\boldsymbol{U}\delta\omega_{ib}^b-\boldsymbol{Y}\delta\omega_{in}^n) \tag{5-43}
$$

其中

$$
\boldsymbol{M}\equiv\frac{1}{2}\langle\omega_{ib}^b\rangle-\frac{1}{2}[\omega_{in}^n] \tag{5-44}
$$

式(5-43)即为 δQ 的线性微分方程，即 SINS 在大失准角下的姿态误差方程。

2）速度误差方程

SINS 速度微分方程在 n 系的矩阵表示为[4,9]

$$\dot{\boldsymbol{V}}_{\mathrm{t}}^{\mathrm{n}} = \boldsymbol{C}_{\mathrm{b}}^{\mathrm{n}} \boldsymbol{f}^{\mathrm{b}} - (2\boldsymbol{\omega}_{\mathrm{ie}}^{\mathrm{n}} + \boldsymbol{\omega}_{\mathrm{en}}^{\mathrm{n}}) \times \boldsymbol{V}_{\mathrm{t}}^{\mathrm{n}} + \boldsymbol{g}^{\mathrm{n}} \tag{5-45}$$

式中：下标 t 表示在真实地理坐标系下的值。

实际上，SINS 用于导航解算的速度方程为

$$\dot{\boldsymbol{V}}_{\mathrm{c}}^{\mathrm{c}} = \hat{\boldsymbol{C}}_{\mathrm{b}}^{\mathrm{n}} \hat{\boldsymbol{f}}^{\mathrm{b}} - (2\hat{\boldsymbol{\omega}}_{\mathrm{ie}}^{\mathrm{n}} + \hat{\boldsymbol{\omega}}_{\mathrm{en}}^{\mathrm{n}}) \times \boldsymbol{V}_{\mathrm{c}}^{\mathrm{c}} + \boldsymbol{g}^{\mathrm{c}} \tag{5-46}$$

式中：$\boldsymbol{V}_{\mathrm{c}}^{\mathrm{c}}$ 为速度的计算值；g^{c} 为当地重力向量的计算值。

由式(5-46)减去式(5-45)可以得到速度误差方程，再利用：

$$\hat{\boldsymbol{f}}^{\mathrm{b}} = \boldsymbol{f}^{\mathrm{b}} + \nabla^{\mathrm{b}}, \boldsymbol{V}_{\mathrm{c}}^{\mathrm{c}} = \boldsymbol{V}_{\mathrm{t}}^{\mathrm{n}} + \delta\boldsymbol{V}, \hat{\boldsymbol{\omega}}_{\mathrm{ie}}^{\mathrm{n}} = \boldsymbol{\omega}_{\mathrm{ie}}^{\mathrm{n}} + \delta\boldsymbol{\omega}_{\mathrm{ie}}^{\mathrm{n}}, \hat{\boldsymbol{\omega}}_{\mathrm{en}}^{\mathrm{n}} = \boldsymbol{\omega}_{\mathrm{en}}^{\mathrm{n}} + \delta\boldsymbol{\omega}_{\mathrm{en}}^{\mathrm{n}}$$

得到如下表达式：

$$\delta\dot{\boldsymbol{V}} = \Delta\boldsymbol{C}_{\mathrm{b}}^{\mathrm{n}} \hat{\boldsymbol{f}}^{\mathrm{b}} + \boldsymbol{C}_{\mathrm{b}}^{\mathrm{n}} \nabla^{\mathrm{b}} - (\boldsymbol{\omega}_{\mathrm{ie}}^{\mathrm{n}} + \boldsymbol{\omega}_{\mathrm{in}}^{\mathrm{n}}) \times \delta\boldsymbol{V} - (2\delta\boldsymbol{\omega}_{\mathrm{ie}}^{\mathrm{n}} + \delta\boldsymbol{\omega}_{\mathrm{en}}^{\mathrm{n}}) \times (\boldsymbol{V}_{\mathrm{t}}^{\mathrm{n}} + \delta\boldsymbol{V}) + \delta\boldsymbol{g}^{\mathrm{n}} \tag{5-47}$$

式中：$\Delta\boldsymbol{C}_{\mathrm{b}}^{\mathrm{n}} = \hat{\boldsymbol{C}}_{\mathrm{b}}^{\mathrm{n}} - \boldsymbol{C}_{\mathrm{b}}^{\mathrm{n}}$ 为姿态阵的计算误差；$\Delta\boldsymbol{C}_{\mathrm{b}}^{\mathrm{n}} \hat{\boldsymbol{f}}^{\mathrm{b}}$ 为 δQ 的非线性函数。

而由式(5-42)，即 $\hat{\boldsymbol{C}}_{\mathrm{b}}^{\mathrm{n}} = \boldsymbol{Y}^{\mathrm{T}}(\hat{Q}_{\mathrm{b}}^{\mathrm{n}})\boldsymbol{U}(\hat{Q}_{\mathrm{b}}^{\mathrm{n}})$，可得

$$\begin{aligned}
\Delta\boldsymbol{C}_{\mathrm{b}}^{\mathrm{n}} &= \boldsymbol{Y}^{\mathrm{T}}(\hat{Q}_{\mathrm{b}}^{\mathrm{n}})\boldsymbol{U}(\hat{Q}_{\mathrm{b}}^{\mathrm{n}}) - \boldsymbol{Y}^{\mathrm{T}}(Q_{\mathrm{b}}^{\mathrm{n}})\boldsymbol{U}(Q_{\mathrm{b}}^{\mathrm{n}}) \\
&= \boldsymbol{Y}^{\mathrm{T}}(\hat{Q}_{\mathrm{b}}^{\mathrm{n}})\boldsymbol{U}(\hat{Q}_{\mathrm{b}}^{\mathrm{n}}) - \boldsymbol{Y}^{\mathrm{T}}(\hat{Q}_{\mathrm{b}}^{\mathrm{n}} - \delta Q)\boldsymbol{U}(\hat{Q}_{\mathrm{b}}^{\mathrm{n}} - \delta Q) \\
&= \boldsymbol{Y}^{\mathrm{T}}(\delta Q)\boldsymbol{U}(\hat{Q}_{\mathrm{b}}^{\mathrm{n}}) + \boldsymbol{Y}^{\mathrm{T}}(\hat{Q}_{\mathrm{b}}^{\mathrm{n}})\boldsymbol{U}(\delta Q) - \boldsymbol{Y}^{\mathrm{T}}(\delta Q)\boldsymbol{U}(\delta Q)
\end{aligned}$$

由 $\boldsymbol{Y}$ 和 $\boldsymbol{U}$ 的表达式，可以验证：

$$\boldsymbol{Y}^{\mathrm{T}}(\delta Q)\boldsymbol{U}(\hat{Q}_{\mathrm{b}}^{\mathrm{n}}) = \boldsymbol{Y}^{\mathrm{T}}(\hat{Q}_{\mathrm{b}}^{\mathrm{n}})\boldsymbol{U}(\delta Q)$$

即上式可改写为

$$\Delta\boldsymbol{C}_{\mathrm{b}}^{\mathrm{n}} = 2\boldsymbol{Y}^{\mathrm{T}}(\delta Q)\boldsymbol{U}(\hat{Q}_{\mathrm{b}}^{\mathrm{n}}) - \boldsymbol{Y}^{\mathrm{T}}(\delta Q)\boldsymbol{U}(\delta Q) \tag{5-48}$$

或者，令 $\hat{Q}_{\mathrm{b}}^{\mathrm{n}} = Q_{\mathrm{b}}^{\mathrm{n}} + \delta Q$，即可将 $\Delta\boldsymbol{C}_{\mathrm{b}}^{\mathrm{n}}$ 写成真实四元数 $Q_{\mathrm{b}}^{\mathrm{n}}$ 和 δQ 的函数：

$$\begin{aligned}
\Delta\boldsymbol{C}_{\mathrm{b}}^{\mathrm{n}} &= \boldsymbol{Y}^{\mathrm{T}}(Q_{\mathrm{b}}^{\mathrm{n}} + \delta Q)\boldsymbol{U}(Q_{\mathrm{b}}^{\mathrm{n}} + \delta Q) - \boldsymbol{Y}^{\mathrm{T}}(Q_{\mathrm{b}}^{\mathrm{n}})\boldsymbol{U}(Q_{\mathrm{b}}^{\mathrm{n}}) \\
&= \boldsymbol{Y}^{\mathrm{T}}(\delta Q)\boldsymbol{U}(Q_{\mathrm{b}}^{\mathrm{n}}) + \boldsymbol{Y}^{\mathrm{T}}(Q_{\mathrm{b}}^{\mathrm{n}})\boldsymbol{U}(\delta Q) + \boldsymbol{Y}^{\mathrm{T}}(\delta Q)\boldsymbol{U}(\delta Q) \\
&= 2\boldsymbol{Y}^{\mathrm{T}}(\delta Q)\boldsymbol{U}(\boldsymbol{Q}_{\mathrm{b}}^{\mathrm{n}}) + \boldsymbol{Y}^{\mathrm{T}}(\delta Q)\boldsymbol{U}(\delta Q)
\end{aligned} \tag{5-49}$$

考虑

$$\delta\boldsymbol{g}^{\mathrm{n}} = 0$$

忽略二阶小量 $(2\delta\boldsymbol{\omega}_{\mathrm{ie}}^{\mathrm{n}} + \delta\boldsymbol{\omega}_{\mathrm{en}}^{\mathrm{n}}) \times \delta\boldsymbol{V}$，并由等式：

$$2\boldsymbol{Y}^{\mathrm{T}}(\delta Q)\boldsymbol{U}(\hat{Q})\hat{\boldsymbol{f}}^{\mathrm{b}} = -2[\hat{\boldsymbol{C}}_{\mathrm{b}}^{\mathrm{n}} \hat{\boldsymbol{f}}^{b}] \times \boldsymbol{Y}^{\mathrm{T}}(\hat{Q})\delta Q + 2\hat{\boldsymbol{C}}_{\mathrm{b}}^{\mathrm{n}} \hat{\boldsymbol{f}}^{\mathrm{b}} \hat{Q}^{\mathrm{T}} \delta Q \tag{5-50}$$

可得大失准角下 SINS 的非线性速度误差方程：

$$\begin{aligned}
\delta\dot{\boldsymbol{V}} = &-2[\hat{\boldsymbol{C}}_{\mathrm{b}}^{\mathrm{n}} \hat{\boldsymbol{f}}^{\mathrm{b}}] \times \boldsymbol{Y}^{\mathrm{T}}(\hat{Q})\delta Q + 2\hat{\boldsymbol{C}}_{\mathrm{b}}^{\mathrm{n}} \hat{\boldsymbol{f}}^{\mathrm{b}} \hat{Q}^{\mathrm{T}} \delta Q - \boldsymbol{Y}^{\mathrm{T}}(\delta Q)\boldsymbol{U}(\delta Q)\hat{\boldsymbol{f}}^{\mathrm{b}} \\
&+ \boldsymbol{C}_{\mathrm{b}}^{\mathrm{n}} \nabla^{\mathrm{b}} - (2\boldsymbol{\omega}_{\mathrm{ie}}^{\mathrm{n}} + \boldsymbol{\omega}_{\mathrm{en}}^{\mathrm{n}}) \times \delta\boldsymbol{V} - (2\delta\boldsymbol{\omega}_{\mathrm{ie}}^{\mathrm{n}} + \delta\boldsymbol{\omega}_{\mathrm{en}}^{\mathrm{n}}) \times \boldsymbol{V}^{\mathrm{n}}
\end{aligned} \tag{5-51}$$

3）位置误差方程

参见 5.1.2.1 节线性建模方法中的位置误差方程。

4）惯性仪表误差方程

参见 5.1.2.1 节的惯性器件误差方程。

2. 基于加性四元数误差的 SINS/GNSS 组合导航系统非线性模型

1）状态方程

以 SINS 的误差方程和惯性器件误差方程作为 SINS/GNSS 组合导航系统滤波估计的系统状态方程。

系统状态方程为

$$\dot{\boldsymbol{x}}(t)=f(\boldsymbol{x},t)+\boldsymbol{w}(t) \tag{5-52}$$

式中：系统状态变量为 $\boldsymbol{x}=[\boldsymbol{x}_a^{\mathrm{T}},\boldsymbol{x}_e^{\mathrm{T}}]^{\mathrm{T}}$；$f$ 为系统的非线性函数，$\boldsymbol{x}_a=[\delta L \quad \delta\lambda \quad \delta H \quad \delta V_{\mathrm{E}} \quad \delta V_{\mathrm{N}} \quad \delta V_{\mathrm{U}} \quad \delta q_0 \quad \delta q_1 \quad \delta q_2 \quad \delta q_3]^{\mathrm{T}}$，$\boldsymbol{x}_e=[\nabla_x \quad \nabla_y \quad \nabla_z \quad \boldsymbol{\varepsilon}_x \quad \boldsymbol{\varepsilon}_y \quad \boldsymbol{\varepsilon}_z]^{\mathrm{T}}$。

系统状态方程的矩阵形式为

$$\begin{bmatrix}\dot{\boldsymbol{x}}_a\\ \dot{\boldsymbol{x}}_e\end{bmatrix}=\begin{bmatrix}\boldsymbol{F}_{\mathrm{N}} & \boldsymbol{F}_{\mathrm{S}}\\ \boldsymbol{0}_{6\times 10} & \boldsymbol{0}_{6\times 6}\end{bmatrix}\begin{bmatrix}\boldsymbol{x}_a\\ \boldsymbol{x}_e\end{bmatrix}+\boldsymbol{q}(\boldsymbol{x},t)+\boldsymbol{GW} \tag{5-53}$$

式中：$\boldsymbol{F}_{\mathrm{S}}=\begin{bmatrix}\boldsymbol{0}_{3\times 3} & \boldsymbol{0}_{3\times 3}\\ \boldsymbol{C}_{\mathrm{b}}^{\mathrm{n}} & \boldsymbol{0}_{3\times 3}\\ \boldsymbol{0}_{4\times 3} & \frac{1}{2}\boldsymbol{U}(\hat{Q}_{\mathrm{b}}^{\mathrm{n}})\end{bmatrix}$；系数矩阵 $\boldsymbol{F}_{\mathrm{N}}=\begin{bmatrix}\boldsymbol{F}_{11} & \boldsymbol{F}_{12} & \boldsymbol{0}_{3\times 4}\\ \boldsymbol{F}_{21} & \boldsymbol{F}_{22} & \boldsymbol{F}_{23}\\ \boldsymbol{F}_{31} & \boldsymbol{F}_{32} & \boldsymbol{F}_{33}\end{bmatrix}$，其非零元素的表达式可由基于四元数误差的惯性导航系统误差方程获得；$\boldsymbol{q}(\boldsymbol{x},t)$ 为非线性部分，$\boldsymbol{q}(\boldsymbol{x},t)=\begin{bmatrix}\boldsymbol{0}_{3\times 1}\\ \boldsymbol{f}_1(\boldsymbol{x},t)\\ \boldsymbol{0}_{10\times 1}\end{bmatrix}=\begin{bmatrix}\boldsymbol{0}_{3\times 1}\\ -\boldsymbol{Y}^{\mathrm{T}}(\delta Q)\boldsymbol{U}(\delta Q)\hat{\boldsymbol{f}}^{\mathrm{b}}\\ \boldsymbol{0}_{10\times 1}\end{bmatrix}$；系统噪声转移矩阵 $\boldsymbol{G}=\begin{bmatrix}\boldsymbol{0}_{3\times 3} & \boldsymbol{0}_{3\times 3}\\ \boldsymbol{C}_{\mathrm{b}}^{\mathrm{n}} & \boldsymbol{0}_{3\times 3}\\ \boldsymbol{0}_{4\times 3} & \frac{1}{2}\boldsymbol{U}(\hat{Q}_{\mathrm{b}}^{\mathrm{n}})\\ \boldsymbol{0}_{6\times 3} & \boldsymbol{0}_{6\times 3}\end{bmatrix}$；系统噪声 $\boldsymbol{w}=[w_{\nabla_x} \quad w_{\nabla_y} \quad w_{\nabla_z} \quad w_{\varepsilon_x} \quad w_{\varepsilon_y} \quad w_{\varepsilon_z}]^{\mathrm{T}}$，各元素分别为加速度计和陀螺仪的随机误差。$E[\boldsymbol{ww}^{\mathrm{T}}]=Q$，根据 SINS 的惯性器件随机噪声水平选取。

2）量测方程

取 SINS 与 GNSS 输出的位置、速度之差作为量测值，量测方程为线性方程，具体形式及其变量的表达式参见 5.1.2.1 节。

5.1.3 基于卡尔曼滤波和平滑的惯性/卫星组合导航方法与仿真

SINS/GNSS 组合导航系统通常采用最优估计技术对 SINS 和 GPS 数据进行融合,以获得优于单一子系统的位置、速度和姿态精度。因此,最优估计器的设计以及估计方法的选择对 SINS/GNSS 组合导航系统的精度起着至关重要的作用。

1960 年,美国研究者 R. E. Kalman 首次提出了卡尔曼滤波理论[40]。该理论的提出极大地推动了 SINS/GNSS 组合导航技术的快速发展。卡尔曼滤波(KF)具有简单、易于实施和实时性好等优点,对于具有高斯分布噪声的线性系统,可以得到系统状态的递推最小方差估计。其不足之处在于仅适用于线性系统,过程噪声和量测噪声也假设为噪声统计特性已知的高斯白噪声[41]。由卡尔曼滤波理论可知,在某一时间区间内,卡尔曼滤波对某一时刻的状态进行估计时,仅利用了当前时刻及以前时刻的所有测量信息。而 Rauch-Tung-Striebel(R-T-S)于 1965 年提出的固定区间平滑算法[42]作为卡尔曼滤波的推广算法,能够利用这一区间内所有时刻的测量值,来估计每一时刻的状态值。由于所有测量信息的利用,所以理论上,平滑能够获得优于滤波的估计精度[43]。

从卡尔曼滤波算法和 R-T-S 固定区间平滑算法的基本原理可知,卡尔曼滤波可以用于实时或者事后 SINS/GNSS 组合导航;而 R-T-S 固定区间平滑算法,由于需要使用某固定区间内所有时刻的信息,因此只能应用于事后 SINS/GNSS 组合导航。此外,在卡尔曼滤波和平滑算法中,表征滤波和平滑质量的误差方差阵对舍入误差很敏感,特别是固定区间平滑中存在两个正定矩阵相减运算,随着计算步数的增加误差方差阵易失去正定性和对称性,造成递推算法出现数值稳定性问题[43,44]。克服此问题的方法主要是平方根类型的算法。其中,平方根滤波和 U-D 分解滤波避免了误差方差阵负定和方差阵求逆的问题,一定程度上增强了算法的数值稳定性,但前者存在计算量大的缺点,而后者仍需计算状态转移阵的逆[45-48]。相比之下,奇异值分解(Singular Value Decomposition,SVD)在实现矩阵分解时不仅具有数值稳定性好和精度高的优点[49,50],而且避免了矩阵求逆。

下面首先介绍 SINS/GNSS 组合导航数据处理的整体流程;然后,分别介绍卡尔曼滤波算法、R-T-S 固定区间平滑算法和基于 SVD 的 R-T-S 固定区间平滑算法;最后,将详细介绍基于 SVD 的 R-T-S 固定区间平滑的 SINS/GNSS 组合导航系统仿真试验,对比基于 SVD 的卡尔曼滤波和基于 SVD 的 R-T-S 固定区间平滑这两种估计方法的估计效果。

5.1.3.1 SINS/GNSS 组合导航数据处理流

在进行 SINS/GNSS 组合导航用估计器设计之前,先了解一下 SINS/GNSS 组合导航数据处理的整体流程。

SINS/GNSS 组合导航数据处理部分主要包括参数设置、初始对准、时间对齐、捷联解算和组合估计。其中,参数设置部分主要进行捷联解算和组合估计所需固定参数的预先设置;初始对准是利用 SINS 中陀螺仪、加速度计数据、GNSS 位置和速度,或其他传感器辅助的方式获得 SINS 的初始位置、速度和姿态信息,也是捷联解算的初始值;时间对齐是指在实际应用中 SINS 的陀螺仪和加速度计数据与 GNSS 数据不一定同时开始采集和记录,在进行组合估计之前需要将二者的数据起始时间进行对齐;捷联解算部分是利用陀螺仪和加速度计数据解算出 SINS 的位置、速度和姿态,解算频率为 SINS 数据的采集频率,数据时间戳为当前的陀螺仪和加速度计采集时刻;组合估计部分是在滤波点,即 GNSS 当前输出数据的时间与 SINS 捷联解算结果的时间戳一致或落入两次捷联解算的时间戳(之间捷联解算的一个周期内),进行组合估计,然后利用估计出的位置误差、速度误差和姿态误差等,修正当前的捷联解算结果,从而获得 SINS 更高精度的运动参数信息。GNSS 位置、速度等输出信息的周期称为滤波周期。基于卡尔曼滤波的 SINS/GNSS 组合导航数据处理流程图如图 5-3 所示。

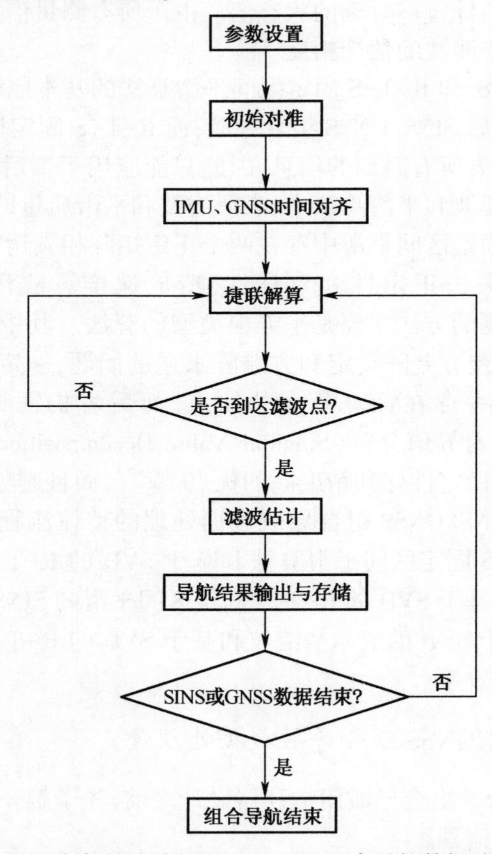

图 5-3　基于卡尔曼滤波的 SINS/GNSS 组合导航数据处理流程图

以上介绍的是采用滤波估计方法进行 SINS/GNSS 组合导航的数据处理流程。对于采用 R-T-S 固定区间平滑算法进行事后 SINS/GNSS 组合导航时,需要在基于卡尔曼滤波的 SINS/GNSS 组合导航结束之后,利用在滤波过程中存储的数据,以从 SINS 和 GNSS 数据末尾向起始的逆向方向,进行 R-T-S 固定区间平滑估计,进一步修正所有滤波点处卡尔曼滤波的估计结果。SINS/GNSS 组合估计模块算法是整个组合系统算法的核心部分,具体组成为捷联解算、前向滤波、闭环误差控制器、后向平滑(事后组合专用)和前馈误差控制器(事后组合专用)。

SINS/GNSS 组合导航系统组合估计算法模块框图如图 5-4 所示。

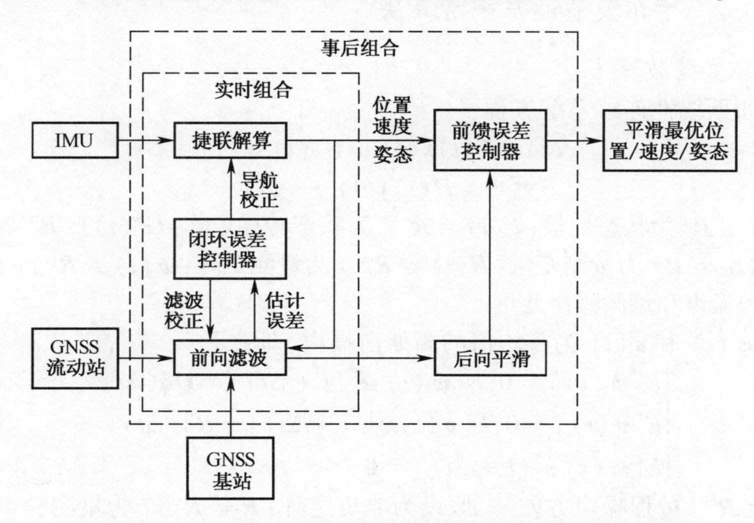

图 5-4　SINS/GPS 组合导航系统组合估计算法模块框图

从图 5-4 可以更好地理解卡尔曼和 R-T-S 固定区间平滑的实现过程。各模块的具体功能如下:

(1) 捷联解算。利用 SINS 输出的加速度和角速率信息,以及初始对准的结果作为解算初值,根据地球上运动物体的牛顿力学定律解算出 SINS 的位置、速度和姿态信息,并利用前向滤波估计出的导航误差对惯性导航结果进行校正。

(2) 前向滤波。采用卡尔曼滤波方法,将 GNSS 输出的位置、速度作为量测信息,估计捷联惯性导航的误差。由于捷联导航的位置误差是姿态误差和惯性器件误差的函数,因此,在估计出惯性导航的位置和速度误差的同时,可以间接估计出姿态误差和惯性器件误差。

(3) 闭环误差控制器。根据前向滤波估计出的参数,利用闭环误差控制器来重置捷联惯性导航器。重置后,捷联惯性导航的位置、速度精度能够与 GNSS 一致,并利用估计出的惯性器件误差对捷联导航前的器件数据进行补偿,达到在线标定的目的,提高 SINS/GNSS 组合导航系统组合滤波的姿态精度。

(4) 后向平滑(事后组合专用)。当采用卡尔曼滤波进行前向滤波时,在滤波过程中存储各时刻的状态估计、估计误差方差阵和预测误差方差阵。卡尔曼滤波结束后，利用存储的数据，进行后向 R–T–S 固定区间平滑。R–T–S 固定区间平滑将利用所有时刻的量测信息，来估计状态值，从而在卡尔曼滤波的基础上进一步提高估计精度和平滑度。

(5) 前馈误差控制器（事后组合专用）。模块将根据后向平滑的最优误差估计对捷联惯性导航结果进行校正，从而获得运动参数的平滑最优估计。该模块在完成后向平滑之后进行。

5.1.3.2 卡尔曼滤波与平滑算法

1. 卡尔曼滤波算法

考虑如下线性连续系统方程：

$$\dot{\boldsymbol{x}}(t)=\boldsymbol{F}(t)\boldsymbol{x}(t)+\boldsymbol{G}^{w}(t)\boldsymbol{w}(t) \tag{5-54}$$

$$\boldsymbol{y}(t)=\boldsymbol{H}(t)\boldsymbol{x}(t)+\boldsymbol{v}(t) \tag{5-55}$$

式中：$\boldsymbol{x}(t)\in\boldsymbol{R}^{n}$ 为状态变量；$\boldsymbol{F}(t)\in\boldsymbol{R}^{n\times n}$ 为状态转移矩阵；$\boldsymbol{G}^{w}(t)\in\boldsymbol{R}^{n\times l}$ 为过程噪声矩阵；$\boldsymbol{y}(t)\in\boldsymbol{R}^{m}$ 为量测变量；$\boldsymbol{H}(t)\in\boldsymbol{R}^{m\times n}$ 为量测矩阵；$\boldsymbol{w}(t)\in\boldsymbol{R}^{l}$，$\boldsymbol{v}(t)\in\boldsymbol{R}^{m}$ 分别为过程噪声和量测噪声变量。

假定 $\boldsymbol{w}(t)$ 和 $\boldsymbol{v}(t)$ 为零均值的高斯白噪声，即满足

$$\begin{cases}E[\boldsymbol{w}(t)]=0, E[\boldsymbol{w}(t)\boldsymbol{w}^{\mathrm{T}}(t+\Delta t)]=\boldsymbol{Q}\delta(\Delta t)\\ E[\boldsymbol{v}(t)]=0, E[\boldsymbol{v}(t)\boldsymbol{v}^{\mathrm{T}}(t+\Delta t)]=\boldsymbol{R}\delta(\Delta t)\\ E[\boldsymbol{w}(t)\boldsymbol{v}^{\mathrm{T}}(t+\Delta t)]=\boldsymbol{0}\end{cases} \tag{5-56}$$

式中：$\boldsymbol{Q}\in\boldsymbol{R}^{l\times l}$ 过程噪声方差阵，假设为非负定阵；$\boldsymbol{R}\in\boldsymbol{R}^{m\times m}$ 为量测噪声方差阵，假设为正定阵；Δt 为采样时间间隔。

设 $t=t_{k-1}$，$t+\Delta t=t_{k}$。t_{k} 时刻的线性离散型系统方程可表示为

$$\boldsymbol{x}_{k}=\boldsymbol{\Phi}_{k/k-1}\boldsymbol{x}_{k-1}+\boldsymbol{G}_{k-1}^{w}\boldsymbol{w}_{k-1} \tag{5-57}$$

$$\boldsymbol{y}_{k}=\boldsymbol{H}_{k}\boldsymbol{x}_{k}+\boldsymbol{v}_{k} \tag{5-58}$$

式中：$\boldsymbol{\Phi}_{k/k-1}$ 为状态转移矩阵 $\boldsymbol{F}$ 的离散化形式。

标准离散型卡尔曼滤波基本方程为[4,40]

$$\hat{\boldsymbol{x}}_{k/k-1}=\boldsymbol{\Phi}_{k/k-1}\hat{\boldsymbol{x}}_{k-1} \tag{5-59}$$

$$\boldsymbol{P}_{k/k-1}=\boldsymbol{\Phi}_{k/k-1}\boldsymbol{P}_{k-1}\boldsymbol{\Phi}_{k/k-1}^{\mathrm{T}}+\boldsymbol{G}_{k-1}^{w}\boldsymbol{Q}_{k-1}(\boldsymbol{G}_{k-1}^{w})^{\mathrm{T}} \tag{5-60}$$

$$\hat{\boldsymbol{x}}_{k}=\hat{\boldsymbol{x}}_{k/k-1}+\boldsymbol{K}_{k}(\boldsymbol{y}_{k}-\boldsymbol{H}_{k}\hat{\boldsymbol{x}}_{k/k-1}) \tag{5-61}$$

$$\boldsymbol{K}_{k}=\boldsymbol{P}_{k/k-1}\boldsymbol{H}_{k}^{\mathrm{T}}(\boldsymbol{H}_{k}\boldsymbol{P}_{k/k-1}\boldsymbol{H}_{k}^{\mathrm{T}}+\boldsymbol{R}_{k})^{-1} \tag{5-62}$$

$$\boldsymbol{P}_{k}=(\boldsymbol{I}-\boldsymbol{K}_{k}\boldsymbol{H}_{k})\boldsymbol{P}_{k/k-1}(\boldsymbol{I}-\boldsymbol{K}_{k}\boldsymbol{H}_{k})^{\mathrm{T}}+\boldsymbol{K}_{k}\boldsymbol{R}_{k}\boldsymbol{K}_{k}^{\mathrm{T}} \tag{5-63}$$

式中：$\hat{\boldsymbol{x}}_{k/k-1}$ 为状态一步预测；$\hat{\boldsymbol{x}}_{k}$ 为状态估计；$\boldsymbol{P}_{k/k-1}$ 为一步预测误差方差阵；$\boldsymbol{K}_{k}$ 为滤波增益阵；$\boldsymbol{P}_{k}$ 为估计误差方差阵。

在给定初始值 $\hat{\boldsymbol{x}}_{0}$ 和 $\boldsymbol{P}_{0}$ 时，根据 t_{k} 时刻的量测 $\boldsymbol{y}_{k}$，就可以递推计算得到 k 时刻

的状态估计 $\hat{\boldsymbol{x}}_k(k=1,2,\cdots)$。

当 Δt(即滤波周期)较短时,$\boldsymbol{F}(t)$ 可近似看作常阵,即

$$\boldsymbol{F}(t) \approx \boldsymbol{F}(t_{k-1}), \quad t_{k-1} \leqslant t < t_k \tag{5-64}$$

此时,状态转移矩阵 $\boldsymbol{\Phi}_{k/k-1}$ 有如下计算式:

$$\boldsymbol{\Phi}_{k/k-1} = \boldsymbol{I} + \boldsymbol{F}_{k-1}\Delta t + \boldsymbol{F}_{k-1}^2 \frac{\Delta t^2}{2!} + \boldsymbol{F}_{k-1}^3 \frac{\Delta t^3}{3!} + \cdots \tag{5-65}$$

式中:$\boldsymbol{F}_{k-1} = \boldsymbol{F}(t_{k-1})$。

2. R-T-S 固定区间平滑算法

R-T-S 固定区间平滑就是利用固定时间区间中得到的所有量测值,来估计此区间中每个时刻的状态[51,52]。

考虑如式(5-54)、式(5-55)所示的线性连续系统,其线性离散系统方程如式(5-57)、式(5-58)所示。

采用式(5-59)~式(5-63)所示的标准离散卡尔曼滤波算法,按 $k=0,1,\cdots,N-1$ 顺时方向计算并存储各时刻的状态估计 $\hat{\boldsymbol{x}}_k$、估计误差方差阵 $\boldsymbol{P}_k$ 和预测误差方差阵 $\boldsymbol{P}_{k/k-1}$。当卡尔曼滤波结束后,利用存储的数据,按 $k=N-1,N-2,\cdots,0$ 逆时方向进行平滑估计递推。

平滑估计递推公式为

$$\hat{\boldsymbol{x}}_{k-1/N} = \hat{\boldsymbol{x}}_{k-1} + \boldsymbol{A}_{k-1}(\hat{\boldsymbol{x}}_{k/N} - \boldsymbol{\Phi}_{k/k-1}\hat{\boldsymbol{x}}_{k-1}) \tag{5-66}$$

$$\boldsymbol{P}_{k-1/N} = \boldsymbol{P}_{k-1} + \boldsymbol{A}_{k-1}(\boldsymbol{P}_{k/N} - \boldsymbol{P}_{k/k-1})\boldsymbol{A}_{k-1}^{\mathrm{T}} \tag{5-67}$$

平滑增益矩阵为

$$\boldsymbol{A}_{k-1} = \boldsymbol{P}_{k-1}\boldsymbol{\Phi}_{k/k-1}^{\mathrm{T}}\boldsymbol{P}_{k/k-1}^{-1} \tag{5-68}$$

上述平滑估计递推公式的边界条件为 $\hat{\boldsymbol{x}}_{N/N}$(即卡尔曼滤波中的 $\hat{\boldsymbol{x}}_N$)和 $\boldsymbol{P}_{N/N}$(即卡尔曼滤波中的 $\boldsymbol{P}_N$)。

R-T-S 平滑算法原理图如图 5-5 所示。从图中可以看出,R-T-S 平滑算法包括前向滤波和后向递推两个部分。其中,前向滤波采用标准卡尔曼滤波,计算并存

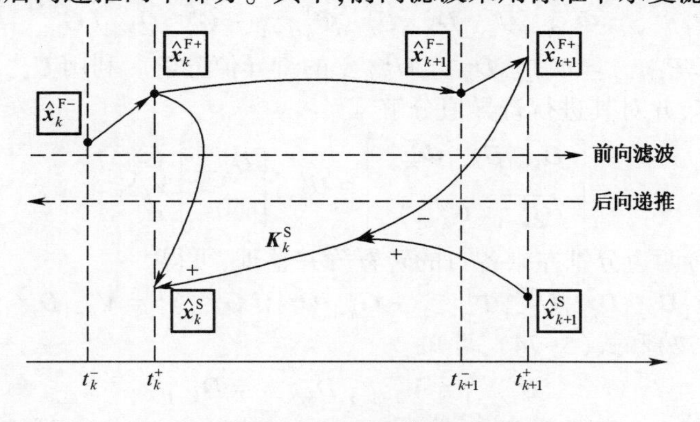

图 5-5　R-T-S 平滑算法原理图

储每一时刻的状态值和相应的估计误差协方差阵,以及系统的状态转移阵;后向递推则是将前向过程的存储值作为输入量,利用后向递推公式获得最优的平滑估计结果。图中 $\hat{\boldsymbol{x}}$ 为状态的估计; $\boldsymbol{K}_k^{\mathrm{S}}$ 为后向递推增益;上标"F"和"S"分别表示前向滤波和平滑;上标"-"和"+"分别表示滤波的预测和更新。

3. 基于 SVD 的 R-T-S 固定区间平滑算法

首先简单介绍一下奇异值分解的基本概念和性质[50]。

若 $\boldsymbol{B}$ 为 $n\times m$ 阶实矩阵,即 $\boldsymbol{B}\in\boldsymbol{R}^{n\times m}$,且不失一般性,设 $n\leqslant m$,则矩阵 $\boldsymbol{B}$ 的奇异值分解可表示为

$$\boldsymbol{B}=\boldsymbol{U\Lambda V}^{\mathrm{T}},\quad \boldsymbol{\Lambda}=\begin{bmatrix}\boldsymbol{S} & 0\\ 0 & 0\end{bmatrix} \tag{5-69}$$

式中:矩阵 $\boldsymbol{S}=\mathrm{diag}(s_1,s_2,\cdots,s_r)$, $s_1\geqslant s_2\geqslant\cdots\geqslant s_r\geqslant 0$ 称为矩阵 $\boldsymbol{B}$ 的奇异值; $\boldsymbol{U}=[\boldsymbol{U}_1,\boldsymbol{U}_2,\cdots,\boldsymbol{U}_n]\in\boldsymbol{R}^{n\times n}$, $\boldsymbol{V}=[\boldsymbol{V}_1,\boldsymbol{V}_2,\cdots,\boldsymbol{V}_n]\in\boldsymbol{R}^{m\times m}$ 是列正交矩阵,即满足 $\boldsymbol{UU}^{\mathrm{T}}=\boldsymbol{U}^{\mathrm{T}}\boldsymbol{U}=\boldsymbol{I}_n$, $\boldsymbol{VV}^{\mathrm{T}}=\boldsymbol{V}^{\mathrm{T}}\boldsymbol{V}=\boldsymbol{I}_m$ 。称矩阵 $\boldsymbol{U}$、$\boldsymbol{V}$ 的列向量分别为 $\boldsymbol{B}$ 的左、右奇异向量。

在实际中,若 $\boldsymbol{B}^{\mathrm{T}}\boldsymbol{B}$ 正定,且 $\boldsymbol{B}\in\boldsymbol{R}^{n\times n}$ 是对称正定阵,则 $\boldsymbol{B}$ 的奇异值分解可简化为

$$\boldsymbol{B}=\boldsymbol{U}\begin{bmatrix}\boldsymbol{S}\\ 0\end{bmatrix}\boldsymbol{V}^{\mathrm{T}}\ \text{或}\ \boldsymbol{B}=\boldsymbol{USU}^{\mathrm{T}}=\boldsymbol{UD}^2\boldsymbol{U}^{\mathrm{T}} \tag{5-70}$$

式中:左奇异向量等于右奇异向量,因此,在奇异值分解计算时仅需计算左奇异向量或右奇异向量,从而节省了计算量。

基于 SVD 的卡尔曼滤波算法的基本思想是将式(5-57)和式(5-60)的误差方差阵进行奇异值分解,从而把误差方差阵的迭代计算变换成奇异值分解阵的迭代计算[49,50],即令

$$\boldsymbol{P}_{k-1}=\boldsymbol{U}_{k-1}\boldsymbol{D}_{k-1}^2\boldsymbol{U}_{k-1}^{\mathrm{T}} \tag{5-71}$$

将式(5-71)代入预测误差方差阵式(5-60)有

$$\boldsymbol{P}_{k/k-1}=\boldsymbol{\Phi}_{k/k-1}\boldsymbol{U}_{k-1}\boldsymbol{D}_{k-1}^2\boldsymbol{U}_{k-1}^{\mathrm{T}}\boldsymbol{\Phi}_{k/k-1}^{\mathrm{T}}+\boldsymbol{G}_{k-1}^w\boldsymbol{Q}_{k-1}(\boldsymbol{G}_{k-1}^w)^{\mathrm{T}} \tag{5-72}$$

下面计算 $\boldsymbol{P}_{k/k-1}=\boldsymbol{U}_{k/k-1}\boldsymbol{D}_{k/k-1}^2\boldsymbol{U}_{k/k-1}^{\mathrm{T}}$ 的奇异值分解。利用 $\boldsymbol{U}_{k-1}$ 和 $\boldsymbol{D}_{k-1}$ 构造下式左端矩阵,并对其进行奇异值分解

$$\begin{bmatrix}\boldsymbol{D}_{k-1}\boldsymbol{U}_{k-1}^{\mathrm{T}}\boldsymbol{\Phi}_{k/k}^{\mathrm{T}}\\ \sqrt{\boldsymbol{Q}_{k-1}^{\mathrm{T}}}(\boldsymbol{G}_{k-1}^w)^{\mathrm{T}}\end{bmatrix}=\boldsymbol{U}_{k-1}'\begin{bmatrix}\boldsymbol{D}_{k-1}'\\ 0\end{bmatrix}\boldsymbol{V}_{k-1}'^{\mathrm{T}} \tag{5-73}$$

式(5-73)两边分别左乘各自的转置阵并整理,可得

$$\boldsymbol{\Phi}_{k/k-1}\boldsymbol{U}_{k-1}\boldsymbol{D}_{k-1}^2\boldsymbol{U}_{k-1}^{\mathrm{T}}\boldsymbol{\Phi}_{k/k-1}^{\mathrm{T}}+\boldsymbol{G}_{k-1}^w\boldsymbol{Q}_{k-1}(\boldsymbol{G}_{k-1}^w)^{\mathrm{T}}=\boldsymbol{V}_{k-1}'\boldsymbol{D}_{k-1}'^2\boldsymbol{V}_{k-1}'^{\mathrm{T}} \tag{5-74}$$

由式(5-72)和式(5-74),可知

$$\boldsymbol{U}_{k/k-1}=\boldsymbol{V}_{k-1}',\ \boldsymbol{D}_{k/k-1}=\boldsymbol{D}_{k-1}' \tag{5-75}$$

同理,根据一步预算结果 $\boldsymbol{U}_{k/k-1}$ 和 $\boldsymbol{D}_{k/k-1}$ 计算 $\boldsymbol{P}_k=\boldsymbol{U}_k\boldsymbol{D}_k^2\boldsymbol{U}_k^{\mathrm{T}}$ 的奇异值分解。

设 $\boldsymbol{R}_k^{-1}=\boldsymbol{L}_k\boldsymbol{L}_k^{\mathrm{T}}$，构造下式左端矩阵，并进行奇异值分解

$$\begin{bmatrix}\boldsymbol{L}_k^{\mathrm{T}}\boldsymbol{H}_k\boldsymbol{U}_{k/k-1}\\ \boldsymbol{D}_{k/k-1}^{-1}\end{bmatrix}=\overline{\boldsymbol{U}}_k\begin{bmatrix}\overline{\boldsymbol{D}}_k\\ 0\end{bmatrix}\overline{\boldsymbol{V}}_k^{\mathrm{T}} \tag{5-76}$$

在式(5-76)两边分别左乘各自的转置阵，整理可得

$$\boldsymbol{U}_k=\boldsymbol{U}_{k/k-1}\overline{\boldsymbol{V}}_k,\ \boldsymbol{D}_k=\overline{\boldsymbol{D}}_k^{-1} \tag{5-77}$$

滤波增益阵和状态估计计算式如下

$$\boldsymbol{K}_k=\boldsymbol{P}_k\boldsymbol{H}_k^{\mathrm{T}}\boldsymbol{R}_k^{-1}=\boldsymbol{U}_k\boldsymbol{D}_k^2\boldsymbol{U}_k^{\mathrm{T}}\boldsymbol{H}_k^{\mathrm{T}}\boldsymbol{R}_k^{-1} \tag{5-78}$$

$$\hat{\boldsymbol{x}}_k=\hat{\boldsymbol{x}}_{k/k-1}+\boldsymbol{K}_k(\boldsymbol{y}_k-\boldsymbol{H}_k\hat{\boldsymbol{x}}_{k/k-1}) \tag{5-79}$$

由式(5-56)、式(5-78)和式(5-79)便构成了基于 SVD 的卡尔曼滤波算法。

将 R-T-S 固定区间平滑算法的误差方差阵的奇异值分解形式定义如下[49]：

$$\boldsymbol{P}_{k-1/N}=\boldsymbol{U}_{k-1/N}\boldsymbol{D}_{k-1/N}^2\boldsymbol{U}_{k-1/N}^{\mathrm{T}} \tag{5-80}$$

$$\boldsymbol{P}_{k/N}=\boldsymbol{U}_{k/N}\boldsymbol{D}_{k/N}^2\boldsymbol{U}_{k/N}^{\mathrm{T}} \tag{5-81}$$

定义

$$\boldsymbol{E}_{k-1}=\boldsymbol{P}_{k-1}-\boldsymbol{A}_{k-1}\boldsymbol{P}_{k/k-1}\boldsymbol{A}_{k-1}^{\mathrm{T}} \tag{5-82}$$

则式(5-67)可表示为

$$\boldsymbol{P}_{k-1/N}=\boldsymbol{E}_{k-1}+\boldsymbol{A}_{k-1}\boldsymbol{P}_{k/N}\boldsymbol{A}_{k-1}^{\mathrm{T}} \tag{5-83}$$

为对式(5-83)进行奇异值分解运算，首先进行 $\boldsymbol{E}_{k-1}$ 的求逆运算，应用矩阵求逆引理得

$$\boldsymbol{E}_{k-1}^{-1}=\boldsymbol{P}_{k-1}^{-1}+\boldsymbol{\Phi}_{k/k-1}^{\mathrm{T}}[\boldsymbol{G}_{k-1}^w\boldsymbol{Q}_{k-1}(\boldsymbol{G}_{k-1}^w)^{\mathrm{T}}]^{-1}\boldsymbol{\Phi}_{k/k-1} \tag{5-84}$$

令

$$\boldsymbol{E}_{k-1}=\widetilde{\boldsymbol{U}}_{k-1}\widetilde{\boldsymbol{D}}_{k-1}^2\widetilde{\boldsymbol{U}}_{k-1}^{\mathrm{T}} \tag{5-85}$$

利用 $\boldsymbol{P}_{k-1}$ 的奇异值分解 $\boldsymbol{U}_{k-1}$ 和 $\boldsymbol{D}_{k-1}$ 构造下式左端矩阵，并对其进行奇异值分解

$$\begin{bmatrix}\sqrt{\boldsymbol{Q}_{k-1}^{-1}}\boldsymbol{\Phi}_{k/k-1}\\ \boldsymbol{D}_{k-1}^{-1}\boldsymbol{U}_{k-1}^{\mathrm{T}}\end{bmatrix}=\boldsymbol{U}''_{k-1}\begin{bmatrix}\boldsymbol{D}''_{k-1}\\ 0\end{bmatrix}\boldsymbol{V}''^{\mathrm{T}}_{k-1} \tag{5-86}$$

在式(5-86)两边分别左乘各自的转置阵，得

$$\boldsymbol{P}_{k-1}^{-1}+\boldsymbol{\Phi}_{k/k-1}^{\mathrm{T}}[\boldsymbol{G}_{k-1}^w\boldsymbol{Q}_{k-1}(\boldsymbol{G}_{k-1}^w)^{\mathrm{T}}]^{-1}\boldsymbol{\Phi}_{k/k-1}=\boldsymbol{V}''_{k-1}(\boldsymbol{D}''_{k-1})^2\boldsymbol{V}''^{\mathrm{T}}_{k-1} \tag{5-87}$$

由式(5-84)和式(5-87)，可知

$$\widetilde{\boldsymbol{U}}_{k-1}=\boldsymbol{V}''_{k-1},\ \widetilde{\boldsymbol{D}}_{k-1}=(\boldsymbol{D}''_{k-1})^{-1} \tag{5-88}$$

为实现式(5-83)的奇异值分解，定义下式左端矩阵，并对其进行奇异值分解

$$\begin{bmatrix}\widetilde{\boldsymbol{D}}_{k-1}\widetilde{\boldsymbol{U}}_{k-1}^{\mathrm{T}}\\ \boldsymbol{D}_{k/N}\boldsymbol{U}_{k/N}^{\mathrm{T}}\boldsymbol{A}_{k-1}^{\mathrm{T}}\end{bmatrix}=\overline{\boldsymbol{U}}''_{k-1}\begin{bmatrix}\overline{\boldsymbol{D}}''_{k-1}\\ 0\end{bmatrix}\overline{\boldsymbol{V}}''^{\mathrm{T}}_{k-1} \tag{5-89}$$

在式(5-89)两边分别左乘各自的转置阵,得

$$\widetilde{\boldsymbol{U}}_{k-1}\widetilde{\boldsymbol{D}}_{k-1}^{2}\widetilde{\boldsymbol{U}}_{k-1}^{\mathrm{T}}+\boldsymbol{A}_{k-1}\boldsymbol{P}_{k/N}\boldsymbol{A}_{k-1}^{\mathrm{T}}=\overline{\boldsymbol{V}}_{k-1}''(\overline{\boldsymbol{D}}_{k-1}'')^{2}\overline{\boldsymbol{V}}_{k-1}''^{\mathrm{T}} \tag{5-90}$$

由式(5-83)、式(5-85)和式(5-90),可知

$$\boldsymbol{U}_{k-1/N}=\overline{\boldsymbol{V}}_{k-1}'',\ \boldsymbol{D}_{k-1/N}=\overline{\boldsymbol{D}}_{k-1}'' \tag{5-91}$$

将 $\boldsymbol{P}_{k-1}$ 和 $\boldsymbol{P}_{k/k-1}$ 的奇异值分解代入式(5-68)中,得到平滑增益计算式为

$$\boldsymbol{A}_{k-1}=\boldsymbol{U}_{k-1}\boldsymbol{D}_{k-1}^{2}\boldsymbol{U}_{k-1}^{\mathrm{T}}\boldsymbol{\Phi}_{k/k-1}^{\mathrm{T}}\boldsymbol{U}_{k/k-1}\boldsymbol{D}_{k/k-1}^{-2}\boldsymbol{U}_{k/k-1}^{\mathrm{T}} \tag{5-92}$$

状态平滑方程为

$$\hat{\boldsymbol{x}}_{k-1/N}=\hat{\boldsymbol{x}}_{k-1}+\boldsymbol{A}_{k-1}(\hat{\boldsymbol{x}}_{k/N}-\hat{\boldsymbol{x}}_{k/k-1}) \tag{5-93}$$

由式(5-78)、式(5-91)~式(5-93)便构成了基于 SVD 的 R-T-S 固定区间平滑算法。

5.1.3.3 SINS/GNSS 组合导航滤波数学模型

采用 5.1.2.1 节介绍的线性数学模型作为 SINS/GNSS 组合导航的滤波数学模型。

SINS/GNSS 组合导航的系统状态方程和量测方程分别如式(5-6)和式(5-7)所示。

其中,状态方程由 5.1.2.1 节介绍的惯性导航系统误差方程和惯性仪表误差方程组成。状态变量 $\boldsymbol{x}=[\phi_{\mathrm{E}}\quad \phi_{\mathrm{N}}\quad \phi_{\mathrm{U}}\quad \delta V_{\mathrm{E}}\quad \delta V_{\mathrm{N}}\quad \delta V_{\mathrm{U}}\quad \delta L\quad \delta\lambda\quad \delta H\quad \varepsilon_x\quad \varepsilon_y\quad \varepsilon_z\quad \nabla_x\quad \nabla_y\quad \nabla_z]^{\mathrm{T}}$;过程噪声 $\boldsymbol{w}=[w_{\varepsilon_x}\quad w_{\varepsilon_y}\quad w_{\varepsilon_z}\quad w_{\nabla_x}\quad w_{\nabla_y}\quad w_{\nabla_z}]^{\mathrm{T}}$,过程噪声方差阵 $\boldsymbol{Q}$ 根据 SINS/GNSS 组合导航系统的陀螺仪和加速度计噪声水平选取。状态转移矩阵 $\boldsymbol{F}$ 和过程噪声矩阵 $\boldsymbol{G}$ 的表达式为

$$\boldsymbol{F}=\begin{bmatrix}\boldsymbol{F}_{\mathrm{N},9\times9} & \boldsymbol{F}_{\mathrm{S},9\times6}\\ \boldsymbol{0}_{6\times9} & \boldsymbol{0}_{6\times6}\end{bmatrix}_{15\times15},\ \boldsymbol{G}=\begin{bmatrix}\boldsymbol{C}_{\mathrm{b}}^{\mathrm{n}} & \boldsymbol{0}_{3\times3}\\ \boldsymbol{0}_{3\times3} & \boldsymbol{C}_{\mathrm{b}}^{\mathrm{n}}\\ \boldsymbol{0}_{9\times3} & \boldsymbol{0}_{9\times3}\end{bmatrix}_{15\times6}$$

$\boldsymbol{F}$ 矩阵中,$\boldsymbol{F}_{\mathrm{S},9\times6}=\begin{bmatrix}\boldsymbol{C}_{\mathrm{b}}^{\mathrm{n}} & \boldsymbol{0}_{3\times3}\\ \boldsymbol{0}_{3\times3} & \boldsymbol{C}_{\mathrm{b}}^{\mathrm{n}}\\ \boldsymbol{0}_{3\times3} & \boldsymbol{0}_{3\times3}\end{bmatrix}_{9\times6}$,$\boldsymbol{F}_{\mathrm{N},9\times9}$ 中的非零元素的表达式参见 5.1.2.1 节。

量测方程中,取 SINS 捷联解算与 GNSS 输出的位置和速度之差作为量测值,量测变量 $\boldsymbol{y}=[\delta V_{\mathrm{E}}'\quad \delta V_{\mathrm{N}}'\quad \delta V_{\mathrm{U}}'\quad \delta L'\quad \delta\lambda'\quad \delta H']^{\mathrm{T}}$;量测矩阵 $\boldsymbol{H}=[\boldsymbol{H}_{\mathrm{V}}\quad \boldsymbol{H}_{\mathrm{P}}]^{\mathrm{T}}$,$\boldsymbol{H}_{\mathrm{V}}=[\boldsymbol{0}_{3\times3}\quad \mathrm{diag}(1,1,1)\quad \boldsymbol{0}_{3\times9}]$,$\boldsymbol{H}_{\mathrm{P}}=[\boldsymbol{0}_{3\times6}\quad \mathrm{diag}(R_{\mathrm{M}}+H,(R_{\mathrm{N}}+H)\cos L,1)\quad \boldsymbol{0}_{3\times6}]$;量测噪声 $\boldsymbol{v}=[\boldsymbol{v}_{\delta V_{\mathrm{E}}'}\quad \boldsymbol{v}_{\delta V_{\mathrm{N}}'}\quad \boldsymbol{v}_{\delta V_{\mathrm{U}}'}\quad \boldsymbol{v}_{\delta L'}\quad \boldsymbol{v}_{\delta\lambda'}\quad \boldsymbol{v}_{\delta H'}]^{\mathrm{T}}$,量测噪声方差阵 $\boldsymbol{R}$ 根据 GNSS 的位置、速度噪声水平选取。

基于以上连续系统模型的变量,按照 5.1.3.2 节介绍的基于 SVD 的卡尔曼滤

波和基于 SVD 的 R-T-S 平滑递推公式分别进行 SINS/GNSS 组合导航[53]。

5.1.3.4 SINS/GNSS 组合导航系统仿真试验

本小节根据实际飞行试验设计仿真用飞行轨迹，进行 SINS/GNSS 组合导航的仿真试验。

1. 仿真条件

飞行轨迹设计：飞行高度为 7000m，飞行速度为 100m/s，初始航向角为北偏东顺时针 40°。首先进行 1000s 的匀速直线飞行，然后顺时针转弯 180°，逆向飞行 1000s。U 形飞行轨迹如图 5-6 所示。

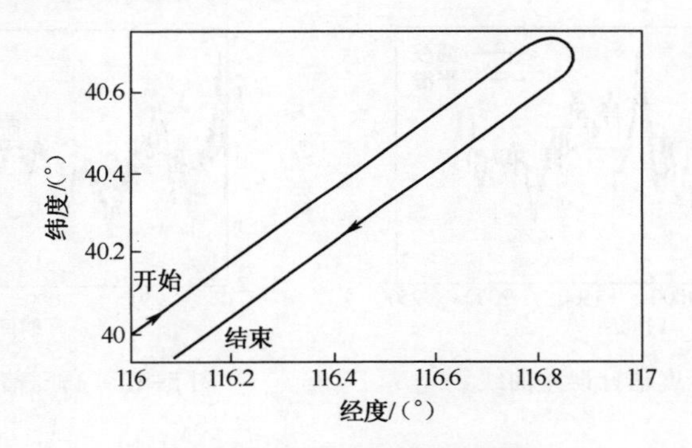

图 5-6　仿真飞行轨迹曲线

SINS/GNSS 组合导航系统中惯性器件精度为：陀螺常值漂移为 0.1(°)/h，加速度计常值偏置为 100μg；陀螺随机漂移为 0.05(°)/h，加速度计随机偏置为 50μg。

GNSS 速度量测噪声为 0.1m/s，位置量测噪声为 10m。

2. 仿真结果与分析

经过基于 SVD 的滤波和基于 SVD 的 R-T-S 固定区间平滑处理后，位置、速度、姿态估计误差曲线如图 5-7～图 5-15 所示。陀螺常值漂移和加速度计常值偏置的估计曲线如图 5-16～图 5-21 所示。

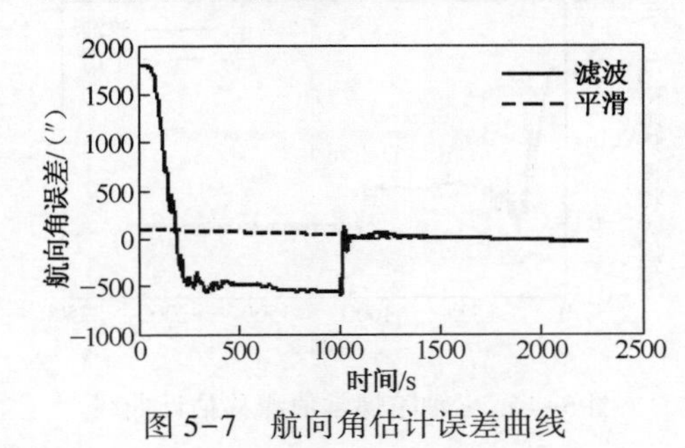

图 5-7　航向角估计误差曲线

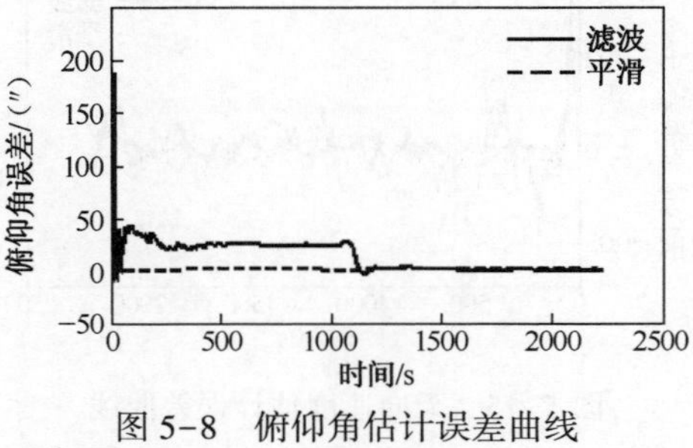

图 5-8　俯仰角估计误差曲线

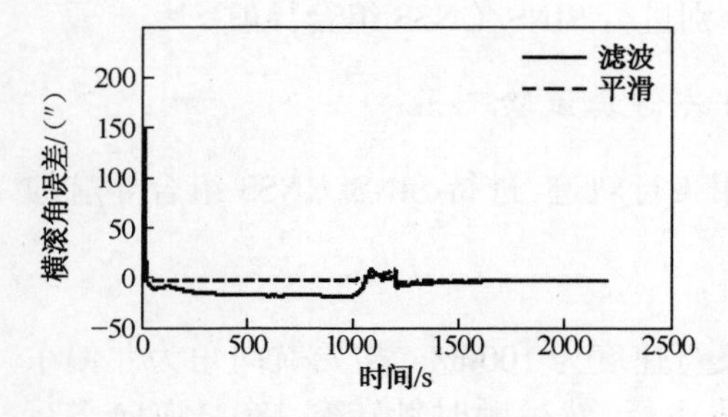

图 5-9 横滚角估计误差曲线

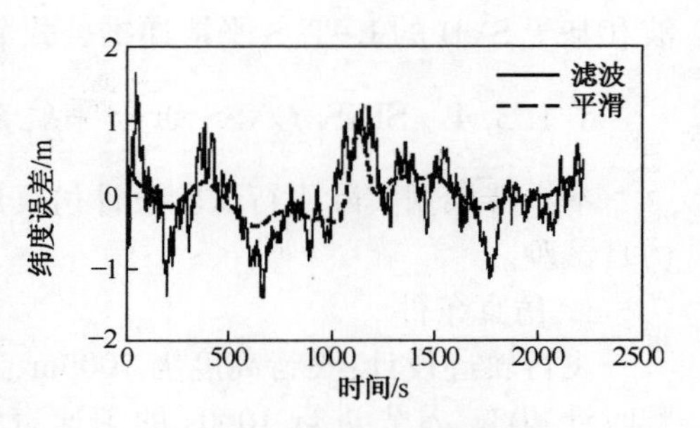

图 5-10 纬度估计误差曲线

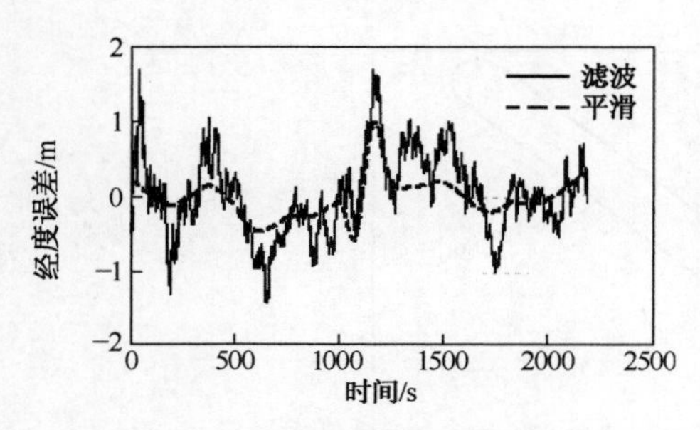

图 5-11 经度估计误差曲线

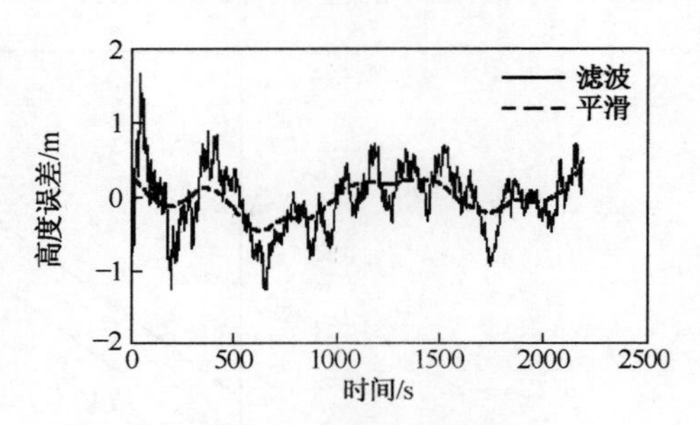

图 5-12 高度估计误差曲线

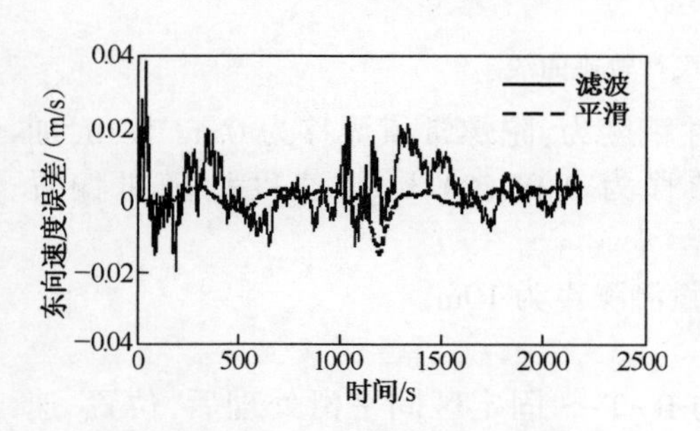

图 5-13 东向速度估计误差曲线

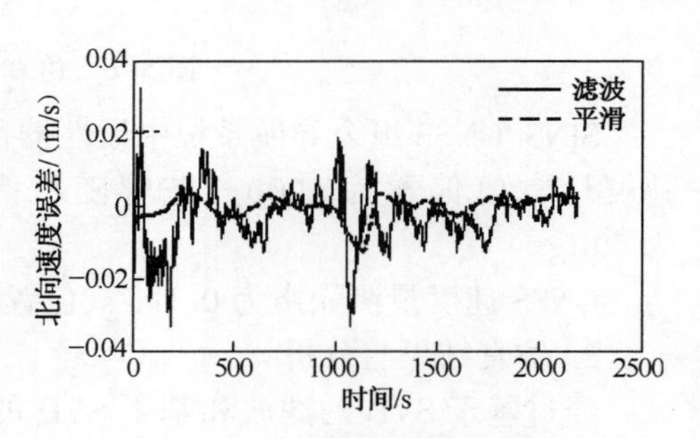

图 5-14 北向速度估计误差曲线

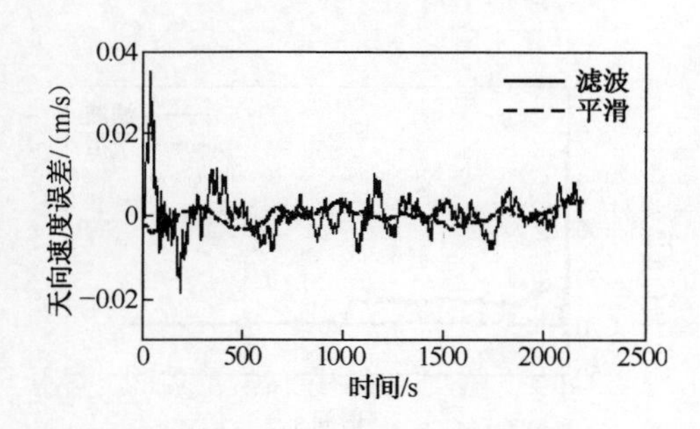

图 5-15 天向速度估计误差曲线

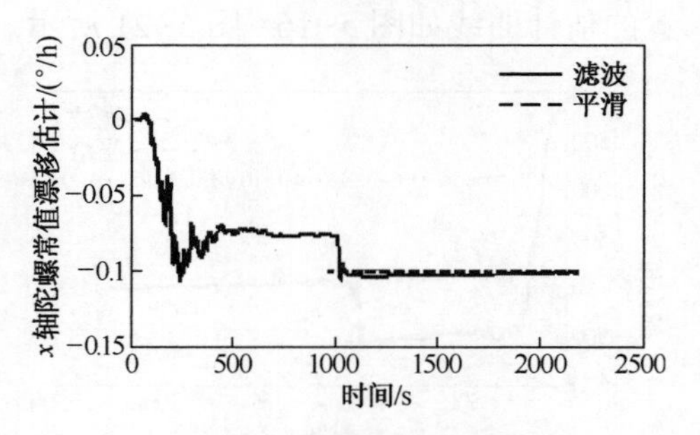

图 5-16 x 轴陀螺常值漂移估计曲线

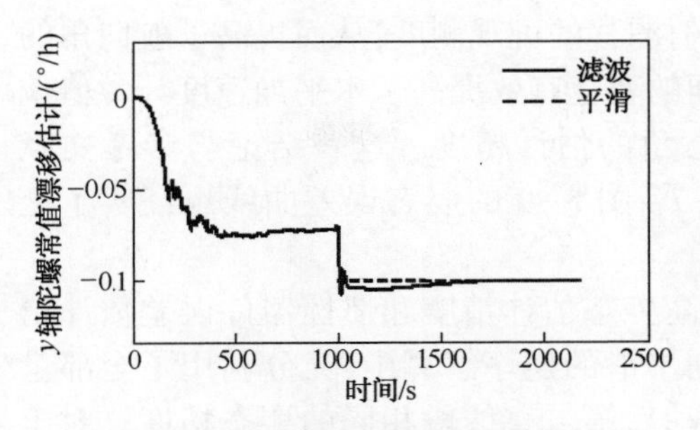

图 5-17　y 轴陀螺常值漂移估计曲线

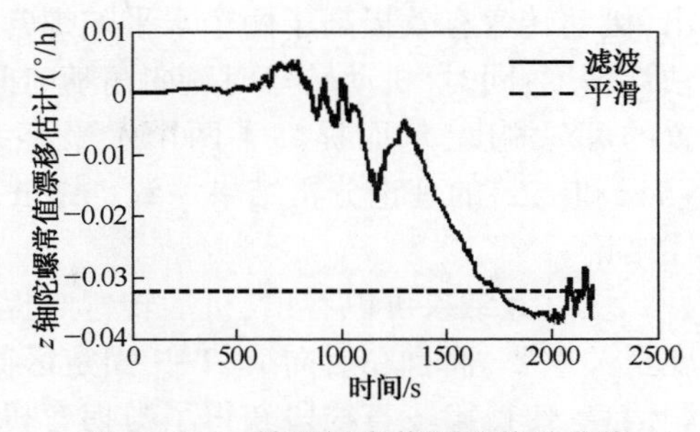

图 5-18　z 轴陀螺常值漂移估计曲线

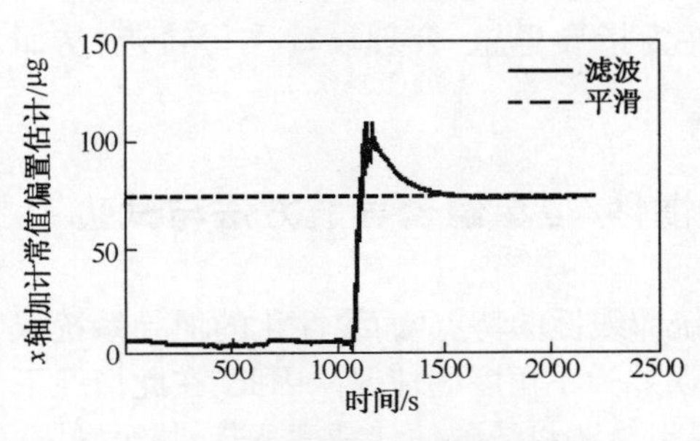

图 5-19　x 轴加计常值偏置估计曲线

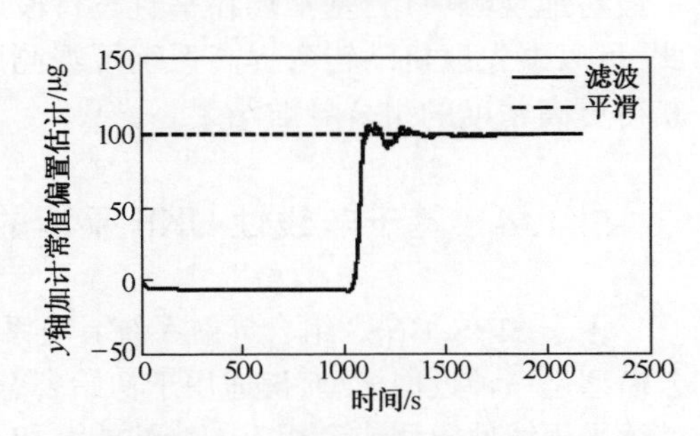

图 5-20　y 轴加计常值偏置估计曲线

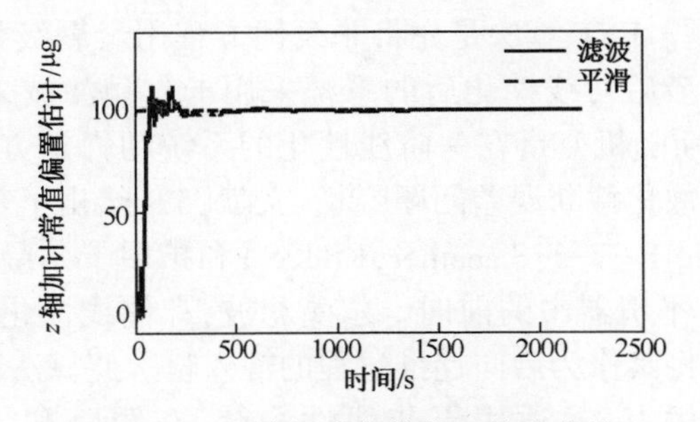

图 5-21　z 轴加计常值偏置估计曲线

从上述估计结果图(图 5-7~图 5-21)可以看出,基于 SVD 的 R-T-S 固定区间平滑算法的姿态、位置、速度估计精度均明显高于基于 SVD 的卡尔曼滤波;同时,其对陀螺常值漂移和加速度计常值偏置的估计结果也比卡尔曼滤波稳定。

其中,图 5-7~图 5-9 的姿态误差曲线图表明,在平飞 1000s 后的机动转弯能够有效提高姿态的估计精度。这与机动转弯能够提高姿态误差的可观测度,进而提高姿态误差估计精度的可观测性理论分析结果相符[54,55]。从图 5-10~图 5-15 的速度和位置估计误差曲线中可以看出,速度和位置的滤波估计易受机动的影响,在拐弯处精度有所下降,致使平滑精度也有所下降。

从图 5-16~图 5-21 的陀螺常值漂移和加速度计常值偏置估计曲线可以看

出,机动转弯有效提高了两个水平陀螺常值漂移的可观测度,从而提高了航向角的估计精度;同时,机动转弯时航向角随时间的变化有效提高了水平加速度计常值偏置的可观测度,从而提高了两个水平姿态角的估计精度。这一结论与参考文献[54]和[55]的理论分析结果一致。图5-7~图5-9的姿态误差曲线也证实了上述结论。

从以上结果可以看出,机动转弯对提高姿态估计精度和惯性器件误差估计精度至关重要,而且在后向R-T-S固定区间平滑的逆序解算中,充分利用了全部量测信息,使得第一直线段获得了与拐弯机动后第二直线段相同的姿态精度。对于机载对地观测应用,基本均在平直飞行段进行成像工作,而拐弯处不进行成像。因此,可以事先以机动转弯提高系统可观测度为指导思想,合理设计飞行轨迹,从而获得更高精度的组合导航结果。

5.1.4 基于非线性UKF平滑的惯性/卫星组合导航方法与试验

由于SINS/GNSS组合导航系统具有系统非线性的特点,而线性化的惯导系统误差模型是一种近似模型,仅适用于初始姿态误差为小角度的情况。因此,在此情况下继续采用线性模型或者相应的线性滤波和平滑算法将导致估计精度下降,甚至发散。

扩展卡尔曼滤波(EKF)是一种非线性次优滤波算法,广泛用于处理组合导航系统中的非线性问题。EKF算法是先将非线性方程用泰勒级数展开,然后在状态估计值附近线性化,最后对线性化后的系统采用卡尔曼滤波来获得状态估计值。由于EKF是通过高斯随机变量在一阶线性化的系统动力学方程中传播来逼近状态分布,因此存在线性化截断误差问题[56]。文献[57]给出了基于EKF的扩展R-T-S平滑器(Extended R-T-S Smoother,ERTSS)和扩展卡尔曼平滑器。前者是利用EKF代替R-T-S平滑器中的前向卡尔曼滤波,存储线性化后的系统状态转移阵和相关滤波结果,将其作为后向递推过程的输入量。此算法既继承了R-T-S平滑器得结构简单等优点,又适用于非线性系统,在跟踪和导航领域有较多应用[58,59]。基于无迹变换的Unscented卡尔曼滤波(UKF)利用确定采样的方法对近似非线性分布和非线性函数进行线性化近似,是非线性滤波次优近似的另一种途径。该算法不需要计算雅可比矩阵,也无须对状态和量测方程进行线性化,因此没有对高阶项的截断误差。Simo推导了基于R-T-S形式的非线性UKF平滑算法(Unscented R-T-S Smoother,URTSS)[60]。该算法将无迹变化与平滑估计相结合,从而获得更高的组合估计精度。

本小节将介绍基于非线性平滑估计方法——URTSS的SINS/GNSS组合导航系统仿真与试验。首先,详细介绍URTSS非线性平滑算法;然后,进行基于非线性模型和URTSS的SINS/GNSS组合估计设计;最后进行计算机仿真和飞行试验数据处理。

5.1.4.1 Unscented R-T-S 平滑算法

假设一个 n 阶的离散系统：

$$\begin{cases} \boldsymbol{x}_k = \boldsymbol{f}(\boldsymbol{x}_{k-1}, k-1) + \boldsymbol{\Gamma}_{k-1}\boldsymbol{w}_{k-1} \\ \boldsymbol{z}_k = \boldsymbol{h}(\boldsymbol{x}_k, k) + \boldsymbol{v}_k \end{cases} \tag{5-94}$$

式中：$\boldsymbol{x}_k$ 为状态向量，$\boldsymbol{z}_k$ 为 t_k 时刻的量测向量；$\boldsymbol{w}_{k-1} \in \mathrm{N}(0, \boldsymbol{Q}_{k-1})$ 为系统噪声向量；$\boldsymbol{\Gamma}_{k-1}$ 为系统噪声转移矩阵；$\boldsymbol{v}_k \in N(0, \boldsymbol{R}_k)$ 为量测噪声向量；$\boldsymbol{f}(\cdot)$ 为系统状态转移函数；$\boldsymbol{h}(\cdot)$ 为量测函数。

URTSS 算法包括前向滤波和后向递推两个部分。前向滤波采用 UKF。URTSS 的详细计算公式如下[60]。

第一部分：前向滤波过程（$k = 1, 2, \cdots, N$）

（1）利用系统状态转移函数进行采样点时间更新，即

$$\hat{\boldsymbol{\chi}}_k = \boldsymbol{f}(\hat{\boldsymbol{\chi}}_{k-1}, k-1) \tag{5-95}$$

采样点的选择方法如下：

$$\hat{\boldsymbol{\chi}}_k = [\hat{\boldsymbol{x}}_{k-1} \quad \hat{\boldsymbol{x}}_{k-1} + \sqrt{n+\lambda}\,(\sqrt{\boldsymbol{P}_{k-1}})_j \quad \hat{\boldsymbol{x}}_{k-1} - \sqrt{n+\lambda}\,(\sqrt{\boldsymbol{P}_{k-1}})_j] \tag{5-96}$$

式中：$j = 1, 2, \cdots, n$；参数 $\lambda = \alpha^2(n+k) - n$，$n$ 为状态向量的维数；常量 α 用于确定采样点的传递情况（通常为 $10^{-4} \leqslant \alpha \leqslant 1$），常量 k 通常设置为 0 或 $3-n$。

采样点的权值计算公式如下：

$$\begin{cases} W_0^{(m)} = \lambda/(n+\lambda) \quad W_0^{(c)} = \lambda/(n+\lambda) + (1-\alpha^2+\beta) \\ W_i^{(m)} = W_i^{(c)} = 0.5/(n+\lambda) \quad i = 1, 2, \cdots, 2n \end{cases} \tag{5-97}$$

式中：上标 m 和 c 分别代表均值和协方差的权值；参数 β 用于表示先验分布知识（对于高斯分布，$\beta = 2$ 为最优值）。

（2）计算状态一步预测 $\hat{\boldsymbol{x}}_k^-$、预测误差协方差阵 $\boldsymbol{P}_k^-$、$\hat{\boldsymbol{x}}_{k-1}$ 和 $\hat{\boldsymbol{x}}_k^-$ 之间的交叉协方差阵 $\boldsymbol{C}_k$：

$$\begin{cases} \hat{\boldsymbol{x}}_k^- = \sum_{i=0}^{2n} W_i^{(m)} \hat{\boldsymbol{\chi}}_{k,i}^- \\ \boldsymbol{P}_k^- = \sum_{i=0}^{2n} W_i^{(c)} (\hat{\boldsymbol{\chi}}_{k,i}^- - \hat{\boldsymbol{x}}_k^-)(\hat{\boldsymbol{\chi}}_{k,i}^- - \hat{\boldsymbol{x}}_k^-)^{\mathrm{T}} + \boldsymbol{\Gamma}_{k-1}\boldsymbol{Q}_k\boldsymbol{\Gamma}_{k-1}^{\mathrm{T}})^{\mathrm{T}} \\ \boldsymbol{C}_k = \sum_{i=0}^{2n} W_i^{(c)} (\hat{\boldsymbol{\chi}}_{k-1,i} - \hat{\boldsymbol{x}}_{k-1}^-)(\hat{\boldsymbol{\chi}}_{k,i}^- - \hat{\boldsymbol{x}}_k^-)^{\mathrm{T}} \end{cases} \tag{5-98}$$

（3）利用量测函数进行采样点量测更新、计算预测量测值 $\hat{\boldsymbol{y}}_k$：

$$\begin{cases} \hat{\gamma}_k = \boldsymbol{h}(\hat{\boldsymbol{\chi}}_k^-, k) \\ \hat{\boldsymbol{y}}_k = \sum_{i=0}^{2n} W_i^{(m)} \hat{\boldsymbol{\gamma}}_{k,i} \end{cases} \tag{5-99}$$

（4）计算预测量测值误差协方差阵 $\boldsymbol{P}_{yy}$ 、$\hat{\boldsymbol{x}}_k^-$ 和 $\hat{\boldsymbol{y}}_k$ 之间的交叉协方差阵 $\boldsymbol{P}_{xy}$ ：

$$\begin{cases}\boldsymbol{P}_{yy} = \sum_{i=0}^{2l} W_i^{(c)} (\hat{\boldsymbol{\gamma}}_{k,i} - \hat{\boldsymbol{y}}_k)(\hat{\boldsymbol{\gamma}}_{k,i} - \hat{\boldsymbol{y}}_k)^{\mathrm{T}} \\ \boldsymbol{P}_{xy} = \sum_{i=0}^{2l} W_i^{(c)} (\hat{\boldsymbol{\chi}}_{k,i}^- - \hat{\boldsymbol{x}}_k^-)(\hat{\boldsymbol{\gamma}}_{k,i} - \hat{\boldsymbol{y}}_k)^{\mathrm{T}}\end{cases} \tag{5-100}$$

式中：l 为量测向量的维数。

（5）计算滤波增益 $\boldsymbol{K}_k$ 、状态估计 $\hat{\boldsymbol{x}}_k$ 、估计误差协方差阵 $\boldsymbol{P}_k$ ：

$$\begin{cases}\boldsymbol{K}_k = \boldsymbol{P}_{xy}\boldsymbol{P}_{yy}^{-1} \\ \hat{\boldsymbol{x}}_k = \hat{\boldsymbol{x}}_k^- + \boldsymbol{K}_k(z_k - \hat{\boldsymbol{y}}_k) \\ \boldsymbol{P}_k = \boldsymbol{P}_k^- - \boldsymbol{K}_k\boldsymbol{P}_{yy}\boldsymbol{K}_k^{\mathrm{T}}\end{cases} \tag{5-101}$$

第二部分：后向递推过程（ $k = N-1, N-2, \cdots, 0$ ）

（1）计算平滑增益 $\boldsymbol{K}_k^S$ ：

$$\boldsymbol{K}_k^S = \boldsymbol{C}_{k+1}\,(\boldsymbol{P}_{k+1}^-)^{-1} \tag{5-102}$$

（2）计算平滑状态估计 $\hat{\boldsymbol{x}}_k^S$ 、平滑误差协方差阵 $\boldsymbol{P}_k^S$ ：

$$\begin{cases}\hat{\boldsymbol{x}}_k^S = \hat{\boldsymbol{x}}_k + \boldsymbol{K}_k^S(\hat{\boldsymbol{x}}_{k+1}^S - \hat{\boldsymbol{x}}_{k+1}^-) \\ \boldsymbol{P}_k^S = \boldsymbol{P}_k + \boldsymbol{K}_k^S(\boldsymbol{P}_{k+1}^S - \boldsymbol{P}_{k+1}^-)(\boldsymbol{K}_k^S)^{\mathrm{T}}\end{cases} \tag{5-103}$$

在前向滤波过程中除了存储状态值 $\hat{\boldsymbol{x}}_k^-$ 和误差协方差阵 $\boldsymbol{P}_k^-$ ，还需计算并存储两个相邻时刻之间的交叉协方差阵 $\boldsymbol{C}_k$ 。由于前向滤波的最后一步为后向递推的第一步，因此有 $\hat{\boldsymbol{x}}_{\mathrm{N}}^S = \hat{\boldsymbol{x}}_{\mathrm{N}}$ ，$\boldsymbol{P}_{\mathrm{N}}^S = \boldsymbol{P}_{\mathrm{N}}$ 。

5.1.4.2　基于 URTSS 的 SINS/GNSS 组合估计数学模型设计

针对 5.1.4.3 节的飞行试验，由于在 SINS 空中开机的飞行情况下，飞机的初始位置和速度信息可以通过 GNSS 的输出量直接获得，但是初始姿态信息却无法直接获得。一般情况下，可以通过计算 GNSS 输出的东向速度和北向速度得到航向角的近似值。而初始航向角受飞机偏流角的影响，偏流角的大小是由飞机速度和风速共同决定。因此，初始航向角的误差为不确定量。对于水平姿态角，在机载对地观测成像前的准备阶段，俯仰角和横滚角的变化不大。因此，采用基于 5.1.2.2 节介绍的适用于方位姿态误差角较大、水平姿态误差角为小量的基于 $\boldsymbol{\Phi}$ 角的惯性/卫星组合导航系统非线性数学模型作为 URTSS 估计器的数学模型。

5.1.4.3　飞行试验与分析

为了验证 URTSS 在 SINS/GNSS 组合估计中的有效性，下面基于机载对地观测实际的飞行试验数据对该算法进行测试和分析[61]。

1. 试验条件

飞行试验采用的 SINS/GNSS 组合导航系统中，以 GPS 作为卫星导航系统。三维飞行轨迹如图 5-22 所示。图中矩形框中的部分为机载对地观测应用中的成像区域,SINS 在进入成像区之前开机(A 点)。此次飞行试验包括 4 个成像段,共 2000s 左右的飞行数据。

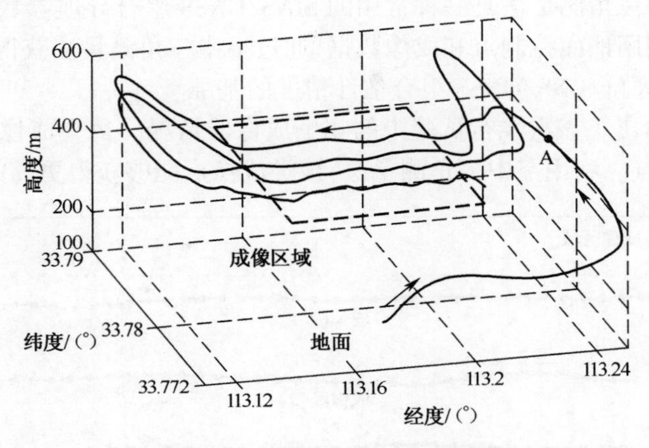

图 5-22 飞行试验三维轨迹

表 5-1 为 SINS/GNSS 组合导航系统中传感器的性能指标。

表 5-1 SINS/GNSS 组合导航系统传感器性能指标

传感器	指 标	量级(1σ)
陀螺仪	常值偏移	0.2(°)/h
	白噪声	0.1(°)/h
	陀螺一阶马尔可夫过程漂移的驱动白噪声方差强度	0.1(°)/h
	陀螺一阶马尔可夫过程漂移的相关时间	300s
加速度计	常值偏置	100μg
	白噪声	50μg
	加速度计一阶马尔可夫过程偏置的驱动白噪声方差强度	100μg
	加速度计一阶马尔可夫过程偏置的相关时间	3600s
GPS	水平速度	0.03m/s
	天向速度	0.05m/s
	水平位置	0.1m
	高度	0.15m

综合考虑多种情况,在此次试验中偏流角假定为 30°。此外从大量的飞行试

验可以看出,在成像前的准备阶段,俯仰角和横滚角的变化不大。对于此次的飞机类型而言,俯仰角和横滚角的最大值约为 5°。因此在进入成像区域之前,初始的俯仰角和横滚角可以设置为 0°,而相应的误差角绝对值则假设为 5°。

目前,空中三角测量法是一种常用的 SINS/GNSS 组合导航参数标定方法。在本次试验中,利用地面控制点和成像数据,通过空中三角测量法获得更高精度的姿态信息并作为评价 SINS/GNSS 组合估计精度的基准。

图 5-23 给出了该次飞行试验中的 4 个成像段情况。每个成像段都有一组相应的离散成像点。利用空中三角测量法,该类成像点能够获得更高的姿态精度。

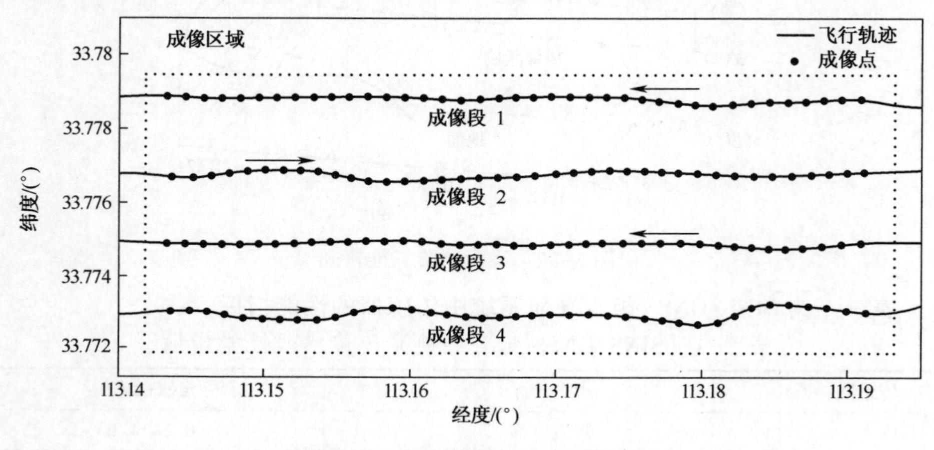

图 5-23　飞行试验的 4 个成像段

2. 飞行测试结果和分析

为了测试和比较不同估计算法的效果,设计了基于多个不同初始航向误差角的试验情况(5°,10°,15°,20°,25°,30°),且相应的俯仰和横滚误差角设置为 5°。然后采用 EKF、UKF、ERTSS 和 URTSS 分别对上述的飞行数据进行离线处理。

图 5-24 给出了不同情况下的俯仰角和横滚角估计误差 STD 值。从图 5-24 中可以看出,对于俯仰角和横滚角的估计,ERTSS 和 URTSS 的估计精度相当;平滑算法的估计结果优于相应的滤波算法;随着初始航向角误差的增大,UKF 的估计精度明显高于 EKF 的估计精度。

对于航向角的估计情况,图 5-25 给出了上述 4 类估计算法的解算结果。从航向角残余误差(绝对误差减去误差的均值)曲线可以看出,对于整个成像区域而言,由 URTSS 和 UKF 所获得的航向角估计误差分别小于由 ERTSS 和 EKF 所获得的航向角误差。

表 5-2 给出了不同初始航向角误差情况下,不同算法估计所得的航向角误差 STD 值。此外,图 5-26 中还进一步给出了 ERTSS 和 URTSS 详细对比情况。可以看出,基于 EKF 和 UKF 的平滑算法明显降低了航向角的估计误差。且随着初始

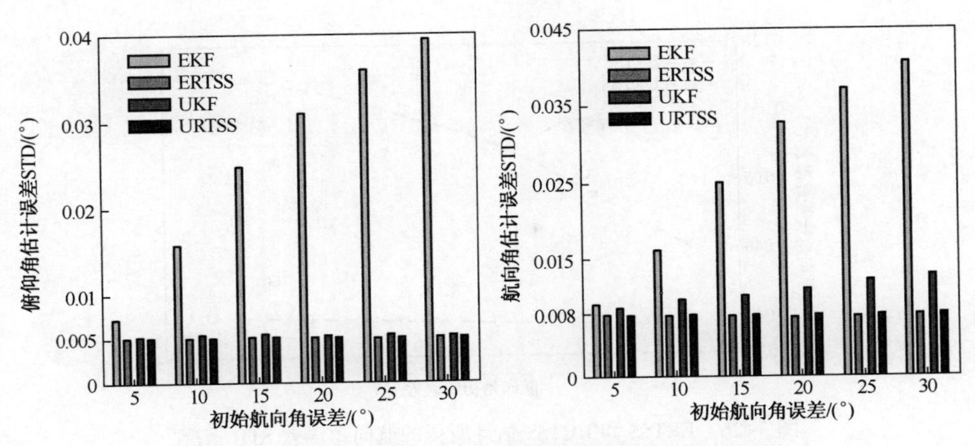

图 5-24　不同情况下的俯仰角和横滚角估计误差 STD 情况

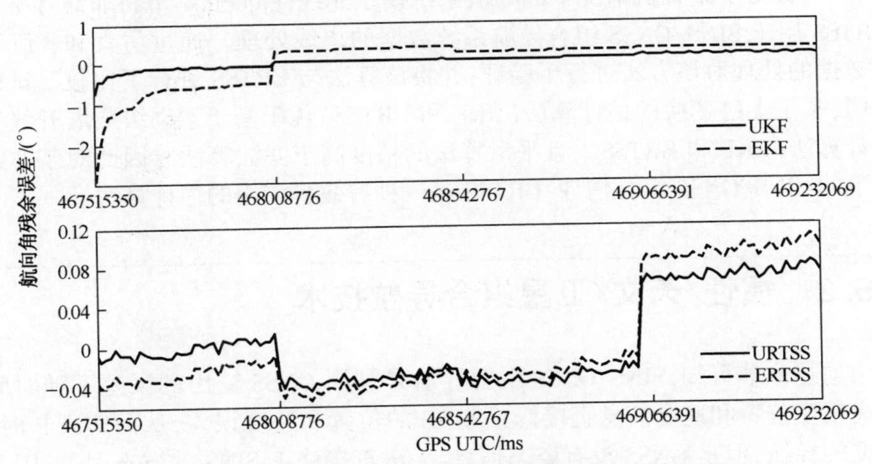

图 5-25　不同算法估计所得的航向角残余误差情况

航向角误差量的增大,URTSS 的优势越来越明显。以上的结论与仿真分析的结果相同,再次证明了 URTSS 的有效性。即在非线性惯导系统误差模型下,URTSS 能够获得更高的航向角估计精度。

表 5-2　航向角误差误差的 STD 值　　单位:(°)

初始航向角误差	EKF	ERTSS	UKF	URTSS
5	0. 2674	0. 0461	0. 0880	0. 0415
10	0. 3936	0. 0492	0. 0987	0. 0416
15	0. 4902	0. 0521	0. 1112	0. 0418
20	0. 5469	0. 0540	0. 1235	0. 0419
25	0. 5905	0. 0555	0. 1339	0. 0421
30	0. 6141	0. 0565	0. 1431	0. 0422

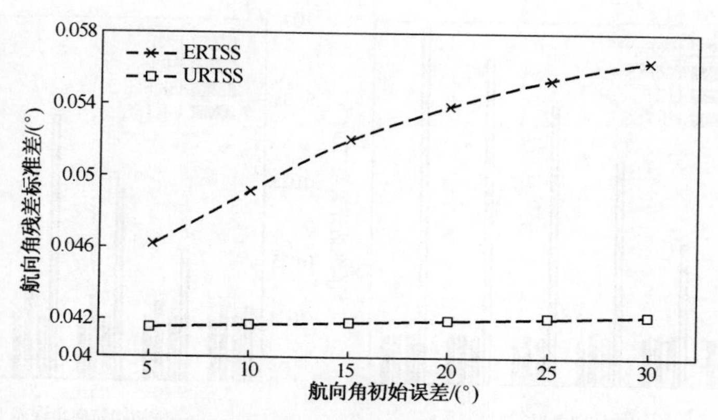

图 5-26 ERTSS 和 URTSS 估计所得的航向角误差 STD 情况

综上,针对空中开机情况下的导航系统模型非线性问题,本节将非线性平滑算法 URTSS 用于 SINS/GNSS 组合导航系统数据的离线处理。通过仿真和实际飞行试验数据的处理对该方法进行了验证,并将该算法与 ERTSS 进行了比较。试验结果表明,基于无迹变换的估计算法(UKF 和 URTSS)优于基于泰勒级数展开线性化的估计算法(EKF 和 ERTSS);且平滑算法的精度高于滤波算法。因此对于非线性情况下的 SINS/GNSS 组合估计,URTSS 是一种有效且实用的估计算法。

5.2 惯性/天文/卫星组合导航技术

由前述章节可知,SINS/GNSS 组合导航是利用 GNSS 输出的误差不随时间积累的高精度位置和速度信息直接修正 SINS 的位置和速度误差,从而实现长时间、高精度的导航,但是 GNSS 没有姿态信息,无法直接修正 SINS 的姿态误差,因此难以对姿态误差进行快速和准确的估计。而 SINS/CNS 组合导航是利用 CNS 输出的误差不随时间积累的高精度姿态信息修正 SINS 的姿态误差和陀螺漂移等,但是 CNS 没有位置和速度信息,因此 SINS/CNS 组合导航的位置和速度误差会随时间增大。此外,CNS 的使用还受气候条件影响,在低空和天气条件不好的情况下使用时易受到限制。综上,SINS、CNS 和 GNSS 各有优缺点,且具有互补性,因此以 SINS 为主、CNS 和 GNSS 为辅,构成 SINS/CNS/GNSS 组合导航系统,通过信息的互补,将来自各导航子系统的导航信息进行融合,形成一个多功能、高精度的冗余系统,同时实现对 SINS 的速度误差、位置误差和姿态误差的修正[62]。目前,SINS/CNS/GNSS 组合导航系统已成为中远程弹道导弹、高空长航时飞行器等高性能导航的最有效手段。

当然,SINS/CNS/GNSS 组合导航系统也有不足之处,即增加了组合导航系统的复杂度、对环境干扰的敏感度以及信息融合的难度等,从而导致该组合导航系统出现误差模型不稳定、导航精度降低以及可靠性下降等问题。针对上述问题，INS/CNS/GNSS 组合导航系统的信息融合与先进滤波方法、INS/CNS/GNSS 组合导航方法的实时性研究和基于集成一体化的 INS/CNS/GNSS 组合导航系统技术等已成为目前 SINS/CNS/GNSS 组合导航的重点研究方向[62]。

本章首先介绍 SINS/CNS/GNSS 组合导航原理；然后，介绍惯性/天文/卫星组合导航系统建模方法；最后，重点介绍基于联邦滤波的 SINS/CNS/GNSS 组合导航方法与仿真。

5.2.1 惯性/天文/卫星组合导航原理

5.2.1.1 惯性/天文/卫星组合导航基本原理

SINS/CNS/GNSS 组合导航的基本原理是以 SINS 为主传感器、CNS 和 GNSS 为辅助传感器，利用 CNS 输出的高精度姿态信息和 GNSS 输出的高精度位置、速度信息，基于最优估计器，对 SINS 的位置误差、速度误差和姿态误差进行估计，并修正 SINS 的惯性器件误差，实现载体连续、高精度的导航。

5.2.1.2 惯性/天文/卫星组合导航的组合模式

SINS/CNS/GNSS 组合导航系统是一种由 SINS、CNS 和 GNSS 组合而成的多导航传感器信息融合系统。该信息融合系统的组合模式可分为集中滤波模式和联邦滤波模式两种[4]。

1. SINS/CNS/GNSS 组合导航系统的集中滤波模式

在集中滤波模式中，利用一个信息融合滤波器集中接收和处理各导航传感器的信息，并将融合处理的结果反馈给主导航系统。其中，SINS 导航系统为集中滤波器的主导航系统。集中滤波器的状态方程由 SINS 的误差方程和惯性器件误差方程组成，系统量测量包括两部分：SINS 与 CNS 的姿态之差；SINS 与 GNSS 的位置之差和速度之差。SINS/CNS/GNSS 组合导航系统集中滤波器的典型结构如图 5-27 所示[35]。

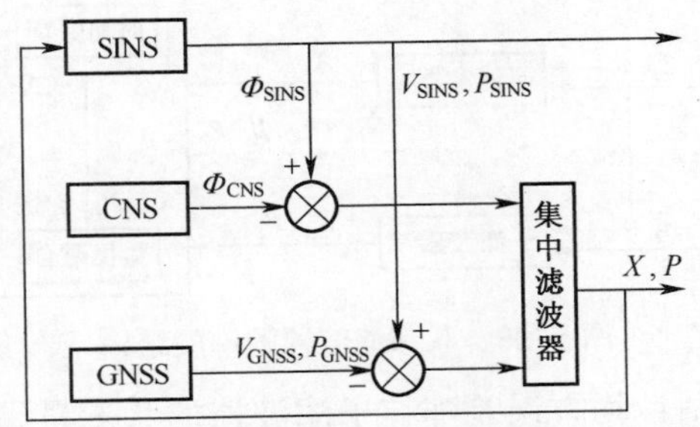

图 5-27 SINS/CNS/GNSS 组合导航系统集中滤波结构

理论上,SINS/CNS/GNSS 组合导航系统的集中滤波模式能够获得误差状态变量的最优估计,但存在状态维数高、计算负担重、容错性能差以及不利于故障诊断等缺点[62-64]。

2. SINS/CNS/GNSS 组合导航系统的联邦滤波模式

联邦滤波属于分散滤波的一种,是分散滤波技术的进一步改进[65]。在联邦滤波器中,首先各局部滤波器利用相应子系统的观测值得到局部状态最优估计,然后将局部估计输入到主滤波器中进行信息融合,得到全局估计。由于联邦滤波采用多处理器并行处理的结构,因而设计灵活、计算量相对较小、容错性好、可靠性高,且易于实现系统多层次故障检测与诊断。因此,联邦滤波被视为独立于分散滤波的一种新的滤波结构与算法[4]。

1)联邦滤波的信息分配

联邦滤波器具有两级滤波结构,如图 5-28 所示[35]。针对 SINS/CNS/GNSS 组合导航系统,参考系统为 SINS 子系统,子系统 1 和子系统 2 代表 CNS 和 GNSS 两个辅助导航子系统。参考系统的输出 $\boldsymbol{X}_k$ 同时输入到主滤波器和各子滤波器(也称为局部滤波器)。CNS 和 GNSS 两个辅助导航子系统的输出 $\boldsymbol{Z}_1$ 和 $\boldsymbol{Z}_2$ 分别输入到两个子滤波器,得到局部状态的最优估计值 $\hat{\boldsymbol{X}}_1$ 和 $\hat{\boldsymbol{X}}_2$。然后,子滤波器将 $\hat{\boldsymbol{X}}_1$ 和 $\hat{\boldsymbol{X}}_2$ 及其二者的协方差阵 $\boldsymbol{P}_1$ 和 $\boldsymbol{P}_2$ 送入主滤波器,同主滤波器的估计值一起进行融合得到全局最优估计 $\hat{\boldsymbol{X}}_g$ 。

若有 N 个局部状态估计 $\hat{\boldsymbol{X}}_1, \hat{\boldsymbol{X}}_2, \cdots, \hat{\boldsymbol{X}}_N$ 和相应的估计协方差阵 $\boldsymbol{P}_{11}, \boldsymbol{P}_{22}, \cdots, \boldsymbol{P}_{NN}$,且各局部估计互不相关,即 $\boldsymbol{P}_{ij} = 0(i \neq j)$,则全局最优估计 $\hat{\boldsymbol{X}}_g$ 可表示为

$$\hat{\boldsymbol{X}}_g = \boldsymbol{P}_g \sum_{i=1}^{N} \boldsymbol{P}_{ii}^{-1} \hat{\boldsymbol{X}}_i \tag{5-104}$$

式中, $\boldsymbol{P}_g = \left(\sum_{i=1}^{N} \boldsymbol{P}_{ii}^{-1} \right)^{-1}$ 。

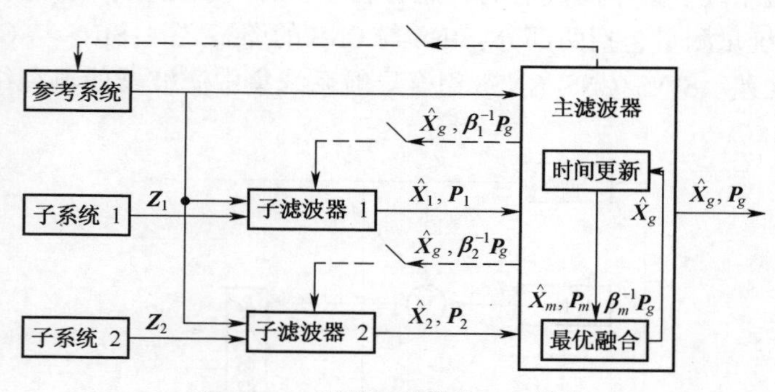

图 5-28 联邦滤波器的一般结构

根据对子滤波器估计均方误差阵与子滤波器的状态量是否重置,以及信息因

子的不同分配方式,有多种联邦滤波结构。其中,常用的方法是将子滤波器与主滤波器合成的全局估计值 $\hat{\boldsymbol{X}}_g$ 及其相应的协方差阵 $\boldsymbol{P}_g$ 放大后再反馈到各子滤波器中(图 5-28 中虚线表示)以重置子滤波器,即

$$\hat{\boldsymbol{X}}_i = \hat{\boldsymbol{X}}_g \text{ , } \boldsymbol{P}_{ii} = \boldsymbol{\beta}_i^{-1}\boldsymbol{P}_g$$

同时,主滤波器预测误差的协方差阵也可重置为全局协方差阵的 β_m^{-1} 倍,即 $\beta_m^{-1}\boldsymbol{P}_g(\beta_m \leqslant 1)$ 。$\beta_i(i = 1,2,\cdots,N,m)$ 称为"信息分配因子",根据"信息分配"原则确定[65]。

联邦滤波涉及 SINS/CNS/GNSS 组合导航系统中的两类信息,即状态方程的信息和量测方程的信息[66]。状态方程的准确程度与其中的系统噪声方差成反比。系统噪声越弱,状态方程就越准确。因此,状态方程的准确度可以用系统噪声协方差阵的逆即 $\boldsymbol{Q}^{-1}$ 来表示。此外,状态初值选取的准确度可用状态变量初始协方差阵的逆即 $\boldsymbol{P}^{-1}(0)$ 来表示。量测方程的准确度可用量测噪声协方差阵的逆即 $\boldsymbol{R}^{-1}$ 来表示。当状态方程、量测方程、$\boldsymbol{P}(0)$ 、$\boldsymbol{Q}$ 和 $\boldsymbol{R}$ 都选定后,状态估计 $\hat{\boldsymbol{X}}$ 及估计误差 $\boldsymbol{P}$ 也就完全确定,而状态估计的准确度可以用 $\boldsymbol{P}^{-1}$ 来表示。因此,如前所述,在确定信息因子分配的过程中往往是根据各子滤波器的估计误差方差阵 P 的某种度量来决定其分配关系。

2）基于不同局部模型的联邦滤波算法

基于信息分配原则的联邦滤波算法具有设计灵活和容错性好等优点,已成为组合导航领域最常用的信息融合方法。但是该方法要求局部滤波器具有相同的状态变量。当局部模型的状态变量不一致时,必须综合各个局部滤波器的状态变量,即主滤波器的状态变量是各局部滤波器状态变量的组合。由此带来两个突出的问题:一是计算量大大增加;二是算法的通用性降低。另外,由于子滤波器的状态变量不一致,传统的信息融合方法将不再适用[35]。因此,针对不同局部模型的联邦滤波,应采取不同的信息融合方法。以下介绍一种基于不同局部模型的联合滤波算法[67,68]。具体方法如下。

(1) 不同局部模型下局部融合结果与全局融合结果的关系。

定义局部状态空间:

假设局部滤波器 i 的状态估计 $\hat{\boldsymbol{X}}_i = [\boldsymbol{X}_i^{(1)} \quad \boldsymbol{X}_i^{(2)} \quad \cdots \quad \boldsymbol{X}_i^{(m_i)}]^{\mathrm{T}}$ ($i = 1,2,\cdots,N$)是最优的,且其分量 $\boldsymbol{X}_i^{(j)}$ ($j = 1,2,\cdots,m_i$)是具有有限方差的不相关随机变量;把由局部滤波器 i 的状态估计 $\hat{\boldsymbol{X}}_i$ ($i = 1,2,\cdots,N$)的分量 $\boldsymbol{X}_i^{(j)}$ 张成的 m_i 维线性空间称为局部状态空间,记为 $\boldsymbol{\Omega}_i$ 。在局部状态空间中定义范数:

$$\| \hat{\boldsymbol{X}}_i \| = (\mathrm{trace}E(\hat{\boldsymbol{X}}_i\hat{\boldsymbol{X}}_i^{\mathrm{T}}))^{1/2}$$

则 $\boldsymbol{\Omega}_i$ 为 Bannch 空间。

定义全局状态空间:

假设全局的状态估计 $\hat{\boldsymbol{X}} = [\boldsymbol{X}^{(1)} \quad \boldsymbol{X}^{(2)} \quad \cdots \quad \boldsymbol{X}^{(m)}]^{\mathrm{T}}$ 是最优的,且其分量 $\boldsymbol{X}^{(j)}$ ($j = 1,2,\cdots,m$)是具有有限方差的不相关随机变量。把由全局状态估计 $\hat{\boldsymbol{X}}$ 的分量 $\boldsymbol{X}^{(j)}$ 张成的 m 维线性空间,称为全局状态空间,记为 $\boldsymbol{\Omega}$。在全局状态空间中定义范数:

$$\|\hat{\boldsymbol{X}}\| = (\mathrm{trace}E(\hat{\boldsymbol{X}}\hat{\boldsymbol{X}}^{\mathrm{T}}))^{1/2} \tag{5-105}$$

则 $\boldsymbol{\Omega}$ 为 Bannch 空间。

基于以上两个定义,局部状态空间与全局状态空间有以下关系:

① 局部状态空间 $\boldsymbol{\Omega}_i$ ($i = 1,2,\cdots,N$)是全局状态空间 $\boldsymbol{\Omega}$ 的子空间;

$$\max_i(\dim\boldsymbol{\Omega}_i) \leqslant m \leqslant \dim(\sum_{i=1}^{N}\boldsymbol{\Omega}_i)$$

全局状态估计 $\hat{\boldsymbol{X}}$ 是局部状态估计 $\hat{\boldsymbol{X}}_i$ 的融合结果,从信息的角度看,$\hat{\boldsymbol{X}}$ 包含的信息应不少于 $\hat{\boldsymbol{X}}_i$;从空间的角度讲,$\boldsymbol{\Omega}_i$ 的基向量维数不大于 $\boldsymbol{\Omega}$ 的基向量维数,所以有 $\max_i(\dim\boldsymbol{\Omega}_i) \leqslant m$;同时,由于局部状态空间 $\boldsymbol{\Omega}_i$ 的空间和的维数为 $\dim(\sum_{i=1}^{N}\boldsymbol{\Omega}_i)$,故有 $m \leqslant \dim(\sum_{i=1}^{N}\boldsymbol{\Omega}_i)$。

② 全局状态空间 $\boldsymbol{\Omega}$ 与局部状态空间 $\boldsymbol{\Omega}_i$ 存在映射关系;

$$T_i:\boldsymbol{\Omega} \to \boldsymbol{\Omega}_i \quad i = 1,2,\cdots,N$$

由于状态空间与其子空间之间必然存在线性映射关系,因此全局状态空间 $\boldsymbol{\Omega}$ 与其子空间 $\boldsymbol{\Omega}_i$ 之间也必然存在映射关系。

(2) 不同局部模型下的全局融合算法。根据上面给出的局部状态空间和全局状态空间的定义,以及它们之间的关系,不同局部模型下联邦滤波的全局融合问题就转化为不同维数状态估计的最优融合问题。因此,全局融合可以表示为

$$\boldsymbol{P} = (\sum_{i=1}^{N} T_i'\boldsymbol{P}_i^{-1}T_i)^{-1} \tag{5-106}$$

$$\hat{\boldsymbol{X}}_g = \boldsymbol{P}(\sum_{i=1}^{N} T_i'\boldsymbol{P}_i^{-1}\hat{\boldsymbol{X}}_i) \tag{5-107}$$

(3) 不同局部模型下的信息分配问题。信息分配理论是联邦滤波算法的基础。对于传统的联邦滤波,由于子滤波器的状态变量一致,因此信息分配过程只需考虑信息守恒的问题。而当局部模型的状态变量不一致时,首先要进行全局状态空间到局部状态空间的转换,然后再根据信息守恒原理进行分配。不同局部模型下的信息分配公式如下所示:

$$\boldsymbol{P}_i^{-1} = \beta_i T_i \boldsymbol{P}^{-1} \tag{5-108}$$

$$\hat{\boldsymbol{X}}_i = T_i\hat{\boldsymbol{X}}, \quad i = 1,2,\cdots,N \tag{5-109}$$

(4) 基于不同局部模型的联邦滤波算法与传统联邦滤波算法的比较。当局部

模型的状态变量不一致时，Carlson 的联邦滤波算法要求综合各局部滤波器的状态变量来形成主滤波器的状态变量，而基于不同局部模型的联邦滤波算法没有这个要求。

当 $\boldsymbol{T}_i$ 为单位阵时，即联邦滤波器中各个子滤波器的状态变量相同，局部状态空间与全局状态空间重合，不同局部模型的联邦滤波就退化为传统的联邦滤波。式(5-106)~式(5-109)分别转化为

$$\boldsymbol{P} = \left(\sum_{i=1}^{N} \boldsymbol{P}_i^{-1}\right)^{-1} \tag{5-110}$$

$$\hat{\boldsymbol{X}}_g = \boldsymbol{P}\sum_{i=1}^{N} \boldsymbol{P}_i^{-1}\hat{\boldsymbol{X}}_i \tag{5-111}$$

$$\boldsymbol{P}_i^{-1} = \beta_i \boldsymbol{P}^{-1} \tag{5-112}$$

$$\hat{\boldsymbol{X}}_i = \hat{\boldsymbol{X}}(i = 1,2,\cdots,N) \tag{5-113}$$

不难看出，以上几式就是 Carlson 提出的联邦滤波算法的全局融合与信息分配公式。这说明当联邦滤波器中各个局部滤波器的状态变量相同时，基于不同局部模型的联邦滤波算法与传统的联邦滤波算法是一致的。

与传统的联邦滤波算法相比，采用基于不同局部模型的联邦滤波算法，子滤波器的状态变量不需要扩充，那么在进行全局融合时，局部状态空间提供的信息量就少，所以全局估计的精度有所降低；但在计算量方面，由于卡尔曼滤波器的计算量与状态维数成正比，状态维数的减少会使计算量大大减小，因此，对于实时性要求比较高的应用场合，基于不同局部模型的联邦滤波算法具有重要的应用价值[66]。

5.2.2 惯性/天文/卫星组合导航系统建模方法

5.2.1 节介绍了 SINS/CNS/GNSS 组合导航系统的集中滤波模式和联邦滤波模式，下面将分别介绍基于这两种滤波模式的 SINS/CNS/GNSS 组合导航系统建模方法。这里 SINS/CNS/GNSS 组合导航系统的状态方程由 SINS 的误差方程和惯性器件误差方程组成，CNS 和 GNSS 分别提供姿态量测信息和位置、速度量测信息[69]。

SINS/CNS/GNSS 组合导航系统状态方程的建立可参见 5.1.2.1 节的相关内容，在此不再赘述。

5.2.2.1 基于集中滤波的 SINS/CNS/GNSS 组合导航系统量测方程

以导航坐标系为地理坐标系为例，取 15 维状态变量

$$\boldsymbol{X} = [\phi_{\mathrm{E}} \quad \phi_{\mathrm{N}} \quad \phi_{\mathrm{U}} \quad \delta V_{\mathrm{E}} \quad \delta V_{\mathrm{N}} \quad \delta V_{\mathrm{U}} \quad \delta L \quad \delta\lambda \quad \delta H \quad \varepsilon_x \quad \varepsilon_y \quad \varepsilon_z \quad \nabla_x \quad \nabla_y \quad \nabla_z]^{\mathrm{T}}$$

基于集中滤波的 SINS/CNS/GNSS 组合导航系统量测方程为

$$Z(t)=H(t)X(t)+V(t) \tag{5-114}$$

式中，

$$H(t)=\begin{bmatrix} I_{3\times3} & 0_{3\times3} & 0_{3\times3} & 0_{3\times3} & 0_{3\times3} \\ 0_{3\times3} & I_{3\times3} & 0_{3\times3} & 0_{3\times3} & 0_{3\times3} \\ 0_{3\times3} & 0_{3\times3} & H_{\mathrm{p}} & 0_{3\times3} & 0_{3\times3} \end{bmatrix} \tag{5-115}$$

其中，$H_{\mathrm{p}}=\mathrm{diag}(R_{\mathrm{M}} \quad R_{\mathrm{N}}\cos L \quad 1)$。

量测量 $Z(t)=[\phi'_{\mathrm{E}} \quad \phi'_{\mathrm{N}} \quad \phi'_{\mathrm{U}} \quad \delta v'_{\mathrm{E}} \quad \delta v'_{\mathrm{N}} \quad \delta v'_{\mathrm{U}} \quad \delta L' \quad \delta\lambda' \quad \delta h']^{\mathrm{T}}$，其各分量分别表示 CNS 与 SINS 的姿态之差、SINS 与 GNSS 的速度之差和位置之差。

5.2.2.2 基于联邦滤波的 SINS/CNS/GNSS 组合导航系统量测方程

在 SINS/CNS/GNSS 组合导航系统的联邦滤波器中包含 SINS/CNS 和 SINS/GNSS 这两个子滤波器。下面以导航坐标系为地理坐标系为例介绍各子滤波器的量测方程。

SINS/CNS 子系统采用经过换算得到的数学平台失准角作为子滤波器 1 的量测量，量测方程为

$$Z_1(t)=H_1(t)X(t)+V_1(t) \tag{5-116}$$

式中：$Z_1(t)=[\phi'_{\mathrm{E}} \quad \phi'_{\mathrm{N}} \quad \phi'_{\mathrm{U}}]^{\mathrm{T}}$ 为量测量；$H_1(t)=[I_{3\times3} \quad 0_{3\times12}]^{\mathrm{T}}$ 为量测矩阵；量测噪声 $V_1(t)$ 的方差阵根据 CNS 的姿态测量噪声水平选取。

SINS/GNSS 子系统采用 SINS 与 GNSS 的位置和速度之差作为子滤波器 2 的量测信息，量测方程为

$$Z_2(t)=H_2(t)X(t)+V_2(t)=\begin{bmatrix} H_{\mathrm{V}} \\ H_{\mathrm{P}} \end{bmatrix} X(t)+\begin{bmatrix} V_{\mathrm{V}}(t) \\ V_{\mathrm{P}}(t) \end{bmatrix} \tag{5-117}$$

式中，量测矩阵 H_{V} 和 H_{P} 的表达式参见 5.1.2.1 节。量测噪声 V_{V} 和 V_{P} 的方差阵分别根据 GNSS 的速度和位置噪声水平选取。

5.2.3 基于联邦滤波的惯性/天文/卫星组合导航方法与仿真

以上介绍了 SINS/CNS/GNSS 组合导航的基本原理、组合模式和建模方法，下面以提高 SINS/CNS/GNSS 组合导航精度为目的，介绍一种基于联邦 UKF 的 SINS/CNS/GNSS 组合导航方法。

由 5.2.1 节可知，联邦滤波是一个两级的分散化滤波方法，包括两个数据处理阶段。图 5-29 给出了 SINS/CNS/GNSS 组合导航系统基于 UKF 滤波的联邦滤波结构[70]。其中，SINS 是参考系统；CNS 和 GNSS 是两个辅助的导航子系统。每个子滤波器都是一个独立的数据处理子系统。SINS/CNS 子滤波器 1(局部 UKF 滤波器 1)和 SINS/GNSS 子滤波器 2(局部 UKF 滤波器 2)的数据输出到主滤波器(主

UKF 滤波器)中进行融合,最终实现全局的状态估计。

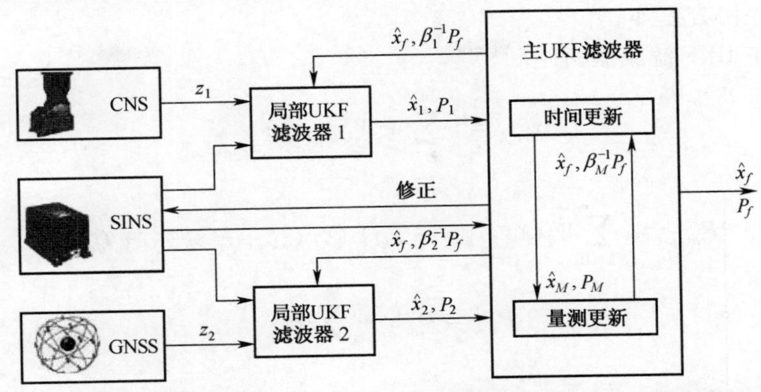

图 5-29　基于 UKF 滤波的 SINS/CNS/GNSS 组合导航系统联邦滤波结构

UKF 根据上一时刻状态估计和新的观测可提供一个状态估计递归解。在基于 UKF 的联邦滤波器设计中,局部滤波器一般基于以下数学模型:

$$x_{j,k} = f(x_{j,k-1}) + G_{j,k-1}w_{j,k-1}, \quad j = 1,2 \tag{5-118}$$

$$z_{j,k} = h_{j,k}(x_{j,k}) + v_{j,k} \tag{5-119}$$

式中:j 为相应的局部 UKF 滤波器。由于所有局部 UKF 滤波器估计的状态变量相同,因此可采用相同的数学模型。主 UKF 滤波器对局部 UKF 滤波采用信息共享策略,实现全局最优估计。

对于局部 UKF 滤波器,其时间和量测更新方程如下:

$$\hat{x}_{j,k}^{-} = \left(\sum_{i=0}^{2n_s} W_i^s \chi_{i,k|k-1}\right)_j \tag{5-120}$$

$$P_{j,k}^{-} = \left(\sum_{i=0}^{2n_s} W_i^c (\chi_{i,k|k-1} - \hat{x}_k^{-})(\chi_{i,k|k-1} - \hat{x}_k^{-})^{\mathrm{T}} + Q\right)_j \tag{5-121}$$

$$\hat{z}_{j,k} = \left(\sum_{i=0}^{2n_s} W_i^m Z_{i,k|k-1}\right)_j \tag{5-122}$$

$$P_{j,\hat{z}_k\hat{z}_k} = \left(\sum_{i=0}^{2n_s} W_i^c (Z_{i,k|k-1} - \hat{z}_k)(Z_{i,k|k-1} - \hat{z}_k)^{\mathrm{T}} + R\right)_j \tag{5-123}$$

$$P_{j,\hat{x}_k^-\hat{z}_k}^{-} = \left(\sum_{i=0}^{2n_s} W_i^c (\chi_{i,k|k-1} - \hat{x}_k^{-})(Z_{i,k|k-1} - \hat{z}_k)^{\mathrm{T}}\right)_j \tag{5-124}$$

$$K_{j,k} = (P_{\hat{x}_k^-\hat{z}_k} P_{\hat{z}_k\hat{z}_k}^{-1})_j \tag{5-125}$$

$$\hat{x}_{j,k} = (\hat{x}_k^{-} + K_k(z_k - \hat{z}_k))_j \tag{5-126}$$

$$\hat{P}_{j,k} = (P_k^{-} - K_k P_{\hat{z}_k\hat{z}_k} K_k^{\mathrm{T}})_j \tag{5-127}$$

式中:$j=1,2$;$\hat{x}_k^{-} \in \boldsymbol{R}^{n_j}$ 为 $\hat{x}_k^{-}$ 的预测估计;$Q \in \boldsymbol{R}^{n_j \times n_j}$ 为系统噪声的协方差阵;$\hat{x}_k \in$

$\boldsymbol{R}^{n_j}$ 为 $\hat{x}_k^-$ 的最优估计；$P_k^- \in \boldsymbol{R}^{n_j \times n_j}$ 为预测估计误差协方差阵；$\hat{P}_{j,k} \in \boldsymbol{R}^{n_j \times n_j}$ 为最终的估计误差协方差阵。

对于主 UKF 滤波器，有

$$\hat{x}_{m,k}^- = \left(\sum_{i=0}^{2n_s} W_i^s \chi_{i,k|k-1} \right)_m \tag{5-128}$$

$$\begin{cases} P_{m,k}^- = \left(\sum_{i=0}^{2n_s} W_i^c (\chi_{i,k|k-1} - \hat{x}_k^-)(\chi_{i,k|k-1} - \hat{x}_k^-)^{\mathrm{T}} + Q \right)_m \\ P_{f,k}^{-1} = P_{m,k}^{-1} + \sum_{j=1}^{N} P_{j,k}^{-1} \\ P_{f,k}^{-1} \hat{x}_{f,k} = P_{m,k}^{-1} \hat{x}_{m,k} + \sum_{j=1}^{N} P_{j,k}^{-1} \hat{x}_{j,k} \end{cases} \tag{5-129}$$

式中：$N=2$，$P_{m,k}^{-1} = P_{m,k|k-1}^{-1}$，$P_{m,k|k-1}^{-1} = \beta_{m,k} P_{f,k|k-1}^{-1}$，$\hat{x}_{m,k} = \hat{x}_{m,k|k-1}$，$\hat{x}_{m,k|k-1} = \hat{x}_{f,k|k-1}$，$P_{f,k}^{-1} \in \boldsymbol{R}^{n_f \times n_f}$ 为融合协方差阵的逆，$\hat{x}_{f,k} \in \boldsymbol{R}^{n_f}$ 为融合的状态估计，β 为信息分配因子，下标 m 代表主滤波器，下标 f 代表联邦滤波器输出。

结合下式，将信息反馈到各局部 UKF 滤波器中。

$$\begin{cases} P_{j,k} = \beta_j^{-1} P_{f,k} \\ \hat{x}_{j,k} = \hat{x}_{f,k} \end{cases} \quad (j = 1, 2, m) \tag{5-130}$$

式中，β 必须满足的信息融合原则为 $\beta_m + \sum_{j=1}^{2} \beta_j = 1$。需要注意的是，在 SINS/CNS/GNSS 组合导航中，局部 UKF 滤波器和主滤波器中的状态向量相同。在组合步骤之后、下一个循环之前，全局估计值通过信息分配因子要反馈到各局部 UKF 滤波器中。

利用上述基于 UKF 滤波的联邦滤波方法，进行仿真试验。导航坐标系取为发射点惯性坐标系，CNS 和 GNSS 在导弹飞出大气层后（约 40s）开始工作 120s。状态变量 $\hat{x}(0)$ 为 0，$P(0)$、Q、R_1 和 R_2 初始化如下：

$$P_f(0) = \mathrm{diag}[P_{\phi_i}, P_{v_i}, P_{r_i}, P_{\varepsilon_i}, P_{\nabla_i}], \quad i = x, y, z$$

式中各元素的取值如下：

$$P_{\phi_i} = (10^{-4})^2, P_{v_i} = (0.01)^2, P_{r_i} = (5)^2, P_{\varepsilon_i} = (0.1°/\mathrm{h})^2, P_{\nabla_i} = (100\mu\mathrm{g})^2,$$

$$Q = \mathrm{diag}[(0.1(°)/\mathrm{h})^2, (0.1(°)/\mathrm{h})^2, (0.1(°)/\mathrm{h})^2, (100\mu\mathrm{g})^2, (100\mu\mathrm{g})^2, (100\mu\mathrm{g})^2],$$

$$R_1 = \mathrm{diag}[(10'')^2, (10'')^2, (10'')^2],$$

$$R_2 = \mathrm{diag}[(0.2\mathrm{m/s})^2, (0.2\mathrm{m/s})^2, (0.2\mathrm{m/s})^2, (10\mathrm{m})^2, (10\mathrm{m})^2, (10\mathrm{m})^2]$$

信息分配因子初始化：

$$\beta_1(0) = \beta_2(0) = 0.4, \beta_m(0) = 0.2$$

子滤波器和主滤波器初始化：

$$Q_j(0)=\beta_j^{-1}(0)Q, P_j(k)=\beta_j^{-1}(0)P_f(0), \hat{x}_j(0)=\hat{x}_f(0); j=1,2,m$$

当滤波稳定后（约 50s 后），基于联邦 UKF 的 SINS/CNS/GNSS 组合导航误差与基于联邦 EKF 的导航误差比较如表 5-3 所列。

表 5-3　基于联邦 UKF 和联邦 EKF 的组合导航误差结果比较

估计参数		联邦 UKF 估计误差	联邦 EKF 估计误差
$\delta\varphi['']$	标准差	3.0928	4.3218
$\delta\theta['']$	标准差	2.9372	3.0733
$\delta\gamma['']$	标准差	2.7851	3.2869
δv_x[m/s]	标准差	0.0415	0.1432
δv_y[m/s]	标准差	0.0455	0.0784
δv_z[m/s]	标准差	0.0986	0.1239
δx[m]	标准差	0.6754	0.7793
δy[m]	标准差	1.0784	1.2981
δz[m]	标准差	3.1181	4.3272
ε_x[°/h]	均值	0.0932	0.1232
ε_y[°/h]	均值	0.1047	0.0847
ε_z[°/h]	均值	0.1140	0.0740
∇_x[μg]	均值	100.0486	102.0883
∇_y[μg]	均值	99.9754	98.8659
∇_z[μg]	均值	102.3108	103.2160

从表 5-3 可看出，与基于联邦 EKF 的 SINS/CNS/GNSS 组合导航相比，基于联邦 UKF 的 SINS/CNS/GNSS 组合导航在速度误差、位置误差、姿态误差、陀螺漂移和加速度计的零偏上都有更高的估计精度。

以上介绍了基于联邦 UKF 的 SINS/CNS/GNSS 组合导航方法。实际上，针对联邦滤波中信息因子的分配问题，仍是目前国内外研究的热点。为增强 SINS/CNS/GNSS 组合导航系统的容错能力、提高滤波估计精度，国内外研究者在联邦滤波的信息分配因子优化方面开展了许多研究工作[71,72]。例如，在 SINS/CNS/GNSS 组合导航系统的联邦滤波中，利用状态估计误差协方差阵的迹来实现对信息分配因子的有效分配，可增强 SINS/CNS/GNSS 组合导航系统的容错性。利用这种优化信息分配因子的方法，可实现对陀螺漂移及加速度计零偏的准确估计，从而可提高 SINS/CNS/GNSS 组合导航的精度。

参考文献

[1] 赵琳，王小旭，丁继成，等．组合导航系统非线性滤波算法综述[J]．中国惯性技术学报，

2009,17(1):46-52.
[2] 李增科,高井祥,王坚,等. 利用牛顿插值的GPS/INS组合导航惯性动力学模型[J]. 武汉大学学报(信息科学版),2014,39(5):591-595.
[3] Noureldin A,El-Shafie A,Bayoumi M. GPS/INS integration utilizing dynamic neural networks for vehicular navigation[J]. Information Fusion,2011,12(1):48-57.
[4] 秦永元,张洪钺,汪叔华. 卡尔曼滤波与组合导航原理[M]. 西安:西北工业大学出版社,2015.
[5] 汪秋婷,胡修林. 基于UKF的新型北斗/SINS组合系统直接法卡尔曼滤波[J]. 系统工程与电子技术,2010,32(2):376-379.
[6] 高钟毓. 惯性导航系统技术[M]. 北京:清华大学出版社,2012.
[7] 以光衢. 惯性导航原理[M]. 北京:航空工业出版社,1987.
[8] 刘春,周发根. 机载捷联惯导的导航计算模型与精度分析[J]. 同济大学学报(自然科学版),2011,39(12):1865-1870.
[9] 王巍,向政,王国栋. 自适应Kalman滤波在光纤陀螺SINS/GNSS紧组合导航中的应用[J]. 红外与激光工程,2013,42(3):686-691.
[10] Gaoge Hu,Shesheng Gao,Yongmin Zhong. A derivative UKF for tightly coupled INS/GPS integrated navigation[J]. Isa Transactions,2015,56:135-144.
[11] 董亮,臧中原,许东欢,等. 一种惯性/卫星容错组合导航系统设计[J]. 电光与控制,2017(9):104-108.
[12] 高社生. 组合导航原理及应用[M]. 西安:西北工业大学出版社,2012.
[13] 刘百奇,房建成. 一种基于可观测度分析的SINS/GPS自适应反馈校正滤波新方法[J]. 航空学报,2008,29(2):430-436.
[14] 李子月,张林,陈善秋,等. 捷联惯性/卫星超紧组合导航技术综述与展望[J]. 系统工程与电子技术,2016,38(4):866-874.
[15] Li K,Zhao Jiaxing,Wang Xueyun,et al. Federated ultra-tightly coupled GPS/INS integrated navigation system based on vector tracking for severe jamming environment[J]. Iet Radar Sonar & Navigation,2016,10(6):1030-1037.
[16] 赵欣,王仕成,廖守亿,等. 基于抗差自适应容积卡尔曼滤波的超紧耦合跟踪方法[J]. 自动化学报,2014,40(11):2530-2540.
[17] 王君帅,王新龙. SINS/GPS紧组合与松组合导航系统性能仿真分析[J]. 航空兵器,2013(2):14-19.
[18] 仇立成,姚宜斌,祝程程. GPS/INS松组合与紧组合的实现与定位精度比较[J]. 测绘地理信息,2013,38(3):17-19.
[19] 于永军,徐锦法,熊智,等. 高斯粒子滤波的惯性/GPS紧组合算法[J]. 哈尔滨工业大学学报,2015,47(5):81-85.
[20] 张秋昭,张书毕,刘志平,等. 基于双差伪距/伪距率的GPS/SINS紧组合导航[J]. 武汉大学学报(信息科学版),2015,40(12):1690-1694.
[21] Xie Fei,Liu Jianye,Li Rongbing,et al. Adaptive robust ultra-tightly coupled global navigation satellite system/inertial navigation system based on global positioning system/BeiDou vector tracking loops[J]. Iet Radar Sonar & Navigation,2014,8(7):815-827.

[22] Xie Fei, Liu Jianye, Li Rongbing, et al. Performance analysis of a federated ultra-tight global positioning system/inertial navigation system integration algorithm in high dynamic environments [J]. Proceedings of the Institution of Mechanical Engineers Part G Journal of Aerospace Engineering, 2015, 229(1): 56-71.
[23] 王君帅,王新龙. GPS/INS 超紧组合系统综述[J]. 航空兵器,2013,(4):25-30.
[24] 袁赣南,张涛. 四元数 UKF 超紧密组合导航滤波方法[J]. 北京航空航天大学学报,2010,36(7):762-766.
[25] Benson D O. A comparison of two approaches to pure-inertial and Doppler-inertial error analysis [J]. IEEE Trans. On Aerospace and Electronic Systems, 1975, 11(4): 447-455.
[26] 严恭敏,严卫生,徐德民. 基于欧拉平台误差角的 SINS 非线性误差模型研究[J]. 西北工业大学学报,2009,27(4): 511-516.
[27] Dmitriyev S P, Stepanov O A, Shepel S V. Nonlinear Filtering Methods Application in INS Alignment[J]. IEEE Trans. On Aerospace and Electronic Systems, 1997: 260-272.
[28] Loveren N, Pieper J K. Error analysis of direction cosines and quaternion parameters techniques for aircraft attitude determination[J]. IEEE Trans. On Aerospace and Electronic System, 1998, 34(3): 983-989.
[29] Yu M J, Park H W, Jeon C B. Equivalent Nonlinear Error Models of Strapdown Inertial Navigation Systems[J]. AIAA-97-3563, 1997: 581-587.
[30] 李涛,武元新,薛祖瑞,等. 捷联惯性导航系统误差模型综述[J]. 中国惯性技术学报,2003,11(4):66-72.
[31] 孔星炜,郭美凤,董景新,等. 大陀螺零偏条件下的快速传递对准算法[J]. 中国惯性技术学报,2008,16(5):509-512.
[32] Chu Hairong, Sun Tingting, Zhang Baiqiang, et al. Rapid Transfer Alignment of MEMS SINS Based on Adaptive Incremental Kalman Filter. Sensors, 2017, 17(1): 152.
[33] 付梦印. 传递对准理论与应用[M]. 北京:科学出版社,2012.
[34] 沈忠,俞文伯,房建成. 基于 UKF 的低成本 SINS/GPS 组合导航系统滤波算法[J]. 系统工程与电子技术,2007,29(3):408-411.
[35] 全伟,刘百奇,宫晓琳,等. 惯性/天文/卫星组合导航技术[M]. 北京: 国防工业出版社,2011.
[36] Yu M J, Lee J G, Park H W. Nonlinear robust observer design for strapdown INS in-flight alignment[J]. IEEE Transactions on Aerospace and Electronic Systems, 2004, 40(3): 797-807.
[37] Yu M J, Lee J G, Park H W. Comparison of SDINSin-flight alignment using equivalent error models[J]. IEEE Transactions on Aerospace and Electronic Systems, 1999, 35(3): 1046-1053.
[38] 耿延睿,郭伟,崔中兴,等. GPS/SINS 系统空中对准姿态角误差可观测性研究[J]. 中国惯性技术学报,2004,12(1):37-42.
[39] Lee J G, Yoon Y J, Mark J G. Extension of strapdown attitude algorithm for high-frequency base motion[J]. IEEE Transactions on Aerospace and Electronic Systems, 1994, 30(4): 306-310.
[40] Kalman R E. A New Approach to Linear Filtering and Prediction Problem[J]. Journal of Basic Eng(ASME), 1960, 82D: 98-108.
[41] Crassidis J L, Markley F L. Predictive Filtering for Nonlinear Systems[J]. Journal of Guidance

Control and Dynamics,1997,20(3):566-572.

[42] Rauch H E,Tung F C,Striebel T. Maximum Likelihood Estimates of Linear Dynamic System[J]. AIAA Journal,1965,3(80):1445-1450.

[43] Bierman G J. A New Computationally Efficient Fixed-interval,Discrete-time Smoother[J].Automatica,1983,19(5):503-511.

[44] Youmin Zhang,Guanzhong Dai,Hongcai Zhang,et al. A SVD-Based Extended Kalman Filter and Applications to Aircraft Flight State and Parameter Estimation[J]. Proceedings of American Control Conference. 1994:1809-1813.

[45] Psiaki M L. Square-Root Information Filtering and Fixed-interval Smoothing with Singularities [J]. Proceedings of American Control Conference,1998:2744-2748.

[46] Park P,Kailath T. Square-Root Bryson-Frazier Smoothing Algorithms[J]. IEEE Transactions on Automatic Control,1995,40(4):761-766.

[47] 史忠科. U-D分解的前向固定区间平滑新算法[J]. 自动化学报,1994,20(1):85-90.

[48] Watanabe K. A New Forward-Pass Fixed-Interval Smoother Using U-D Information Matrix Factorization[J]. Automatica,1986,22(4):465-476.

[49] 张友民,陈洪亮,戴冠中. 基于奇异值分解的固定区间平滑新方法[J]. 中国控制会议. 1995:579-583.

[50] Wang L,Gaetan L,Pierre M. Kalman Filter Algorithm Based on Singular Value Decomposition [C]. Proceedings of the 31st Conference on Decision and Control,1992:1224-1229.

[51] 杨艳娟. 最优平滑算法在车辆GPS/DR组合导航系统中的应用[J]. 弹箭与制导学报,2006,26(2):7-9.

[52] Monikes R,Teltschik A,Wendel J,et al. Post-Processing GNSS/INS Measurements Using a Tightly Coupled Fixed-Interval Smoother Performing Carrier Phase Ambiguity Resolution[J]. IEEE Position,Location,and Navigation Symposium. IEEE,2006:283-290.

[53] 宫晓琳,房建成. 基于SVD的R-T-S最优平滑在机载SAR运动补偿POS系统中的应用[J]. 航空学报,2009,30(2):311-318.

[54] Goshen-Meskin D,Bar-Itzhack I Y. Observability Analysis of Piece-Wise Constant Systems, Part Ⅱ:Theory[J]. IEEE Transactions on Aerospace and Electronic System. 1992,28(4): 1068-1075.

[55] Hong S,Man H L,Chun H H,et al. Observability of Error States in GPS/INS Integration[J]. IEEE Transactions on Vehicular Technology,2005,54(2):731-743.

[56] Paul A S,Wan E A. A new formulation for nonlinear forward-backward smoothing[J]. IEEE Int. Conf. on ASSP,2008,3621-3624.

[57] Gelb A. Applied Optimal Estimation[M]. Cambridge:The MIT Press,1974.

[58] Bar-Shalom Y,Li X R,Kirubarajan T. Estimation with Applications to Tracking and Navigation [M]. New York:Wiley Interscience,2001.

[59] Särkkä S,Hartikainen J. On Gaussian optimal smoothing of nonlinear state space models[J]. IEEE Transactions on Automatic Control,2010,55(8):1938-1941.

[60] Särkkä S. Unscented Rauch-Tung-Striebel smoother[J]. IEEE Trans. on Automatic Control, 2008,53(3):845-849.

[61] Gong Xiaolin, Zhang Rong, Fang Jiancheng. Application of unscented R-T-S smoothing on INS/GPS integration system post processing for airborne earth observation[J]. Measurement, 2013, 46(3): 1074-1083.

[62] 魏伟,武云云. 惯性/天文/卫星组合导航技术的现状与展望[J]. 现代导航,2014: 62-65.

[63] 房建成,李学恩,申功勋. INS/CNS/GPS 智能容错导航系统研究[J]. 中国惯性技术学报,1999,7(1): 5-8.

[64] 申功勋,孙建峰. 信息融合理论在惯性/天文/GPS 组合导航系统中的应用[J]. 北京:国防工业出版社,2001.

[65] Carlson N A. Federated Kalman filter simulation results. Navigation Journal of ION. 1994, 41(3): 297-321.

[66] 李艳华,房建成. 一种多模型自适应联邦滤波器及其在 INS/ CNS/ GPS 组合导航系统中的应用. 航天控制,2003(2): 33-38.

[67] 衣晓,何友,关欣. 基于不同局部模型的联合滤波算法研究. 中国惯性技术学报,2002,10(5): 16-19.

[68] 吴海仙,俞文伯,房建成. SINS/CNS 组合导航系统的降阶模型研究. 航天控制,2005,23(6):12-16.

[69] 李艳华,房建成,贾志凯. INS/CNS/GPS 组合导航系统仿真研究. 中国惯性技术学报,2002,10(6): 6-11.

[70] Ali J, Fang J. Multisensor data synthesis using federated of unscented Kalman filtering[C]. IEEE International Conference on Industrial Technology. IEEE, 2005: 524-529.

[71] Ali Jamshaid, Jiancheng Fang. SINS/ANS/GPS integration using Federated Kalman Filter based on optimized information-sharing coefficients. AIAA Guidance, Navigation, and Control Conference, 2005, 6028-6040.

[72] Quan Wei, Fang Jiancheng. An Adaptive Federated Filter Algorithm Based on Improved GA and Its Application. Proceedings of 6th International Symposium on Instrumentation and Control Technology, 2006, 63575C.